中国陆相油源岩生油理论及模拟实验技术

关德范　马中良　赵永强
王伟洪　王　强　刘　倩　著

石油工业出版社

内 容 提 要

本书以有机地球化学的思维方法为指导，对中国典型陆相含油盆地油源岩特征和不同地质时代油源岩进行对比分析，以中国陆相盆地的实际资料，对中国陆相油源岩生油理论的诸多问题重新思考，重塑有机地球化学思维方法和模拟实验技术，对传统占主导地位的"人造石油"理论和实验技术提出了挑战。

本书可供从事油气地质、地球化学研究的科研人员及相关院校师生参考阅读。

图书在版编目（CIP）数据

中国陆相油源岩生油理论及模拟实验技术／关德范等著．—北京：石油工业出版社，2022.9

ISBN 978-7-5183-5563-1

Ⅰ．①中 … Ⅱ．①关… Ⅲ．①陆相-烃源岩-研究-中国 Ⅳ．① P618.130.2

中国版本图书馆 CIP 数据核字（2022）第 160045 号

审图号：GS京（2022）1032 号

出版发行：石油工业出版社
　　　　　（北京安定门外安华里 2 区 1 号　100011）
　　　　网　　址：www.petropub.com
　　　　编辑部：（010）64523544
　　　　图书营销中心：（010）64523633
经　　销：全国新华书店
印　　刷：北京中石油彩色印刷有限责任公司

2022 年 9 月第 1 版　2022 年 9 月第 1 次印刷
787×1092 毫米　开本：1/16　印张：16.5
字数：270 千字

定价：120.00 元
（如出现印装质量问题，我社图书营销中心负责调换）

前　言

　　石油包括"人造石油"和天然石油两部分，天然石油又根据生成环境分为海相石油和陆相石油。

　　"人造石油"源于以英国为代表的欧洲。1694 年，英国人马丁·艾尔（Marin Eale）用蒸馏的方法，从油页岩中提取了沥青、焦油等石油产品，并获取了英国第 330 号专利。后来欧洲有机化学家发明了油页岩热解干馏炉，大量生产"人造石油"。随着油页岩炼油工业的快速发展，欧洲有机化学家逐步发现油页岩中的生油母质（有机质），主要是不溶于有机溶剂的干酪根（Kerogen），而且凡是富含干酪根的岩石，只要从岩石中提取出干酪根进行热解，都能生产出"人造石油"。通过大量的生产实践，欧洲有机化学家根据物质协同反应原理，即参与化学反应的反应物不经过任何中间体，直接生成最终产物的反应，提出了干酪根热降解生油学说，奠定了"人造石油"的理论基础。1977 年，埃斯皮塔利埃（Espitalié）等研发了一种岩石评价热解仪，可以不用对油源岩进行预处理提取干酪根，直接选取 100mg 的油源岩样品，放入该仪器内加热至约 550℃时，油源岩中含有的干酪根全部热解生成石油，而且可以直接求取与油页岩一样的评价油源岩生油潜力的四个主要参数（S_1、S_2、S_3、T_{max}）。这种岩石评价热解仪及其实验数据，引起了法国人 B. P. 蒂索和德国人 D. H. 威尔特的极大关注和突发奇想，认为油源岩和油页岩都属于能生成石油的一种岩石，如果埋藏较浅时，就称其为油页岩，如果埋藏较深时，就成为油源岩。1978 年，蒂索和威尔特两位学者在合著的《石油形成和分布——油气勘探新途径》一书中，明确指出干酪根热降解生油学说，即油源岩热降解生油学说。用岩石评价热解仪对油源岩样品进行热降解实验，获取的 S_1、S_2、S_3、T_{max} 四个主要参数，就可以对油源岩的生油（气）潜力、干酪根类型等特征进行定量评价。在此基础上，进一步提出了对盆地石油（天然气）远景定量评价的数学模型，也就是后来兴起的盆地模拟技术生烃史模型等。两位学者的这种有机化学思维方法，实质是把生油凹陷（或洼陷）想象成油页岩热解生油的干馏热解炉，油源岩在这个干馏热解炉里经过漫长地质时间的热解过程，所含的有机质全部热解生油。但是，这种认识不仅与客观实际严重不符，还存在与学者自相矛盾的问题，如在《石油形成和分布——油气勘探新途径》一书写道："应用热解法能够完成生油气潜力的半定量评价。S_1代表了已有效地转化为烃类的原始生油气潜力的部分。S_2代表了油气潜力的其他部分，即尚未生成烃类的残余潜力。所以S_1+S_2（以kg 烃/t 岩石表示）为生油潜力的评价。"上述文字表明，两位学者非常清楚油源岩中的有机质经长时间的热解过程后，只有一部分能生成石油（S_1），还有相当一部分不能热解生油，是以残余有机质形式赋存于油源岩内（S_2），这一部分残余有机质至今未热解生油，意味着永远也不能热解生油。既然如此，还要用S_1+S_2来评价油源岩的生油气潜力，还有什么实际意义呢。因此，将"人造石油"的干酪根热降解生油学说，作为天然石油的生油理论（即油源岩热降解生油学说），显然，这一做法是把"人造石油"和天然石油混为一谈，是以有机化学的思维方法替代有机地球化学的思维方法，使油源岩生油理论研究脱离了地质条件的分析，走上了纯室内做有机化学实验的错误之路。除此之外，两位学者还忽略了一个重要的"中间体"问题。众所周知，有机地球化学与有机化学的一个重要区别，就是化学反应的反应物，必须经过"中间体"才能完成生成物的反应。也就是说，在地下地质条件下黑色泥岩生成的石油（S_1），如果不经过"中间体"，这些石油是排不出来的，全部"憋死"在油源岩中，呈分散状态分布。对中国陆相油源岩而言，这个"中间体"就是砂岩，因此真正的油源岩不是纯黑色富含有机质的泥岩组成，而是由一套泥岩夹砂岩或泥岩、砂岩互层组成。这就是为什么在开采致密油时，除采用压裂方法使致密储油层产生裂缝外，还需要同时往裂缝中注入石英砂粒或陶粒，以增加导流能力的主要原因。

美国是海相石油勘探开发的先行者，早在1859年就成功钻探了世界上第一口石油井。1923年海相石油的年产量已达1亿吨，1970年海相石油年产量达到4.55亿吨。多年的石油勘探开发实践，使美国的石油地质家充分认识到油源岩生油理论研究，是非常复杂的有机地球化学问题。涉及石油地质学、岩石矿物学、沉积学、古生物学、有机化学、流体力学等学科的知识，以及相关的实验装备和技术方法。美国有些石油地质家甚至认为，"可能直到找出最后一滴油，我们也无法回答石油成因、运移、聚集和保存的这些问题"。因此，美国各大石油公司更加关注如何能更多地发现石油，以及用什么技术方法尽可能多地把石油开采出来。这就是为什么美国的地震勘探技术、钻井工程、油井压裂工艺和装备等应用技术，始终处于世界先进水平的主要原因。尽管如此，以 J. M. 亨特为代表的石油地质家在海相石油成因、运移等基础理论研究方面，还是做出了重要贡献。他认为"有机质在油源岩中转化为石油的数量在百分之几到百分之十五。生成的石油最终形成商业性聚集的数量也在这个范围"，还有"通过实验数据已证实，在地下地质条件下的有机质热解生油过程，是低温（50~200℃）催化裂化作用下完成的"。需要特别指出的是，J. M. 亨特 1979 年在其出版的专著《石油地球化学和地质学》一书中，首次提出"油源岩应当是一种在地下地质条件下，能生成石油，并能排出经运移形成足够的商业性聚集的一种岩石"。这种看法改变了仅仅根据岩石热降解生油实验数据，定义和评价油源岩的有机化学思维方法，开创了依据油源岩在地下地质条件的动态变化（即有机地球化学思维方法），定义和评价油源岩生油过程和特征的正确研究之路。

中国是陆相石油的发源地，早在 1907 年，中国在陕西省延长县就钻探了第一口石油井，发现了延长陆相油田。1941 年，中国石油地质家潘钟祥在美国石油地质家协会（AAPG）会议上，正式提出了"中国陆相生油"。新中国成立后，在大规模开展陆相石油勘探开发的基础上，相继发现了克拉玛依、大庆、胜利等诸多亿吨级陆相大油田。1978 年，中国陆相石油的年产量已超过 1 亿吨，成为世界陆相石油产量最多的国家。实践证明，中国陆相不仅不贫油，而且跟海相同样富含石油。陆相石油勘探开发取得的巨大突破，极大鼓舞了中国石油地质家的科研信心，立志要在中国陆相生油理论研究和生产实践中有所建树。但是，由于历史原因，中国很长时间处于封闭状态。石油地质家对油源岩的了解，还是源于 20 世纪 50 年代美国石油地质家 A. I. 莱复生所著的石油地质学教科书，关于油源岩的基本概念和研究方法、实验方法也仅限于评价有机质沉积环境的几个实验参数，如二价铁、还原硫等。因此，1978 年中国改革开放后，中国的石油地质家急于了解和借鉴国外先进的生油理论和实验技术。在这种特殊的历史背景下，欧洲有机化学家 B. P 蒂索和 D. H 威尔特两位学者敏锐地看到了商机。于是，1978 年带着在欧美石油地质界并不被看好的当年 4 月才出版的专著《石油形成和分布——油气勘探新途径》，先后来中国讲学并且与中国资深的石油地质家开展学术交流推介该专著。书中介绍用岩石评价热解仪求取的油源岩热解参数可以对油源岩及盆地油气远景进行定量评价，运用地球化学资料建立数学模型，是油气勘探的一种新方法新途径。中国石油地质家对这些内容非常感兴趣，但在未能理解该专著实质是"人造石油"理论的情况下，仅靠几次学术交流就全盘接受了该学说的理论和实验方法，并在科研、教学和生产领域全面推广应用。从此中国陆相油源岩的研究，进入了长达40多年的以"人造石油"理论和实验方法为指导的误区。表面上看中国陆相石油研究领域人才济济成果颇丰，但实质是40多年来培养的包括诸多院士和专家在内的人才，都是从事用"人造石油"理论和实验方法，研究天然石油的有机化学家。撰写的大量著述，都是用岩石评价热解仪对中国不同含油盆地的不同地质时代油源岩，进行热解实验的有机化学室内实验报告，没有任何理论意义和应用价值。

为改变中国陆相油源岩研究领域，长期受"人造石油"理论和实验技术占主导地位影响引起的乱象，重塑有机地球化学思维方法和模拟实验技术，在中国石油化工集团公司科技开发部的支持和帮助下，笔者和研究团队从2003年开始，针对中国典型的含油盆地油源岩的发育特征，深入进行研究和对比分析，研制了符合油源岩地下真实条件的生油模拟实验仪，探索如何运用有机地球化学思维方法和模拟实验技术，研究中国陆相油源岩生油理论和有效指导石油勘探的问题。

需要指出的是，多年来受干酪根热降解生油学说的影响，我们始终在研究干酪根热降解生油问题。但是在地下地质条件下油源岩所含的干酪根是不能热解生油的，真正能生油的是油源岩所含的可溶有机质 S_1。因此，油源岩所含可溶有机质 S_1 的形成及演化特征，才是油源岩生油理论研究的核心内容。

笔者始终认为，油源岩生油理论的创新和发展，从来都是各国石油地质家不断探索、不断总结的结果，都是集体智慧的结晶。在此，要感谢所有的石油地质家。特别对 A. I. 莱复生、H. D. 赫德伯格、潘钟祥、J. M. 亨特、B. P. 蒂索、D. H. 威尔特、R. E. 查普曼、F. K. 诺斯等老一代石油地质家深表敬意。同时也对从事油源岩生油理论研究的年轻一代石油地质家寄予厚望。

关德范

2022 年 1 月 20 日

目　　录

第一篇　绪　　论

第二篇　中国典型陆相含油盆地油源岩特征

第三篇　陆相油源岩生油模拟实验

第一篇　绪　论

第1章　定义和评价油源岩
的两种思维方法

1.1　干酪根热降解生油学说是"人造石油"理论

18世纪欧洲工业革命时期，欧洲有机化学家运用干馏技术，从油页岩中提取了石油及相关油品，即"人造石油"。油页岩的有机质（炼油专家称之为油母质）主要是干酪根和少量沥青。前者不溶于有机溶剂，需加热至550℃左右才能热解生油；后者则是可溶的，只需加热至250℃左右即可生油。欧洲有机化学家根据有机化学的物质协同反应原理（即参与化学反应的反应物不经过任何中间体，直接完成生成物的反应），研制了一种岩石评价热解仪（Espitalié et al，1977），只要根据油页岩（或其他富含干酪根的岩石）含有的有机质全部热解生成的"人造石油"总量，就可以定义和评价这种油页岩是否为工业性的油页岩，以及相应的工业品质等级。具体实验方法是用特定的温度程序，在惰性气体介质中，将约100mg的样品逐步加热到550℃。在加热实验过程中，氯仿沥青在中等温度下首先挥发，通过火焰离子检测器测出这些烃类的数量（S_1）。随着热解温度的提高，干酪根热解生成烃类（S_2），以及二氧化碳和水等含氧挥发物（S_3）。第4个参数是热解时对应烃类最大生成量的温度，即峰温（T_{max}，相当于油页岩热解的终温）。每个热解岩石的样品，最终都能得到S_1、S_2、S_3、T_{max}的记录，利用这4个主要参数的资料，就可以对岩石进行评价。其中S_1的量代表已有效转化为烃类的原始生油气潜力的部分，即氯仿沥青；S_2的量为干酪根的生油气潜力，即尚未生成烃类的潜力。因此，S_1+S_2为岩石的最终生油气潜力，用"kg/t"（烃/岩石）来表示。S_3代表岩石含有的含氧挥发物二氧化碳和水等；T_{max}为生成烃类最大值时的温度，主要用于对岩石热成熟阶段的评价。此外，$S_2/$有机碳称为氢指数（HI），$S_3/$有机碳称为氧指数（OI），用这两个指数可以判断干酪根类型。总之，通过对上述参数的分析，就可以对岩石的生油气潜力进行评价。这里所说的岩石生油气潜力评价，是指岩石中含有的全部有机质全部热解生成油气总量的多少，即用 $S_1 + S_2$ [kg/t（烃/岩石）] 来表示。1977 年，法国人 B. P. 蒂索和德国人 D. H. 威尔特，在该岩石评价热解仪实验参数的获取及解释的基础上，提出了干酪根热降解生油学说，首次用有机化学的思维方法，为油页岩工业生产"人造石油"奠定了理论基础。

1978 年，B. P. 蒂索和 D. H. 威尔特合著出版的《石油形成和分布——油气勘探新途径》一书中，对油页岩和油源岩进行了详细的对比分析。例如："油页岩中的干酪根与油源岩层中的干酪根没有显著不同""在某种程度上，从干酪根生成'人造石油'的热解过程与埋藏很深的油源岩层由于高温而产生很相似的石油是一样的"。又如："只要这些岩石含有丰富的Ⅰ型或Ⅱ型干酪根的有机质，如果有足够的埋藏深度时，它就是一种很好的油源岩，如果埋藏深度较浅时，则就是一种油页岩""一个油源岩的生油潜量和热裂解时所生成的油和气的总量，没有太大差别。因为一个浅层不成熟的油源岩与油页岩没有根本的差别"。两位学者的理论内涵是把油源岩等同于油页岩，两者没有本质区别，唯一不同的是埋藏的深度。按照这种思维，就可以把适合于油页岩的热解方法、评价参数、油页岩生油量的计算公式等内容，全部套搬用于油源岩的评价研究以及在石油勘探中应用(表 1.1)。

表 1.1　油页岩与油源岩研究方法对比表

项目	油页岩	油源岩
热解条件	隔绝空气条件下最终加热至 500~550℃	惰性气体条件下逐步加热至 550℃
热解温度段选择	0~350℃：脱水干燥阶段，温度达到 200℃时生成沥青、水、气体；350~500℃：生成大量页岩油；500~550℃：热解终温	0~350℃：脱水干燥阶段，温度达到 200~350℃生成游离烃 S_1；350~500℃：生成原油和湿气 S_2 及含氧挥发物 S_3；500~550℃产生干气
有机质丰度评价指标	有机碳含量（TOC）、生油潜力（$S_1 + S_2$）、氯仿沥青"A"、干酪根类型、有机质成熟度（R_o）、最大热解峰温、H/C、O/C、氢和氧指数	有机碳含量（TOC）、生油潜力（$S_1 + S_2$）、氯仿沥青"A"、干酪根类型、有机质成熟度（R_o）、最大热解峰温、H/C、O/C、氢和氧指数

项目	油页岩	油源岩
油页岩与油源岩品质评价标准	油页岩品质评价依据含油率高低（含油率是指油页岩中页岩油所占的质量分数）：①低品级，$3.5\% < w \leqslant 5\%$；②中品级，$5\% < w \leqslant 10\%$；③高品级，$w > 10\%$	油源岩品质评价依据 $S_1 + S_2$（烃/岩石）：①非油源岩，低于 2kg/t；②中等油源岩，$2 \sim 6$kg/t；③好油源岩，大于 6kg/t
油页岩与油源岩生油量计算公式	$$Q_{页岩油} = S h \rho W$$ 式中，$Q_{页岩油}$ 为页岩油生油量，10^4t；S 为油页岩分布面积，km^2；h 为油页岩厚度，m；ρ 为油页岩密度，t/km^3；W 为油页岩含油率，%	$$Q_{石油} = 10^{-8} S h \rho C_r R_c H_r$$ 式中，$Q_{石油}$ 为油源岩生油量，t；S 为有效油源岩分布面积，km^2；h 为有效油源岩平均厚度，m；ρ 为油源岩密度，t/km^3；C_r 为油源岩残余有机碳含量，%；R_c 为有机碳恢复系数；H_r 为油源岩该演化阶段产油率，kg/t

注：油页岩资料据刘招君（2009）；油源岩生油量计算公式引自赵文智（1999）；其他油源岩资料均引自 B. P. 蒂索（1978）。

不难看出，两位学者是把油源岩所在的生油凹陷（或洼陷）想象成油页岩的热解干馏炉，油源岩在生油凹陷（或洼陷）内不断热解生油，又不断排油。通过油源岩生油量计算，就可以计算出油源岩中含有的全部有机质热解生成石油的总量（石油潜量）。不难看出，这种石油总量（或潜量）是典型的有机化学反应实验过程，其有机化学反应的表达式为：油源岩（以 t 岩石表示）$\xrightarrow{\text{加温至550℃}}$ $S_1 + S_2$（以 kg 表示）。因此，根据 $S_1 + S_2$ 的石油生成总量就可以对沉积盆地或盆地内的生油凹陷（或洼陷）进行石油潜力评价。正如在《石油形成和分布——油气勘探新途径》一书中所描述的："数学模型——对石油和天然气远景评价的一种定量途径""数学模型在石油勘探中的应用""盆地中最有利石油聚集带的确定：确定远景的一种地球化学途径"，等等。这些提法都是石油地质家非常感兴趣的问题，在不了解干酪根热降解生油学说的内涵的情况下很容易产生误解，主要方面是对 S_2 值的理解。两位学者都认为 S_2 是岩石中"过去尚未生成石油的残余有机质"，对油页岩而言，这部分未热解生油的残余有机质，可以通过岩石评价热解仪或干馏炉进一步热解生成"人造石油"。用 $S_1 + S_2$ 可以计算油页岩全部热解后生成"人造石油"的总量。但对油源岩而言，至今在地下地质条件下尚未热解生成石油的残余有机质，就意味着"永远"不能热解生油。因此，S_2 值实际等于零，S_1+S_2 值等于 S_1+0 仍为 S_1，即只能用 S_1 表示油源岩的生油潜力。用室内有机化学热解实验方法对油源岩进行热解求取 S_2 值的实验，对石油潜力评价无任何实际意义。

B. P. 蒂索和 D. H. 威尔特两位学者都是资深的石油地质家，但多年受有机化学思维方法的影响，在年年有加无已之中，已逐步与石油地质渐行渐远，成为善于运用有机化学思维方法研究油源岩的有机化学家。从两位学者的专著中就可以了解，他们并不理解有机地球化学思维方法的内涵，更不知道如何运用有机地球化学的思维方法，研究油源岩生油理论和模拟实验技术。从而导致其在专著中处处把有机化学和有机地球化学混为一谈，把"人造石油"和天然石油混为一谈，把干酪根热降解生油学说与油源岩热降解生油理论混为一谈，把有机化学的热降解室内实验与有机地球化学的模拟实验混为一谈。最终将油源岩生油理论研究和模拟实验，引入了"人造石油"研究领域和热解实验的误区。具体表现在以下几个方面。

（1）干酪根热降解生油学说的内涵是应用有机化学协同反应，证明有机物(包括可溶的和不可溶的)经高温热解可以全部生成石油(天然气)。因此，干酪根热降解生油学说研究的是有机化学问题，其科学体系隶属于"数、理、化、天、地、生"六大自然学科体系的化学学科。有机化学反应所需的各种条件(如参与化学反应的物质、施加化学反应的各种条件、容纳化学反应物质的各种容器等)，都是人为设计、制造、人为操作完成的。这就是用岩石评价热解仪或油页岩干馏炉生成的石油，都称之为"人造石油"的主要原因。油源岩热降解生油学说是研究有机质在地下地质条件下的生油问题，是有机地球化学的研究领域，其学科体系隶属于"数、理、化、天、地、生"六大自然学科体系的地球学科，是地球科学下设的地球化学学科的有机地球化学分支学科。地下地质条件涉及石油地质学、岩石学、沉积学、古生物学、有机化学等学科的知识，是相当复杂的研究课题及相关的模拟实验。因此，用"人造石油"的实验方法获取的各种数据，去评价天然石油的油源岩，显然是脱离客观实际的错误思维方法。

（2）干酪根热降解生油学说用岩石评价热解获取的 S_1+S_2 值评价岩石的生油(气)潜力，仅适用于油页岩，因为油页岩含有的 S_1+S_2 经干馏炉热解后都可以生成"人造石油"。但这种方法并不适用于油源岩，一是油源岩中的 S_2 值代表的是未热解生油的残余有机碳，在地下地质条件下"永远"也不可能生成石油了，因此油源岩中的 S_1+S_2 的生油(气)潜力实质仅仅是 S_1 值；二是如果用岩石评价热解仪对油源岩中的 S_2 热解求取的生油(气)潜力值，只代表一种假设，即如果油源岩中的 S_2 均热解生油，能够生成等量的石油(气)，但实际生成等量的石油在地下根本不存在。因此，如果用 S_1+S_2 来计算油源岩的生油(气)潜力，势必计算出巨大的石油量，导致在对石油资源评价时，迫使石油地质家用人为选定的"排油系数×聚集系数"来计算地下的石油资源量。这就出现了用油源岩在地下地质条件下根本不存在的石油生成量，计算出了盆地实实在在赋存的石油资源量的怪现象。遗憾的是，这种人为计算出来的石油资源量，竟然成为石油公司甚至国家层面制定发展计划的重要参数。

（3）干酪根热降解生油学说依据的有机化学物质协同反应原理，即参与化学反应的反应物不经过任何中间体，直接完成生成物的反应。因此，根据室内岩石评价热解仪求取 S_1+S_2 之和，就可以了解各种岩石中所含有机质全部热解生成的石油(气)总量。但在地下地质条件下油源岩热解生油过程必须经过中间体。因为油源岩中含有的有机质是分散状分布，经过热解生成的石油呈零星分布状态，如果没有中间体的两步或多步反应，这些零星分布的石油无法实现初次运移，就会"憋死"在泥岩或页岩组成的油源岩中。这个中间体就是砂岩(或孔渗较好的碳酸盐岩)，它的作用与致密储油层的开采过程注入的石英砂粒或陶粒的作用是相似的。在石油开采过程中，对待孔隙度、渗透率均较差的致密储油层，往往采用压裂工艺，除用高压手段使致密储油层产生裂缝的同时，必须往裂缝中注入大量的石英砂粒或陶粒，增加导流能力使致密储油层中难以流动的石油，经过砂粒这个中间体运移出来。

综上所述不难看出，干酪根热降解生油学说只是"人造石油"的理论，用"人造石油"的理论和实验技术，用于天然石油的评价研究，显然是脱离实际的错误做法。

1.2 有机地球化学思维方法的提出

1946 年，美国人 J. M. 亨特在宾夕法尼亚州立大学获得化学博士学位后，在美国石油公司从事石油调查和勘探工作多年，与包括 A. I. 莱复生等著名教授在内的许多石油地质家共事，时常一起探讨石油勘探中遇到的各种难题。J. M. 亨特将有机化学与石油地质学紧密结合，合理运用有机地球化学思维方法，分析油源岩及其相关的石油运移、聚集等基础理论问题，成功地从有机化学家转变为善于运用有机地球化学思维方法，全面分析研究油源岩的石油地质家。1979 年，J. M. 亨特撰写出版了《石油地球化学和地质学》专著，提出了有机地球化学思维方法，其主要观点有以下几方面。

（1）认为油源岩是在地质条件下能生成、运移和聚集形成商业性石油的一种岩石。也就是说这种岩石含有丰富的有机质，含量在 0.5% ~ 5% 之间；泥质生油岩生成的石油能实现初次运移；经初次运移和二次运移出来的石油量足够形成商业性油藏。对油源岩品质的评价主张用有机溶剂如苯、甲醇、丙酮等对岩石进行抽提，根据溶解油的数量多少对油源岩进行定义和评价。

（2）根据统计资料，认为在含油盆地中，油源岩层中的有机质转化为石油的数量为百分之几到百分之十五，生成的石油最终形成商业性聚集的数量也在这个范围。从有机质转变为烃类的范围如表 1.2 所示。在所有的沉积岩中，约 3% 的有机质转化为 C_{15+} 烃类，现代沉积物中烃类与有机质的比值也很低，来自产油区古代沉积物的岩样 C_{15+} 烃类产物能达到总有机质的10%。

表 1.2　沉积物中 C_{15+} 烃类和有关有机质的分布 (引自 J. M. 亨特，1986)

沉积物		残余有机质/%	可提抽的有机质/%	
			沥青的 NSO 化合物	C_{15+} 烃类
全部沉积岩		94	3	3
古代碳酸盐岩		74.5	13.8	11.7
古代页岩		95.7	2.9	1.4
现代沉积物	平均	95.5	4.2	0.3
	卡里亚科海沟（4m）	94.6	5.2	0.2
	卡里亚科海沟（85m）	98.1	1.7	0.2
	里海	93.6	6.1	0.3
	奥里诺科三角洲	94.5	5.0	0.5
	地中海	94.8	4.9	0.3

沉积物		残余有机质/%	可提抽的有机质/%	
			沥青的 NSO 化合物	C_{15+} 烃类
古代沉积物	切罗基、堪萨斯	96	3	1
	弗朗蒂尔、怀俄明	92	6.3	1.7
	威尔科克斯、路易斯安娜	92	6	2
	温尼佩塔、蒙大拿	95.9	1.4	2.7
	杜弗内、艾伯塔	89	7.3	3.7
	福斯福利亚、怀俄明	92	3.4	4.6
	伍德福德、俄克拉荷马	89.2	5.8	5
	绿河、犹他	72.3	21.4	6.3
	特拉弗斯、密歇根	79.4	13.3	7.3
	蔡希斯坦、丹麦	73.4	17.4	9.2
	马迪森、蒙大拿	68.6	18.9	12.6

注：可抽提的馏分是溶于混合溶剂的。例如用70%的苯，15%的甲醇，15%的丙酮混合溶剂，在它们的沸点抽提，在除去溶剂时没有损失。

（3）强调油源岩是细粒沉积物和有机物共同在沉积盆地中形成的，在沉积盆地地质演化过程中，沉积物的沉积成岩演化与有机物的热演化过程是同步进行的。油源岩生油是在地下地质条件下的一种催化裂化反应过程，黏土矿物不仅在有机质热演化过程中起到催化作用，而且矿物转化可使页岩孔隙度增加。例如：蒙托石向伊利石转化时可排出结晶水，使页岩孔隙度增加5%～10%。石油大量生成的温度是60～150℃，当温度达到200～250℃时，有机质主要生成甲烷，超过250℃以上则有机质生烃作用基本停止（图1.1）。

（4）认为用岩石评价热解仪对油源岩进行高温热解实验，极大破坏了油源岩中有机质的原始状态，只是表明干酪根等不溶有机质与高温热解的关系，不能用这种实验数据代表油源岩的生油气特征，因为地下地质条件下根本不存在这种高温环境。正确的做法应当按地下地质条件的最高温度（200～250℃）做模拟实验。

不难看出，J. M. 亨特上述的有机地球化学思维方法，无疑是符合客观实际的，与 B. P. 蒂索和 D. H. 威尔特的有机化学思维方法有明显不同。但由于 J. M. 亨特始终未形成一种可实际操作的研究方法，仅仅停留在理论思

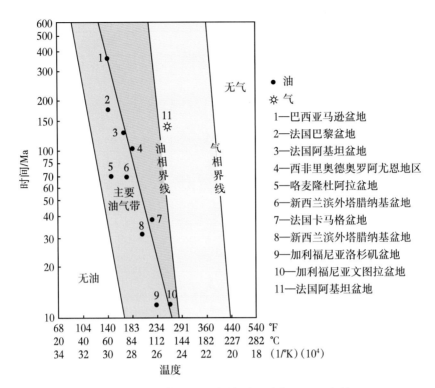

图 1.1　石油生成的时间—温度关系(引自 J. M. 亨特，1986)

维阶段，特别是没有研制出符合地下地质条件的油源岩生油模拟实验仪，无法通过模拟实验取得油源岩生油过程的定量参数，因此很长时间没有引起石油地质家的重视，特别在中国受干酪根热降解生油学说先入为主(首因效应)的影响，J. M. 亨特的有机地球化学思维方法始终处于边缘化，没有引起足够的关注和思考。

第 2 章　中国陆相油源岩生油理论研究的思维方法

沉积盆地是石油赋存的基本地质单元。不管盆地的大小、形态特征、成因类型等方面有多么的不同，只要盆地有过石油生成、运移、聚集成藏的过程，这些沉积盆地就统称为含油盆地。反之，只要是含油盆地就应当具有相同或相似的石油生成、运移、聚集成藏的石油地质演化过程和特征。按照这种思路，对中国的 34 个陆相含油盆地（或坳陷、凹陷）的石油地质演化特征，特别是不同地质时代油源岩的形成环境、有机质热演化条件、石油生成及初次运移和二次运移特征等油源岩研究的核心内容，进行了系统的对比分析。提出了成盆成油成藏理论思维，油源岩有限空间生油理论思维，河流—三角洲沉积体系石油生成、初次运移、成藏理论思维，油源岩低温催化裂化生油理论思维。

2.1　成盆成油成藏理论思维

通过中国 34 个中—新生代陆相含油盆地（或坳陷、凹陷）石油地质特征及演化史的分析，可以明显看出，这些含油盆地（或坳陷、凹陷）都经历了持续沉降、整体上升、全面萎缩三个发展阶段（表 2.1）。

表 2.1　国内 34 个中—新生代陆相含油盆地（或坳陷、凹陷）发育特征

盆地（或坳陷、凹陷）名称	盆地整体发育阶段	盆地持续沉降阶段	盆地整体上升阶段	盆地全面萎缩阶段
1. 松辽盆地	白垩纪—第四纪	青山口组—嫩江组沉积期	嫩江组沉积末期	四方台组沉积期—第四纪
2. 海拉尔盆地	白垩纪—第四纪	铜钵庙组—伊敏组沉积期	伊敏组沉积末期	青元岗组沉积期—第四纪
3. 开鲁坳陷	侏罗纪—第四纪	晚侏罗世	阜新组沉积末期	姚家组沉积期—第四纪

盆地(或坳陷、凹陷)名称	盆地整体发育阶段	盆地持续沉降阶段	盆地整体上升阶段	盆地全面萎缩阶段
4. 伊兰—伊通盆地	古近纪—第四纪	古近纪	齐家组沉积末期	岔路河组沉积期—第四纪
5. 二连盆地	白垩纪—第四纪	早白垩世	赛汉塔拉组沉积末期	晚白垩世—第四纪
6. 辽河坳陷	古近纪—第四纪	古近纪	东营组沉积末期	馆陶组沉积期—第四纪
7. 黄骅坳陷	古近纪—第四纪	古近纪	东营组沉积末期	馆陶组沉积期—第四纪
8. 冀中坳陷	古近纪—第四纪	古近纪	东营组沉积末期	馆陶组沉积期—第四纪
9. 济阳坳陷	古近纪—第四纪	古近纪	东营组沉积末期	馆陶组沉积期—第四纪
10. 东濮凹陷	古近纪—第四纪	古近纪	东营组沉积末期	馆陶组沉积期—第四纪
11. 泌阳凹陷	古近纪—第四纪	古近纪	廖庄组沉积末期	上寺组沉积期—第四纪
12. 苏北盆地	古近纪—第四纪	古近纪	三垛组沉积末期	盐城组沉积期—第四纪
13. 江汉盆地	古近纪—第四纪	古近纪	荆河镇组沉积末期	广华寺组沉积期—第四纪
14. 三水盆地	古近纪—第四纪	古近纪	华涌组沉积末期	始新世—第四纪
15. 百色盆地	古近纪—第四纪	古近纪	建都岭组沉积末期	上新世—第四纪
16. 福山凹陷	古近纪—第四纪	古近纪	澜洲组沉积末期	新近纪—第四纪
17. 珠江口盆地	古近纪—第四纪	古近纪	珠海组沉积末期	新近纪—第四纪
18. 琼东南盆地	古近纪—第四纪	古近纪	陵水组沉积末期	新近纪—第四纪
19. 莺歌海盆地	古近纪—第四纪	古近纪	陵水组沉积末期	新近纪—第四纪
20. 北部湾盆地	古近纪—第四纪	古近纪	涠洲组沉积末期	新近纪—第四纪
21. 酒泉盆地	白垩纪—第四纪	白垩纪	白垩纪末期	渐新世—第四纪
22. 吐哈盆地	侏罗纪—第四纪	侏罗纪	侏罗纪末期	白垩纪—第四纪

盆地(或坳陷、凹陷)名称	盆地整体发育阶段	盆地持续沉降阶段	盆地整体上升阶段	盆地全面萎缩阶段
23. 鄂尔多斯盆地	晚三叠世—早白垩世	晚三叠世—中侏罗世	中侏罗世末期	晚侏罗世—第四纪
24. 准噶尔盆地	晚古生代—第四纪	二叠世—侏罗纪	侏罗纪末期	白垩纪—第四纪
25. 柴达木盆地	古近纪—第四纪	古近纪—新近纪	新近纪末期	第四纪
26. 焉耆盆地	三叠纪—第四纪	晚三叠世—侏罗纪	侏罗纪末期	白垩纪—第四纪
27. 四川盆地	晚三叠世—第四纪	晚三叠世—中侏罗世	中侏罗世末期	晚侏罗世—第四纪
28. 东海盆地	古近纪—第四纪	古近纪	花港组沉积末期	新近纪—第四纪
29. 三塘湖盆地	晚古生代—第四纪	晚二叠世—中侏罗世	西山窑组沉积末期	中侏罗世—第四纪
30. 白云查干凹陷	白垩纪—第四纪	早白垩世	赛汉塔拉组沉积末期	晚白垩世—第四纪
31. 景谷盆地	古近纪—第四纪	古近纪	孟腊组沉积末期	新近纪—第四纪
32. 伦坡拉盆地	古近纪—第四纪	古近纪	丁青湖组沉积末期	新近纪—第四纪
33. 冀东坳陷	古近纪—第四纪	古近纪	东营组沉积末期	馆陶组沉积期—第四纪
34. 库车坳陷	三叠纪—第四纪	中三叠世—侏罗纪	晚侏罗世末期	白垩纪—第四纪

2.1.1 盆地持续沉降阶段

盆地持续沉降标志着盆地形成并进入沉积物质的积累阶段。绝大多数盆地的沉积速率均达到 200m/Ma 以上，特别是主力油源岩的沉积速率更加明显，例如，渤海湾盆地东营凹陷沙河街组四段上部和三段下部主力油源岩的沉积速率达 300m/Ma。由于油源岩的沉积速率比较大，因此对有机质的保存非常有利。这一沉积阶段的沉积厚度可达几千米以上，因此在盆地持续沉降末期，生油凹陷(或洼陷)的主力油源岩均已进入大量生油阶段。

在盆地持续沉降阶段，由于盆地不同区域沉降速度不一样，形成了盆地内三种不同的沉积构造单元，即坳陷(或凹陷、洼陷)、斜坡和隆起(或凸起）。坳陷（或凹陷、洼陷）是沉积物最厚最完整的地区，也是有机质保存最多的还原环境，因此含油盆地的坳陷区是油源岩发育的最理想地区。斜坡地区主要围绕坳陷（或凹陷、洼陷）发育，可分为缓斜坡和陡斜坡，前者地形相对平缓，坡度较小，多发育河流相沉积，以砂岩夹泥岩为主；陡坡则相对坡度角大，多发育冲积扇、洪积扇等沉积物颗粒大小不一的混杂堆积。隆起（或凸起）是这一阶段沉积最薄甚至无沉积的地区，往往不接受沉积或形成剥蚀物源区。

盆地持续沉降阶段，是盆地各种沉积物质的积累、加载增压的过程，也是有机质热解生油的过程。因此，陆相油源岩生油理论研究，主要是分析盆地这一发展阶段的沉降沉积史，以及相对应的有机质形成保存环境、泥岩与砂岩的岩性组合、温度和压力条件、有机质热解生油的内部和外部因素等。

2.1.2　盆地整体上升阶段

这一发展阶段是盆地持续沉降阶段已积累的各种能量（高温高压等）逐步释放卸载减压的过程。其主要标志是盆地内的地层均遭受不同程度的剥蚀，剥蚀速率一般为每百万年几十至几百米。盆地内不同的沉积构造单元，上升遭受剥蚀的速率不同，剥蚀量相差较大。通常盆地边缘地区上升速率较快，剥蚀量也较大；斜坡特别是平缓斜坡的砂岩为主的地区，由于有"砂岩回弹"作用，导致上升速率和剥蚀量均较大；坳陷和泥岩较发育的地区，相对上升速率和剥蚀量均较小。由于这一发展阶段盆地内不同沉积构造单元剥蚀量不同，即卸载减压存在明显的差别，导致生油凹陷（或洼陷）内始终处于高温高压状态的油源岩中的石油，向斜坡地区运移，并在有利的圈闭中聚集成藏。

2.1.3　盆地全面萎缩阶段

盆地经过持续沉降和整体上升两个发展阶段后，整体进入全面萎缩阶段。这一阶段的特点是逐步达到与盆地周围地区的地壳平衡，其主要表现为盆地呈现小幅度的沉降和上升剥蚀。通过这种小幅度的沉降和上升剥蚀，可以进一步调整和完善成油成藏过程并最终定型。这一发展阶段一直延续到第四纪。

成盆成油成藏理论思维过程，是把盆地内石油的生成、运移、聚集成藏等复杂的石油地质现象，理解为盆地内的各种沉积物经历了一系列的物理、化学作用后的产物。这些产物伴随着盆地的持续沉降、整体上升、全面萎缩三个发展阶段而发生、发展和变化。其中持续沉降阶段，生油凹陷（或洼陷）内油源岩的沉积成岩演化特征、有机质热演化特征，以及二者彼此制约相辅相成的内在关联，是油源岩生油理论研究的核心内容。因此，对沉积盆地上述三个发展阶段的合理划分，分析盆地整体持续沉降阶段的发育特征，是研究油源岩生油理论的前提条件。

2.2　油源岩有限空间生油理论思维

根据沉积学原理，盆地持续沉降末期，包括油源岩在内的各种沉积物已填满了生油凹陷（或洼陷）的整个沉降空间，提供油源岩中分散有机质热解生油反应及容纳油、气、水的空间，只能是油源岩进入大量生油阶段时的孔隙空间（即以孔隙度表示）。在上覆岩层的压实作用下，油源岩孔隙度随之降低，有机质则随着埋深的增加和温度的升高，热解速度加快。当油源岩含有的分散有机质逐步生油并充满了孔隙空间后，油源岩的孔隙度不再降低，分散有机质的生油也受到抑制，两者达到了暂时的平衡。因此，在盆地持续沉降末期，油源岩内分散的有机质热解生成的石油，是以零星油珠状态与孔隙水以互溶状态分布，在盆地未进入整体上升卸载减压阶段之前，这些呈分散状分布在由泥岩或页岩构成的油源岩内部的零星油珠，很难汇集成油流从油源岩中运移出来，即实现初次运移过程。但是，如果在泥岩或页岩中夹有若干层砂岩（或其他物性相当的岩层）时，油源岩的状态就会发生明显变化。一是砂岩的热传导性明显高于泥岩或页岩，因此靠近砂岩的泥岩或页岩中的有机质更容易热解生油；二是其良好的粒间孔隙不仅可以提供更多的孔隙空间，而且内部的孔隙流体压力小于泥岩或页岩的孔隙流体压力，在孔隙流体压差的作用下，泥岩或页岩内呈分散状分布的油珠，就可以形成油流垂直穿过层面进入砂岩，实现石油的初次运移（图 2.1）。

按照这种思路，中国石油化工集团公司石油勘探开发研究院无锡石油地质研究所 2009 年研制了地层孔隙热压生排烃模拟实验仪，并开展了相应的

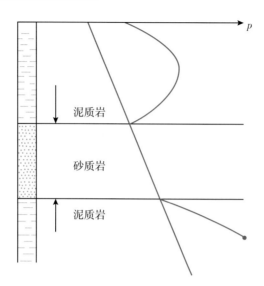

图 2.1　夹在异常压力泥岩层中的砂岩的压力—深度关系图

模拟实验。选取的油源岩样品是河南油田的王 24 井和中原油田的濮 1-154 井。实验过程及实验结果见图 2.2 至图 2.4。

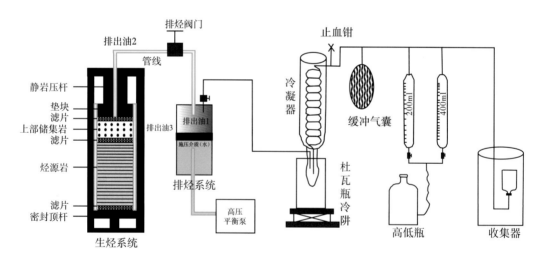

图 2.2　有限空间生排烃模拟实验过程解剖图

用油源岩有限空间理论思维研制的生油模拟实验仪，及其模拟实验的结果与岩石评价热解仪的实验结果，存在明显的不同。

（1）不存在 B. P. 蒂索所图解的生油过程显示的 R_o 从 0.7% ~ 1.3% 之间生油阶段的"大肚子曲线"。从图 2.3、图 2.4 可以明显看出，尽管王 24 井和濮 1-154 井样品的有机碳含量相差三倍以上（分别为 4.55% 和 1.3%），干

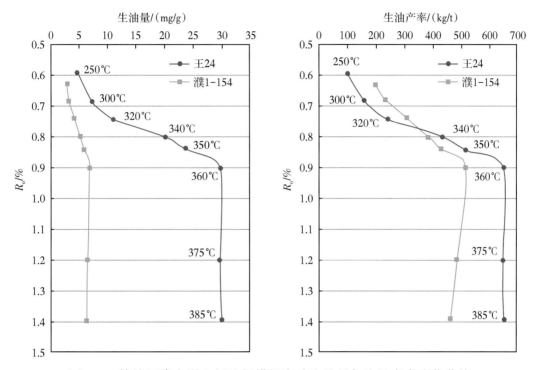

图2.3　持续沉降有限空间生烃模拟实验生油量与生油产率演化曲线

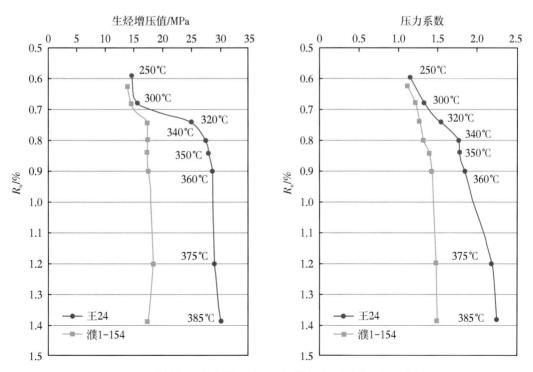

图2.4　持续沉降有限空间生烃模拟实验生烃增压曲线

酪根类型也分别是Ⅰ型和Ⅱ₁型。当模拟温度达到360℃，即R_o等于0.9%时，两个样品的生油量和生油产率均不再增加，进入稳定的生油时期。即使模拟温度从360℃增加至385℃，R_o从0.9%增加到近1.4%时，这种生油状态也一直保持不变。不存在R_o值超过1.3%以后即超过生油高峰就向气态烃转化的现象。这个实验结果与目前中国东部主要油源岩的现状非常一致。例如，渤海湾盆地古近系沙河街组主力油源岩的R_o值目前仍在0.9%左右。

(2)油源岩生油过程不存在从低熟到成熟两个明显的演化阶段。王24井和濮1-154井两个样品从300℃增加到360℃，R_o仅增加了0.22%（从0.68%到0.90%），两个样品的生油量和生油产率迅速升至最大值。这说明油源岩进入生油阶段之后，只需几百米埋深即可完成主要的生油过程，即不存在所谓的低熟演化阶段及形成的低熟油。

(3)在油源岩有限空间条件下，油源岩生油增压值和压力系数的变化与油源岩中的有机质含量和干酪根类型密切相关。王24井样品有机质含量高，干酪根类型优，因此其生油量大并快速充填孔隙空间，导致生油增压快速，孔隙流体压力突变（图2.4）。反之濮1-154井样品由于有机质含量低，干酪根类型差，在相同温度和压力条件下，其生油量并没有完全"充满"孔隙空间，其生油增压值和压力系数均较小。

2009年研制的生油模拟实验仪，仅仅模拟了油源岩充满了生油凹陷（或洼陷）的（即在高温高压反应釜内充满了岩样）沉积特点和压力状况，模拟温度还是采用250℃为起始温度点（主要是节省模拟时间）。2019年研制的生油模拟实验仪，已实现了全面按油源岩地下实际条件模拟。

2.3 河流—三角洲沉积体系生油、初次运移、成藏理论思维

中国陆相沉积盆地大多是全封闭强还原环境的内陆咸水或半咸水湖盆。在盆地持续沉降阶段，油源岩主要发育在盆地的生油凹陷（或洼陷）内。由于凹陷（或洼陷）的陡坡和缓坡的地貌条件差异较大，陡坡带地形坡度较陡，多发育突发的快速堆积的冲积扇或洪积扇，沉积物颗粒大小不一，分选、磨圆均较差，向湖盆中心方向迅速消失，这些沉积物基本不具备油源岩形成的条件。缓坡地形平坦，多形成河流三角洲沉积。其中，河流相的单河道分为

顺直河和曲流河，多河道分为辫状河和网状河。这些河流相沉积大多沿湖盆的长轴方向发育，碎屑颗粒经长距离搬运后分选、磨圆均较好。河流注入湖盆后，在河口浅水缓坡处形成向湖心方向突出的三角洲砂体，这种三角洲砂体与河流相沉积共同构成河流—三角洲沉积体系。通常河流—三角洲沉积体系由三个沉积带组成：①三角洲平原带，是河流相与湖岸之间的岸上部分，以分流河道的细砂、粉砂和泥质沉积为主；②三角洲前缘带，是河流入湖附近的滨—浅湖地带，以席状砂和滨—浅湖泥岩沉积为主；③前三角洲泥带，是进入半深湖相沉积和逐渐向深湖相过渡的沉积区，以暗色泥岩夹薄层粉砂为特征。受湖盆升降运动和不同地质时期气候变化的影响，河流—三角洲沉积体系或向前推进或向河岸陆上方向退缩，这种进退式的沉积变化，在纵向沉积剖面上就呈现出泥岩和砂岩的互层，向湖岸方向则以砂岩为主夹泥岩。例如：松辽盆地白垩系青山口组与嫩江组一段是主力油源岩，其岩性以泥岩为主夹砂岩，姚家组为主力储油岩，岩性则以砂岩为主夹泥岩(图 2.5)。

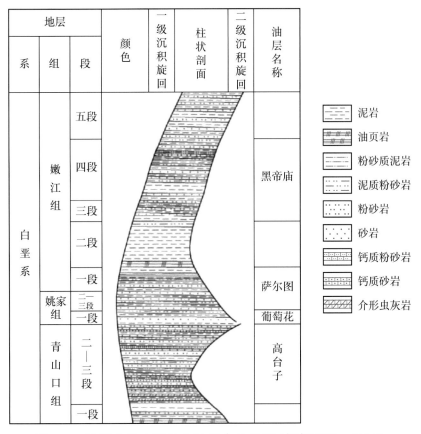

图 2.5　松辽盆地白垩系含油组合柱状图(据杨万里，1985)

在盆地持续沉降阶段湖盆缓坡发育的河流—三角洲沉积体系，实质是集生油、运移、聚集成藏一体化的含油系统。松辽盆地下白垩统发育的大型河流—三角洲沉积体系就是典型的实例。由于湖水的退缩和上涨，导致三角洲的后退和前移，前三角洲泥带的泥岩夹砂岩与三角洲前缘带的席状砂相互交叉沉积，纵向上形成砂岩和泥岩呈交错沉积状态，为青山口组油源岩的初次运移和后续的石油二次运移提供了有利的条件。这个沉积体系直接控制了大庆主要常规油田和页岩油田的形成（图2.6）。

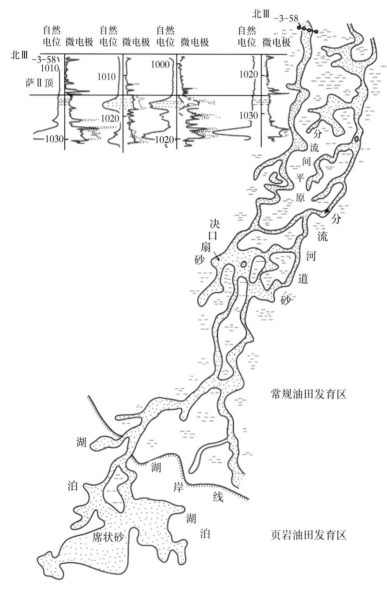

图 2.6　松辽盆地下白垩统河流—三角洲沉积体系砂体分布形态图（据王衡鉴，1983）

2.4 油源岩低温催化裂化生油理论思维

中国陆相油源岩具有两个明显的特点。

（1）中国陆相油源岩大量生油的温度大多低于100℃。例如：鄂尔多斯盆地上三叠统油源岩，在地温梯度仅为3.1℃/100m的地质条件下，58℃就进入大量生油阶段。除柴达木盆地新近系油源岩126℃才进入大量生油阶段外，其他的陆相油源岩均不到100℃时进入大量生油阶段（图2.7）。

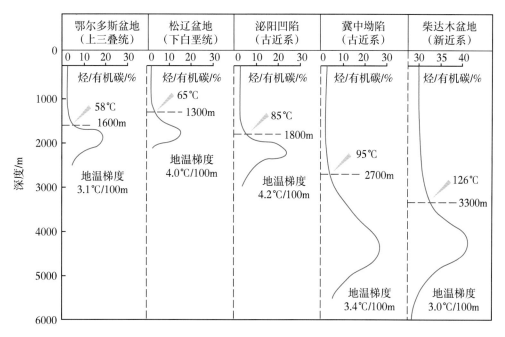

图2.7 中国中—新生代生油岩有机质自然演化曲线（据胡见义，黄第藩，1991）

（2）中国陆相油源岩及陆相原油中均含有较多的金属、稀有金属及稀有放射性金属元素。例如：松辽、渤海湾、准噶尔等含油盆地的原油中，Fe、Mn、Zn、Cu等金属元素的含量，均高于中国沉积层平均含量1~2个数量级（表2.2）。

又如大庆原油和新疆原油中的金属、稀有金属元素的含量均较中国陆壳的平均值高（表2.3）。这种现象一方面说明这些金属、稀有金属元素可能来源于地幔深处，是沿盆地附近深大断裂进入生油凹陷（或洼陷）内。另一方面也经实验证实这些金属、稀有金属元素确实对有机质生油气起到催化作用。

表 2.2 各油田原油中金属元素含量与中国沉积层平均含量对比表（据郭占谦，2001）

元素	中国沉积层	大庆油田	辽河油田	大港油田	新疆油田	长庆油田
Fe	3.31×10^{-2}	1.5×10^{-1}				
Mn	2.6×10^{-4}	6.8×10^{-3}	6.3×10^{-4}		1.0×10^{-3}	
Zn	4.5×10^{-5}	2.5×10^{-3}	2.7×10^{-3}	1.8×10^{-3}	1.4×10^{-3}	7.0×10^{-4}
Cu	2.8×10^{-5}	2.5×10^{-3}	7.4×10^{-4}	5.0×10^{-4}	1.0×10^{-4}	7.5×10^{-4}

表 2.3 石油共生元素、中国陆壳元素与生物体元素含量对比表（据郭占谦，2001）

元素	中国陆壳	大庆	辽河	大港	新疆	元素特性	生物成分
Al	7.5×10^{-2}	2.3×10^{-2}	2.5×10^{-3}	2.9×10^{-3}	3.2×10^{-2}	亲石元素	5.0×10^{-3}
Fe	5.1×10^{-2}	1.5×10^{-1}	2.0×10^{-2}	8.4×10^{-4}	4.8×10^{-3}	亲石元素	1.0×10^{-2}
Ca	4.3×10^{-2}	3.4×10^{-2}	6.9×10^{-2}	4.4×10^{-4}	5.6×10^{-2}	亲石元素	5.0×10^{-1}
Mg	2.2×10^{-2}	8.8×10^{-3}	1.0×10^{-3}	8.2×10^{-4}	8.2×10^{-4}	亲石元素	4.0×10^{-2}
K	2.3×10^{-2}	6.8×10^{-3}	1.0×10^{-1}	—	—	亲石元素	3.0×10^{-1}
Na	2.4×10^{-2}	3.1×10^{-2}	7.5×10^{-3}	2.2×10^{-1}	2.7×10^{-3}	亲石元素	5.0×10^{-2}
V	9.9×10^{-5}	3.3×10^{-4}	1.1×10^{-3}	5.4×10^{-5}	3.0×10^{-3}	亲石元素	$n\times10^{-4}$
Li	4.4×10^{-5}	3.2×10^{-4}	2.6×10^{-3}	1.5×10^{-3}	2.7×10^{-5}	亲石元素	1.0×10^{-5}
Be	4.4×10^{-6}	3.9×10^{-6}	—	1.0×10^{-7}	1.5×10^{-5}	亲石元素	未见
B	1.5×10^{-5}	8.8×10^{-5}	—	1.3×10^{-4}	8.3×10^{-5}	亲石元素	1.0×10^{-3}
Ti	6.5×10^{-5}	9.7×10^{-4}	1.7×10^{-4}	7.9×10^{-5}	1.2×10^{-4}	亲石元素	8.0×10^{-4}
Cr	6.3×10^{-5}	3.7×10^{-4}	4.1×10^{-5}	6.2×10^{-5}	5.6×10^{-4}	亲石元素	$n\times10^{-4}$
Mn	7.8×10^{-4}	6.8×10^{-3}	6.4×10^{-4}	5.4×10^{-4}	1.0×10^{-3}	亲石元素	1.0×10^{-3}
Co	3.2×10^{-5}	1.9×10^{-4}	1.5×10^{-3}	8.7×10^{-5}	1.2×10^{-4}	亲石元素	2.0×10^{-5}
Ni	5.7×10^{-5}	1.7×10^{-3}	4.2×10^{-2}	1.9×10^{-4}	3.4×10^{-3}	亲石元素	5.0×10^{-5}
Cu	3.8×10^{-5}	2.6×10^{-3}	7.5×10^{-4}	5.1×10^{-4}	1.0×10^{-4}	亲石元素	2.0×10^{-4}
Zn	8.6×10^{-5}	2.5×10^{-3}	2.8×10^{-3}	1.8×10^{-3}	1.4×10^{-3}	亲石元素	5.0×10^{-5}
Ga	2.0×10^{-5}	1.1×10^{-4}	1.6×10^{-5}	2.1×10^{-5}	4.6×10^{-5}	亲铜元素	未见
Ge	1.2×10^{-6}	3.1×10^{-5}	—	1.9×10^{-5}	2.0×10^{-6}	亲铜元素	1.0×10^{-4}
As	1.9×10^{-6}	1.5×10^{-3}	—	1.6×10^{-4}	1.2×10^{-4}	亲铜元素	3.0×10^{-5}
Se	7.4×10^{-8}	1.2×10^{-3}		7.4×10^{-4}	5.0×10^{-5}	亲铜元素	$<10^{-6}$
Rb	1.5×10^{-4}	1.6×10^{-4}	1.8×10^{-5}	1.0×10^{-5}	9.3×10^{-6}	亲石元素	5.0×10^{-4}

续表

元素	中国陆壳	大庆	辽河	大港	新疆	元素特性	生物成分
Sr	6.9×10^{-4}	3.8×10^{-3}	3.6×10^{-4}	1.3×10^{-4}	5.2×10^{-3}	亲石元素	2.0×10^{-3}
Y	2.7×10^{-5}	3.5×10^{-5}	5.2×10^{-4}	5.4×10^{-7}	7.7×10^{-4}	亲石元素	1.0×10^{-5}
Zr	1.6×10^{-4}	3.9×10^{-5}	1.1×10^{-5}	2.6×10^{-6}	1.0×10^{-5}	亲石元素	未 见
Nb	3.4×10^{-5}	3.7×10^{-6}	5.8×10^{-7}	4.2×10^{-7}	1.0×10^{-8}	亲石元素	未 见
Mo	2.0×10^{-6}	4.6×10^{-5}	9.7×10^{-5}	1.9×10^{-5}	7.3×10^{-6}	亲铁元素	1.0×10^{-5}
Ag	5.0×10^{-8}	1.1×10^{-5}	8.3×10^{-7}	2.6×10^{-6}	6.4×10^{-6}	亲铜元素	未 见
Cd	5.5×10^{-8}	4.1×10^{-5}	—	9.3×10^{-6}	1.5×10^{-6}	亲铜元素	未 见
In	4.2×10^{-8}	1.1×10^{-6}	—	8.7×10^{-7}	3.0×10^{-8}	亲铜元素	未 见
Sn	4.1×10^{-6}	4.0×10^{-4}	—	2.8×10^{-4}	6.8×10^{-6}	亲铜元素	未 见
Sb	1.5×10^{-7}	6.6×10^{-6}	—	4.4×10^{-7}	1.2×10^{-6}	亲铜元素	未 见
Te	2.0×10^{-8}	4.7×10^{-6}	—	2.1×10^{-6}	1.4×10^{-6}	亲铜元素	未 见
Cs	1.1×10^{-5}	1.5×10^{-5}	3.7×10^{-7}	1.2×10^{-7}	2.9×10^{-7}	亲石元素	1.0×10^{-5}
Ba	6.1×10^{-4}	3.4×10^{-3}	5.0×10^{-4}	7.4×10^{-4}	2.3×10^{-3}	亲石元素	3.0×10^{-3}
La	4.2×10^{-5}	8.3×10^{-5}	4.9×10^{-4}	1.0×10^{-6}	1.8×10^{-4}	镧系元素	$n \times 10^{-3}$
Ce	7.9×10^{-5}	1.6×10^{-4}	8.6×10^{-4}	2.3×10^{-4}	4.6×10^{-4}	镧系元素	$n \times 10^{-3}$
Pr	9.5×10^{-6}	2.1×10^{-5}	1.1×10^{-4}	4.6×10^{-7}	6.6×10^{-5}	镧系元素	$n \times 10^{-3}$
Nd	4.6×10^{-5}	5.6×10^{-5}	4.6×10^{-4}	1.4×10^{-6}	2.7×10^{-4}	镧系元素	$n \times 10^{-3}$
Sm	7.3×10^{-6}	2.1×10^{-5}	9.8×10^{-4}	9.0×10^{-7}	7.0×10^{-5}	镧系元素	$n \times 10^{-3}$
Eu	1.6×10^{-6}	1.1×10^{-5}	2.9×10^{-5}	1.5×10^{-6}	3.1×10^{-5}	镧系元素	$n \times 10^{-3}$
Gd	7.4×10^{-6}	1.2×10^{-5}	1.1×10^{-4}	1.4×10^{-7}	5.6×10^{-5}	镧系元素	$n \times 10^{-3}$
Tb	1.0×10^{-6}	2.7×10^{-6}	1.7×10^{-5}	3.0×10^{-8}	2.3×10^{-5}	镧系元素	$n \times 10^{-3}$
Dy	6.2×10^{-6}	5.9×10^{-6}	9.3×10^{-5}	8.0×10^{-8}	1.1×10^{-4}	镧系元素	$n \times 10^{-3}$
Ho	9.6×10^{-7}	1.4×10^{-6}	2.3×10^{-5}	1.5×10^{-7}	3.0×10^{-5}	镧系元素	$n \times 10^{-3}$
Er	2.6×10^{-6}	3.8×10^{-6}	4.2×10^{-5}	8.0×10^{-8}	7.1×10^{-5}	镧系元素	$n \times 10^{-3}$
Tm	4.3×10^{-7}	4.4×10^{-7}	5.5×10^{-6}	1.1×10^{-7}	8.0×10^{-6}	镧系元素	$n \times 10^{-3}$
Yb	3.2×10^{-6}	2.2×10^{-6}	3.0×10^{-5}	3.4×10^{-7}	5.4×10^{-5}	镧系元素	$n \times 10^{-3}$
Lu	4.1×10^{-7}	5.9×10^{-7}	4.4×10^{-6}	—	7.9×10^{-6}	镧系元素	$n \times 10^{-3}$
Hf	5.1×10^{-6}	8.1×10^{-7}	6.9×10^{-7}	2.9×10^{-7}	3.0×10^{-6}	亲石元素	未 见
Ta	3.5×10^{-6}	1.0×10^{-8}	—	1.0×10^{-8}	6.0×10^{-8}	亲石元素	未 见
W	2.4×10^{-6}	3.9×10^{-6}	2.2×10^{-6}	9.0×10^{-8}	6.9×10^{-7}	亲石元素	未 见

元素	中国陆壳	大庆	辽河	大港	新疆	元素特性	生物成分
Re	$6.5×10^{-10}$	$2.1×10^{-7}$	—	$2.5×10^{-7}$	$2.0×10^{-7}$	亲铁元素	未见
Au	$2.3×10^{-9}$	$7.0×10^{-8}$	—	—	$3.1×10^{-7}$	亲铜元素	未见
Hg	$8.0×10^{-8}$	$1.2×10^{-6}$	—	$1.9×10^{-6}$	$4.2×10^{-7}$	亲铜元素	$n×10^{-7}$
Tl	$6.1×10^{-7}$	$3.6×10^{-7}$	$1.4×10^{-4}$	$7.0×10^{-8}$	$4.8×10^{-8}$	亲铜元素	未见
Pb	$1.5×10^{-5}$	$2.7×10^{-3}$	$2.3×10^{-7}$	$1.5×10^{-5}$	$9.7×10^{-5}$	亲铜元素	$5.0×10^{-5}$
Bi	$1.9×10^{-7}$	$8.1×10^{-7}$	—	$2.1×10^{-7}$	$6.3×10^{-6}$	亲铜元素	未见
Th	$1.7×10^{-5}$	$1.9×10^{-5}$	$6.6×10^{-5}$	$6.9×10^{-7}$	$1.5×10^{-4}$	亲石元素	未见
U	$5.6×10^{-6}$	$9.7×10^{-6}$	$1.8×10^{-6}$	$1.1×10^{-7}$	$1.0×10^{-4}$	亲石元素	$<10^{-6}$

例如：大庆石油学院 1992 年完成的超声波水解实验中，对不同样品做了加 Pd（钯）吸附氢与不加 Pd 的生烃模拟对比实验，结果是加 Pd 的可以增加 55%～469% 的气态烃产率（表 2.4、表 2.5）。又如美国俄勒冈州立大学海洋学院对加利福尼亚湾古亚依玛斯盆地不成熟硅藻土沉积物中的热液石油研究发现：在有机质向石油和天然气转化过程中，来自地壳岩浆的热液使不成熟的有机质生成了石油。在这一过程中热液温度从 350℃ 降至 315℃、热液的 pH 值从 4 升为 6，同时热液中的金属元素 Fe、Mn、Zn、Cu 的含量降低了 2%～20%。这说明岩浆热液的热能和所含的金属元素加速了有机质热解生油的过程。

表 2.4　超声波水解实验气态烃产率表（据郭占谦，2001）

样品	样重/g	钯吸氢量/mg	烃气产量/mL	增产率/%
江汉抽提	56.6	3.8	3.53	4.58
后泥岩	56.5	0	0.77	1
扎赉诺尔煤	25.0	7.1	5.30	2.83
	40.5	0	1.87	1
孢子煤	19.0	4.0	59.03	5.69
	40.0	0	10.37	1
树脂体	0.55	3.6	50.18	1.55
	0.65	0	32.46	1

表 2.5   超声波水解实验液态烃产率表 (据郭占谦，2001)

样品	样重/g	钯吸氢量/mg	总烃/（μg/g）	增产率/%
树脂体	0.55	3.6	138310	1.85
	0.55	0	7417	1
扎赉诺尔煤	19.00	4.0	46252	1.61
	19.00	0	28643	1
孢子煤	25.00	7.1	5674	3.57
	40.00	0	1589	1
洱海现代沉积	36.00	6.0	786	1.84
	36.00	0	427	1
江汉抽提后泥岩	56.00	3.8	105	1.51
	56.00	0	70	1

通过上述资料分析，可以推断中国陆相油源岩可能是有机质低温催化裂化生油模式。这一点从鄂尔多斯盆地上三叠统延长组油源岩的生油过程表现得最明显。鄂尔多斯盆地与中国西部的柴达木、塔里木等含油盆地都称为"冷盆"，地温梯度均在 3.0℃/100m 左右。这样低的地温梯度竟然其主力油源岩在 58℃时就进入大量生油阶段，追其原因很可能与油源岩中含有丰富的铀元素相关。据张文正等的资料，鄂尔多斯盆地上三叠统延长组长 7 段油源岩中铀元素的平均含量为 51μg/g（质量分数），高于中国陆壳铀元素平均值（5.6μg/g）约一个数量级。鄂尔多斯盆地上三叠统延长组油源岩中铀元素的总含量约为 $0.8×10^8$t。又根据赵军龙等的资料，鄂尔多斯盆地已发现各类铀矿化、异常点带 1 万多个，其中大型铀矿床 1 个、中型铀矿床 4 个、小型铀矿床 2 个、矿点数十个。这些铀矿资源主要围绕盆地边缘分布（图 2.8）。盆地中部则分布着丰富的古生界和中生界的石油、天然气、煤等沉积矿产。这种分布格局说明铀元素核裂变释放的大量热能，对各种沉积矿产的形成起到了重要作用。

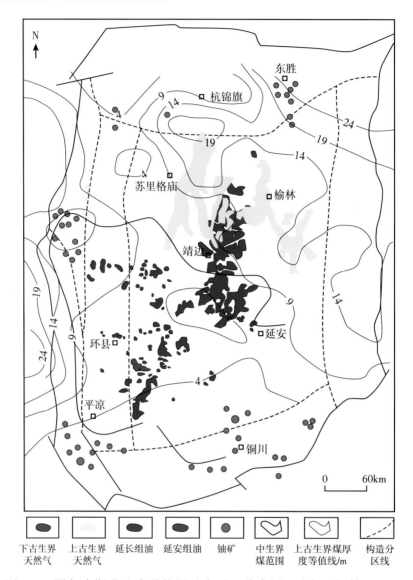

图 2.8 鄂尔多斯盆地多种能源矿产平面分布图(引自王毅等，2014)

26

第3章 陆相油源岩初次运移
与成藏研究的思维方法

传统的油源岩研究思维方法认为，石油是岩石中含有的有机物在地下长时间温度作用下热降解生成的，因此只有富含有机物的泥岩或页岩才是油源岩，在划分油源岩时通常以湖盆中心广泛发育的厚层暗色泥岩作为油源岩。但事实上，厚层暗色泥岩虽然具备有机碳含量高的优势，能够为有机质热解生油提供充足的物质基础，但由于受到有限空间条件的制约，其中仅有一部分有机质能够在地下地质条件下转化生油，并且仅有靠近油源岩顶底界面或距离渗透性地层较近的部位才有条件将生成的石油排出泥岩，大部分的有机质会残留在泥岩中难以持续热解，位于泥岩中部或距离渗透性地层较远的泥岩孔隙中已经生成的油珠也难以运移出去，现今从地下获取的泥岩样品通常具有相对较高的残余有机碳丰度充分地证明了这一点。因此，从地质意义上来讲，以往认为有机质丰富的暗色泥岩就是油源岩的观点是片面的，油源岩不仅要具备富有机质泥岩，还要具备和泥岩充分接触的渗透性地层，这些渗透性地层可以是孔渗条件良好的砂岩层，也可以是与砂质岩物性相当的碳酸盐岩（如介壳灰岩、藻灰岩、白云岩等）。换言之，在地质条件下油源岩不仅要有热解生油的能力，更重要的是能够将生成的石油排出来并聚集成具有商业价值的油藏。

国内最早研究油源岩初次运移理论问题的是胜利油田的石油地质家。1990年张敦祥等以济阳坳陷东营凹陷梁家楼油田的梁28井沙三段取心剖面为例，对泥岩夹层的排驱运移与定量方法进行了研究。该井于沙三段中部取心69.1m，其中浊积含砾砂岩油层27.2m，上覆湖相泥岩及白云岩0.8m，下伏湖相泥岩41.1m（图3.1）。在油层取油砂1块，原油样1个，在下伏泥岩中以1-3m的间隔密集取样18块，做有机地球化学分析（图3.2）。结果表明在碎屑岩剖面中油气初次运移，不是全部泥岩都排烃，而是在其某一个厚度

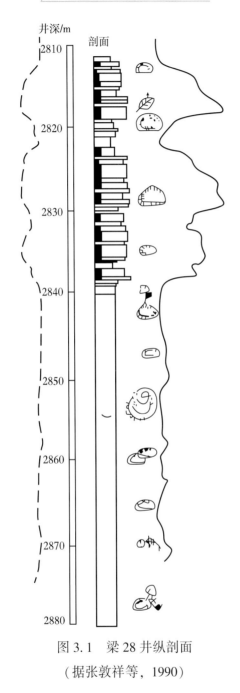

井深/m

剖面

图 3.1　梁 28 井纵剖面

（据张敦祥等，1990）

范围内进行。烃类运移过程中，由于地层层析作用，优先运移出来的是小的、短链的、结构简单的、极性小的分子，而多残留大的、长链的、结构复杂的、极性大的分子（张敦祥等，1990）。

由此可知，在地质条件下，仅有靠近油源岩顶底界面或距离渗透性地层较近的部位才有条件将生成的石油排出泥岩。因此，油源岩必须是由泥岩和砂岩共同构成，只有泥岩中夹有砂岩，油源岩才能实现初次运移。在砂泥岩互层组合构成的油源岩中，泥岩中生成的石油最初以分散油珠的状态赋存在泥岩孔隙中，要形成具有商业价值的油藏，这些分散的油珠首先要从泥岩孔隙运移到上下接触的砂岩孔隙中，在源内实现初次运移。这就涉及什么样的泥岩和砂岩组合，是最有利于石油初次运移的理论思维问题。本章将通过对石油的初次运移过程进行受力分析，明确油源岩初次运移的有效驱动力，建立石油初次运移的数学模型，形成一种定量计算油源岩的有效排油带厚度的计算方法，对比分析不同砂泥岩组合剖面的排油效率，明确油源岩初次运移的主控因素，对于揭示油源岩成油成藏机理，客观评价油源岩在地下地质条件下的石油资源量具有重要意义。

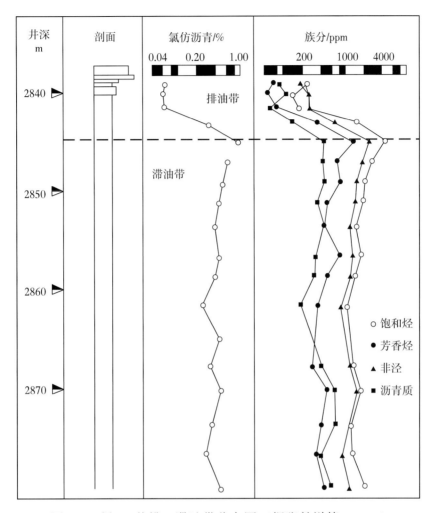

图 3.2　梁 28 井排、滞油带分布图（据张敦祥等，1990）

3.1　初次运移的计算模型

　　油源岩中的分散油珠实现初次运移的过程从本质上来讲是一个动力克服阻力的过程。当运移动力足以克服运移阻力时，泥岩中生成的石油开始向砂岩夹层运移，当砂岩孔隙被充满时，石油运移过程开始受到抑制。因此，油源岩中泥岩的有效排油带厚度上限一方面取决于泥岩本身的排油动力和阻力，另一方面取决于砂岩夹层的可容纳空间的大小。

3.1.1 初次运移的动力和阻力

石油在源内实现初次运移的过程中，所受到的作用力主要包括地层孔隙流体压力、自身重力和毛细管力（图3.3），通过对这三种力的大小和方向进行分析，可以明确其在油源岩排油过程中的作用。

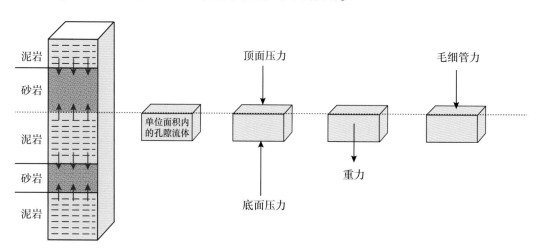

图 3.3　孔隙流体受力分析示意图

3.1.1.1 孔隙流体压力

在砂泥岩互层的油源岩中，砂岩层的地层压力符合静水压力的分布，因此，在砂泥岩界面上，孔隙流体压力同样也等于正常静水压力；但在泥岩内部通常会由于欠压实、黏土矿物转化、生烃增压、水热增压等作用产生异常高压，导致其孔隙流体压力高于同等深度的静水压力，进而在泥岩内部和砂泥岩界面之间形成较大的孔隙流体压差（图3.4），压差作用方向由泥岩内部指向上下接触的砂岩层，表现为石油初次运移的有效动力。

明确了源内压差的作用方向，还需进一步确定压差的作用力大小。在存在异常超压的泥岩地层中，孔隙流体受到的异常压力可以分解为正常静水压力和超出静水压力的剩余压力两部分（图3.5）。如公式（3.1）所示。其中：第一项为静水压力，第二项为剩余流体压力。

$$p = \rho_w g Z + p_r \qquad (3.1)$$

式中　p——地层孔隙流体压力，Pa；

ρ_w——水的密度，kg/m³；

g——重力加速度，9.8N/kg；

Z——孔隙流体的埋深，m；

p_r——地层孔隙流体剩余压力，Pa；

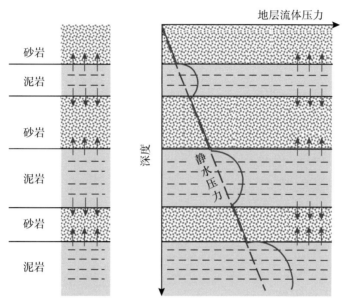

图 3.4　油源岩孔隙流体压力分布示意图

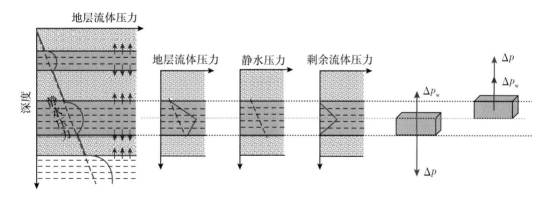

图 3.5　泥岩中孔隙流体压力分解示意图

　　静水压力的大小随着埋深的增加线性增大，对于单位面积上高度为 Δh 的孔隙流体，在其向上或向下运移过程中，受到的静水压差相当于单位面积上高度为 Δh 的水柱重量，作用方向向上，这一部分作用力基本被孔隙流体自身重力平衡，对石油运移过程产生的作用效果甚微，可忽略不计。

剩余流体压力的分布在上下砂泥岩界面上为 0，在泥岩中部达到最大值，从泥岩中部向上、下两层砂岩的方向，剩余流体压力逐渐递减。若假设泥岩中部的剩余压力为同等深度静水压力的 $(k-1)$ 倍，并且在中部泥岩以上，剩余压力分布随埋深的增加线性递增，中部泥岩以下，剩余压力的分布随埋深的增加线性递减。由此，对于单位面积上高度为 Δh 的孔隙流体，即可根据线性方程和边界初值得出剩余压力产生的压差计算方程。

$$\Delta p = \frac{(k-1) \, \rho_w g Z_m}{H} \cdot \Delta h \qquad (3.2)$$

式中　Δp——作用在单位面积上高度为 Δh 的孔隙流体上的剩余压力压差，Pa；

　　　k——泥岩中部的地层压力系数；

　　　ρ_w——水的密度，kg/m^3；

　　　g——重力加速度，9.8N/kg；

　　　Z_m——泥岩层中部埋深，m；

　　　H——泥岩层的二分之一厚度，m；

　　　Δh——孔隙流体高度，m。

3.1.1.2　重力

重力即孔隙流体本身的重量，对于单位面积上高度为 Δh 的孔隙流体，在其运移过程中所受到的重力如下所示：

$$G = \rho_o g \Delta h \qquad (3.3)$$

式中　G——单位面积孔隙流体自身重力，N/m^2；

　　　ρ_o——油的密度，kg/m^3；

　　　g——重力加速度，9.8 N/kg；

　　　Δh——孔隙流体高度，m。

重力的方向是垂直向下的。正如前文所述，石油在运移过程中所受到的重力和静水压差作用方向相反，二者的合力即为油水密度差产生的净浮力，由于水的密度大于油的密度，因此净浮力的作用方向总是向上的，对于上部泥岩孔隙中的油珠而言，净浮力在运移过程中表现为运移的动力；对于下部泥岩孔隙中的油珠而言，净浮力在运移过程中表现为运移的阻力。

$$F = (\rho_w - \rho_o) g \Delta h \tag{3.4}$$

式中　F——单位面积上高度为 Δh 的孔隙流体所受的净浮力，N/m^2；

ρ_w——水的密度，kg/m^3；

ρ_o——油的密度，kg/m^3；

g——重力加速度，$9.8N/kg$；

Δh——孔隙流体高度，m。

石油在初次运移过程中，随着油珠不断地汇集成流，连续油柱的高度越来越大，净浮力的作用效果也越发明显。与此同时，油柱上下液面之间由剩余压力产生的压差也在不断增加，与剩余压差相比，净浮力的大小通常不足剩余压差的 1%［表3.1、公式(3.5)］，因此在计算过程中可忽略不计。

$$\frac{F}{\Delta p} = \frac{(\rho_w - \rho_o) H}{(k-1) \rho_w Z_m} \tag{3.5}$$

式中　F——单位面积上高度为 Δh 的孔隙流体所受的净浮力，N/m^2；

Δp——单位面积上高度为 Δh 的孔隙流体所受的剩余压力压差，Pa；

ρ_w——水的密度，kg/m^3；

ρ_o——油的密度，kg/m^3；

Z_m——泥岩层中部埋深，m；

H——泥岩层的二分之一厚度，m；

k——泥岩中部的地层压力系数。

表 3.1　净浮力与剩余压差之比计算结果

计算参数	单位	取值	计算结果
ρ_w	g/cm^3	1	
ρ_o	g/cm^3	0.8	
H	m	15	$\dfrac{F}{\Delta p} = \dfrac{(\rho_w - \rho_o) H}{(k-1) \rho_w Z_m} = 1\%$
k	无量纲	1.2	
Z_m	m	1500	

3.1.1.3　毛细管力

非润湿相石油在多孔介质中运移所产生的毛细管压力主要表现为毛细管

压力差, 其大小和作用方向主要是由介质的孔隙结构决定的, 所以分析毛细管力的分布首先要了解泥岩的孔隙结构的变化。在泥岩压实过程中, 泥岩与砂岩的接触带上排水相对容易, 孔隙体积急剧降低, 而泥岩中部的水相对难以排出, 由此会在泥岩中部形成欠压实孔隙。与靠近砂泥岩接触带的泥岩相比, 中部泥岩的孔隙和孔喉相对较大, 靠近砂泥岩接触带上的泥岩孔隙和孔喉相对较小。泥岩中的分散油珠或汇集成流的油柱从泥岩中部的相对较大孔喉, 运移到砂岩夹层的过程中, 需要突破砂泥岩界面附近的泥岩中的相对较小孔喉。从总体趋势上来看, 石油在泥岩内部从中部高压区向上下两端低压区运移的过程可以看作是一个油珠(或油柱)从大孔喉向小孔喉运移的过程。由于毛细管压差总是由连续油相曲率半径小的一端指向曲率半径较大的一端, 因此, 石油在源内运移过程中产生的毛细管压差的方向也是从砂泥岩界面指向泥岩中部, 表现为石油运移的阻力, 毛细管压差的大小如下所示:

$$p_c = 2\sigma \left(\frac{1}{r_1} - \frac{1}{r_2} \right) \tag{3.6}$$

式中　p_c——毛细管压差, Pa;

　　　σ——界面张力, N/m;

　　　r_1——靠近砂泥岩接触带的泥岩平均孔喉半径, m;

　　　r_2——靠近泥岩中部的平均孔喉半径, m。

由于连续油相在穿过粗细不同的孔隙和喉道过程中, 中间各个曲颈两侧产生的两相界面的变形相同, 故而在这些喉道两侧产生的毛细管压差均为零, 最终毛细管压差的大小取决于连续油相前后端油水界面的曲率, 与中间段的孔喉形状无关(王志欣, 2000)。因此, 为了便于计算毛细管压差的大小, 将泥岩的孔隙结构简化成了两种类型, 一种是分布于靠近砂泥岩接触带的泥岩中的急剧降低的孔隙结构, 另一种是分布于泥岩中部的相对欠压实的孔隙结构。通过这样的简化, 在求取毛细管压差时, 仅需统计出靠近砂泥岩接触带的泥岩平均孔喉半径和靠近泥岩中部的平均孔喉半径, 就可以将石油运移过程中毛细管力阻碍石油运移的效果定量地表征出来。

综上所述, 油源岩中石油初次运移的过程是以剩余压差为驱动力克服毛细管阻力的过程。当剩余压差尚不足以克服毛细管压差时，油源岩中生成的石油难以突破相对狭窄的喉道滞留在泥岩孔隙中，之后随着生油量的增加，这些滞留的分散油珠逐渐汇集成流，油源岩内的剩余压差也逐渐增大，一旦剩余压差大于毛细管压差，泥岩中生成的石油就可以突破狭窄喉道的封锁进入邻近的砂岩层中，直至充满整个砂岩孔隙。因此，油源岩中的毛细管压差决定了泥岩中滞油带的厚度，从泥岩厚度中减去上下两端的滞油带厚度，就是油源岩的有效排油带厚度。

对于单位面积的孔隙流体，令剩余压差等于毛细管压差［公式（3.7）］，即可按公式（3.8）求得泥岩中的滞油带厚度，有效排油带厚度可按公式（3.9）进行计算。

$$\Delta p - p_c = (k-1)\rho_w g \frac{Z_m}{H} \Delta h - 2\sigma\left(\frac{1}{r_1} - \frac{1}{r_2}\right) = 0 \tag{3.7}$$

$$\Delta h = \frac{2\sigma H\left(\dfrac{1}{r_1} - \dfrac{1}{r_2}\right)}{(k-1)\rho_w g Z_m} \tag{3.8}$$

$$h = H - \frac{2\sigma H\left(\dfrac{1}{r_1} - \dfrac{1}{r_2}\right)}{(k-1)\rho_w g Z_m} \tag{3.9}$$

对于砂泥岩互层的油源岩，泥岩的上下两端都具有孔渗条件良好的砂岩层，因此在公式推演过程中将单层泥岩厚度一分为二，上部泥岩（厚度为 H）向上排油，下部泥岩（厚度为 H）向下排油，并且分别计算其滞油带厚度及有效排油带厚度。在忽略油水密度差产生的净浮力的情况下，两个方向上的滞油带厚度及有效排油带厚度可采用相同的公式计算。

3.1.2　油源岩的有限储集空间

陆相含油盆地的油源岩是由泥岩或页岩夹砂岩构成的一套砂泥岩互层组成，砂岩夹层对油源岩实现初次运移成藏具有重要的控制作用。一方面砂岩夹层能够为生成的石油提供有效的储集空间，促进生油反应的持续进行；另一方面，砂泥岩之间形成的压差可以促使泥岩中分散的油珠汇集成流，进而在压差驱动下克服毛细管阻力实现初次运移，当泥岩中排出的石油充满了砂岩孔隙时，石油的运移过程开始受到抑制。因此，除了初次运移的驱动力以外，决定油源岩有效排油带厚度的另外一个关键因素就是油源岩中砂岩层的有限储集空间的大小。

在砂岩孔隙充满石油的状态下，砂岩层上下泥岩可排出的石油体积之和等于砂岩的孔隙体积：

$$Ah_s\phi_s = Ah_{sh1}\phi_{sh1} + Ah_{sh2}\phi_{sh2} \qquad (3.10)$$

若假设上下泥岩排油带厚度与其本身的排油动力成正比（比值为 k'），就可以按下式求出砂岩夹层的有限储集空间决定的排油带厚度，公式（3.11）为砂岩上覆泥岩有效排油带厚度，公式（3.12）为砂岩下伏泥岩有效排油带厚度。

$$h_{sh1} = \frac{h_s\phi_s k'}{\phi_{sh1}k' + \phi_{sh2}} \qquad (3.11)$$

$$h_{sh2} = \frac{h_s\phi_s}{\phi_{sh1}k' + \phi_{sh2}} \qquad (3.12)$$

式中　A——砂泥岩接触面积，m^2；

　　　h_s——砂岩厚度，m；

　　　ϕ_s——砂岩孔隙度；

　　　h_{sh1}——砂岩上覆泥岩有效排油带厚度，m；

　　　ϕ_{sh1}——砂岩上覆泥岩孔隙度；

　　　h_{sh2}——砂岩下伏泥岩有效排油带厚度，m；

　　　ϕ_{sh2}——砂岩下伏泥岩孔隙度。

3.1.3　有效排油带厚度

在富含有机质的油源岩中，生成的石油要想源源不断地从泥岩中排出，既要具备充足的排油动力，也要具备容纳石油的充足的储集空间，这两个条件必须同时满足，缺一不可。在计算过程中，需要根据公式（3.9）和公式（3.11）［（或公式（3.12）］分别计算出排油动力和储集空间决定的有效排油带厚度上限，然后取二者之间的较小值作为油源岩的有效排油带厚度。

在利用上述计算模型求取油源岩有效排油带厚度的过程中，所涉及的各项参数均可通过统计或实验的方法获取（表3.2），或者也可参考相邻地区同时代油源岩的经验参数进行取值（表3.3、表3.4）。

表 3.2　初次运移模型的计算参数

ρ_w	g	H	Z_m	h_s	ϕ_s	ϕ_{sh}
水密度	重力加速度	½泥岩厚度	泥岩层中部埋深	砂岩夹层厚度	砂岩夹层孔隙度	泥岩层孔隙度

表 3.3　初次运移模型经验参数取值范围

油水界面张力 σ	孔喉半径 r	地层压力系数 k
15~30mN/m	0.01~0.2 μm	1.1~1.9

表 3.4　中国主要陆相含油盆地地层压力系数

盆地	地　　　层			地层压力系数
渤海湾盆地	新生界	古近系	沙河街组	1.25~1.8
松辽盆地	中生界	白垩系	青山口组	1.13~1.65
四川盆地		侏罗系	自流井组	1.3~1.8
鄂尔多斯盆地		三叠系	延长组	1.12~1.56
准噶尔盆地	古生界	二叠系	芦草沟组	1.2~1.67
		石炭系	石炭系	1.37~1.9

3.1.4　应用计算实例

梁家楼油田位于济阳坳陷东营凹陷南斜坡纯化镇古鼻状隆起的北坡，西邻博兴洼陷，北连中央隆起，西北面对利津洼陷，东北邻接牛庄洼陷，面积约250km²。东营凹陷在沙三段沉积时期，由于地壳断陷的加剧和气候的温湿，湖体达到了空前的规模，发育了沙三段下亚段、中亚段主力油源岩。虽然研究区在沙三段中亚段沉积时期是安静的深湖环境，然而在雨季的洪水期，也曾发生过高密度流冲过滨浅湖而在深湖区泻下浊积物的地质事件，浊

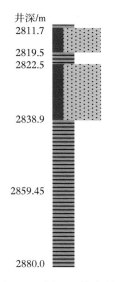

井深/m
2811.7
2819.5
2822.5
2838.9
2859.45
2880.0

图 3.6 梁 28 井岩性
剖面示意图

流闯入湖盆中心，造成了深湖相泥岩将浊积扇夹于其中，浊积岩插入深湖相泥岩之内的岩相结构。

本次研究以梁家楼油田梁 28 井沙三段中亚段 2810~2880m 油源岩为例，应用本文提出的油源岩分析方法和初次运移计算模型，对该井的有效排油带厚度进行定量计算。首先，根据梁 28 井的岩性资料，在剖面上将 2821~2859.45m 两层泥岩夹一层砂岩的组合划分为一个油源岩组合(图 3.6)，然后依次确定油源岩的各项计算参数(表 3.7)。

表 3.5 梁 28 井有效排油带厚度计算参数

水密度 ρ_w	重力加速度 g	½泥岩厚度 H	泥岩层中部埋深 Z_m	砂岩夹层厚度 h_s	砂岩孔隙度 ϕ_s	泥岩孔隙度 ϕ_{sh}	油水界面张力 σ	孔喉半径 r_1	地层压力系数 k
1000kg/m³	9.8N/m	20.55m	2859.45m	16.4m	19%	10%	19.7mN/m	0.01 μm	1.2

依据公式(3.9)计算有效排油动力决定的排油带厚度，为了简化计算过程，将毛细管压差计算公式中的 $(1/r_1-1/r_2)$ 简化为 $1/r_1$，这是因为当 r_1 与 r_2 相差 2 个数量级时，$1/r_2$ 约为 $1/r_1$ 的 1%，因此 $1/r_2$ 项可忽略不计。

$$h = H - \frac{2\sigma H}{r(k-1)\rho_w g Z_m} = 6.18\text{m}$$

依据公式(3.12)计算有限储集空间决定的下伏泥岩排油带厚度，为了简化计算过程，k' 近似取值为 1，并取上下泥岩层的平均孔隙度作为泥岩孔隙度。

$$h = \frac{h_s \phi_s}{2\phi_{sh}} = 15.58\text{m}$$

由此可知，油源岩的有效排油带厚度是由油源岩的有效排油动力所决定的，最终的有效排油带厚度为 6.18m。

1990 年，胜利油田张敦祥等曾在梁 28 井以 1～3m 的间隔，密集采样 19 块，其中油砂 1 块，油源岩 18 块。为了确定 2838.9～2880m 油源岩的有效排油带厚度，对样品开展了孔隙度、密度、有机碳、干酪根镜检、干酪根元素、镜质组反射率、孢粉颜色、氯仿沥青、族组分、烷烃气相色谱、反相液相色谱、色谱—质谱等 12 项分析。最终实验结果表明该段油源岩的排油带厚度为 6.6m，与上文根据初次运移计算模型求出的排油带厚度近似相等，验证了该模型的科学性和合理性。

3.2 初次运移的主控因素

对于砂泥岩互层组合构成的油源岩而言，油源岩中生成的石油在源内实现初次运移的过程受多种地质因素的共同影响和控制，这些地质因素主要包括砂泥岩的比例、厚度、互层组合模式、物性条件、孔隙结构及地层压力系数等。通过利用单因素分析方法，对比各项因素对石油初次运移过程的控制作用，即可明确油源岩排油过程的有利条件。为了便于对结果进行对比分析，此处以油源岩中的有效排油带厚度与泥岩厚度之比作为油源岩的排油效率，类似的对于多层砂泥岩组成的油源岩，则以各层泥岩的有效排油带厚度之和与泥岩总厚度之比作为油源岩的排油效率。

3.2.1 与有效排油动力有关的地质因素

3.2.1.1 孔喉半径

为了对比不同泥岩孔喉半径对油源岩排油效率的影响，以两层泥岩夹一层砂岩构成的一套砂泥岩总厚度为 72m 的油源岩为例，设定砂岩厚度为 24m，泥岩厚度为 48m，泥岩最小孔喉半径从 0.02μm 到 0.2μm 变化，对油源岩的排油效率进行计算，结果表明在同等条件下，泥岩孔喉半径越大，排油效率越高(图 3.7)。

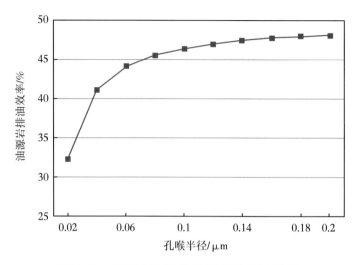

图 3.7 不同孔喉半径油源岩的排油效率

3.2.1.2 地层压力系数

为了对比不同地层压力系数对油源岩排油效率的影响，以两层泥岩夹一层砂岩构成的一套砂泥岩总厚度为 72m 的油源岩为例，设定砂岩厚度为 24m，泥岩厚度为 48m，地层压力系数从 1.2～1.9 变化，对油源岩的排油效率进行计算，结果表明在同等条件下，地层压力系数越大，排油效率越高（图 3.8）。

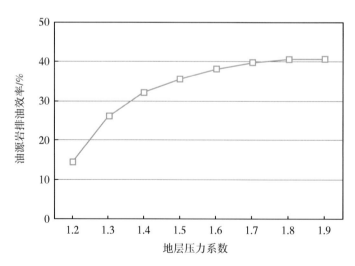

图 3.8 不同地层压力系数下的排油效率

3.2.2 与空间有关的地质因素

3.2.2.1 砂泥比例

为了对比不同砂泥岩比例对油源岩排油效率的影响，以两层泥岩夹一层砂岩构成的一套砂泥岩总厚度为72m的油源岩为例，分别设定砂岩厚度百分比（油源岩组合中砂岩厚度与油源岩厚度之比）从5%～60%等差变化（图3.9），对油源岩的排油效率进行计算，结果表明在同等条件下，砂岩厚度百分比为30%时趋向于达到最佳的排油效率（图3.10），即在地质条件下，3:7的砂泥比例构成的油源岩最有利于石油的初次运移。

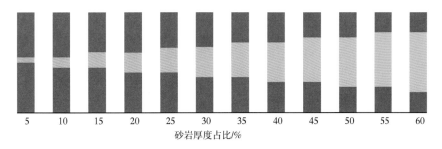

图 3.9　不同砂泥比例的油源岩示意图

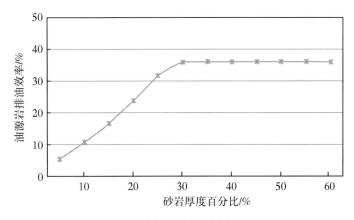

图 3.10　不同砂泥比例油源岩的排油效率

3.2.2.2 砂岩孔隙度

为了对比不同砂岩孔隙度对油源岩排油效率的影响，以两层泥岩夹一层砂岩构成的一套砂泥岩总厚度为72m的油源岩为例，设定砂岩厚度百分比为

20%，砂岩孔隙度在 10%~30% 的范围内变化，对油源岩的排油效率进行计算，结果表明在同等条件下，砂岩孔隙度越大，排油效率越高（图 3.11）。

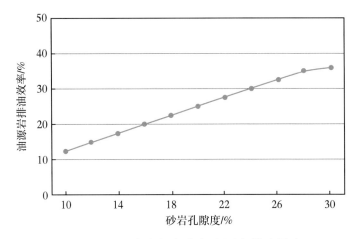

图 3.11   不同砂岩孔隙度油源岩排油效率

3.2.2.3   砂泥岩单层厚度

为了对比不同砂泥岩单层厚度对油源岩排油效率的影响，以砂泥岩总厚度为 72m 的一套油源岩为例，设定砂岩厚度为 24m，泥岩厚度为 48m，砂泥岩比例按 1:2 固定不变，砂岩夹层厚度从 24m 到 1m 逐渐减小，砂岩夹层层数从 1 层到 24 层逐渐增加（图 3.12），对油源岩的排油效率进行计算，结果表明在同等条件下，单层砂泥岩厚度越薄、层数越多，排油效率越高，但当单层砂泥岩厚度小于 6m 时，排油效率的增幅趋缓（图 3.13）。

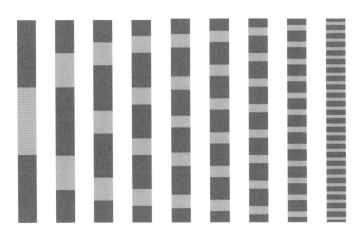

图 3.12   不同砂泥岩单层厚度的油源岩示意图

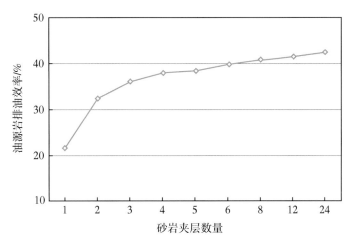

图 3.13　不同砂泥岩单层厚度的油源岩的排油效率对比

3.2.2.4　组合模式

为了对比不同砂泥岩组合模式对油源岩排油效率的影响，以砂泥岩总厚度为 72m 的一套油源岩为例，设定砂岩厚度为 24m，泥岩厚度为 48m，砂泥岩比例按 1:2 固定不变，砂岩夹层数目为 12 层固定不变，砂岩夹层单层厚度从 1~13m 不均匀变化(图 3.14)，对油源岩的排油效率进行计算，结果表明在同等条件下，砂泥岩单层厚度越接近、分布位置越均衡，排油效率越高(图 3.15)。

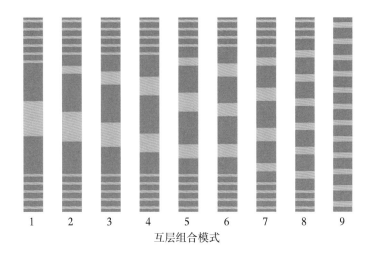

图 3.14　不同互层组合模式的油源岩示意图

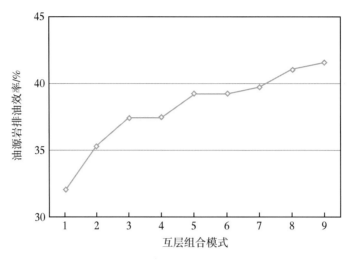

图 3.15　不同互层组合模式的排油效率

3.3　石油成藏规律研究

3.3.1　石油成藏类型

中国陆相盆地的成油成藏类型根据其沉积环境和沉积物的不同总体可以分为两种类型，一种是在湖泊沉积与外来河流—三角洲（或扇三角洲）沉积环境中实现成油成藏过程，形成的油藏包括由泥岩或页岩夹砂岩构成的页岩油藏和以砂岩为主的常规油藏，其分布主要受三角洲沉积体系的控制，例如松辽盆地下白垩统多期发育的大型河流—三角洲成油成藏组合体系；另一种是在无外来物源体系的纯湖泊沉积环境中实现成油成藏过程，形成由黑色页岩或黑色泥岩夹生物灰岩或礁灰岩构成自生自储油藏，其分布主要受沉积相带和裂缝发育带的控制，最典型的就是四川盆地下侏罗统大安寨段油藏。

3.3.1.1　在外来沉积体系和湖泊沉积环境中实现成油成藏过程

对于第一种成油成藏类型而言，盆地在持续沉降阶段接受外部物源的持续加载，发育多期相互叠加的河流—三角洲沉积体系、扇三角洲沉积体系、冲积扇沉积体系及湖底扇沉积体系。在多期三角洲进积与湖泛的交替沉积作用下，这些外来三角洲沉积体系的砂体与泥岩在垂向上相互叠置，平面上叠合连片，形成了有利于石油的生成、运移和富集成藏的砂泥岩互层组合的综合地质体。在盆地不同位置由于沉积相带的变化，这个综合地质体的砂泥岩比例和互层模式也表现出规律性的差异，进而形成了不同类型的油藏。

(1)盆地缓坡带多发育河流—三角洲沉积体系和扇三角洲沉积体系，受物源供给和湖平面升降的影响，三角洲沉积体系或向前推进或向湖岸方向后退，这种进退式的沉积变化使三角洲前缘砂体与前三角洲泥岩呈指状交错状态，在纵向上形成砂岩和泥岩互层叠置的组合剖面。靠近湖心的区域多以前三角洲(或湖相)泥岩夹砂岩为主，是油源岩的有利发育区。泥岩中生成的石油如果在源内实现了初次运移，则这种泥岩夹砂岩的油源岩自身就构成了一个页岩油藏。靠近湖盆边缘的斜坡带以储集性能较好的进积型三角洲前缘砂体夹薄层泥岩为主，是储集岩的有利发育区。若斜坡带发育的前缘砂体一直向湖心方向延伸，连通到靠近湖心的油源岩发育区，或者通过有效的输导体系连接到油源岩发育区，油源岩中已经生成并有效排出的石油就可以在二次运移驱动力的作用下，进入到三角洲前缘砂体的有利圈闭中形成常规油藏。松辽内陆湖盆下白垩统发育的大型河流—三角洲沉积体系就是典型实例，这个大型河流—三角洲沉积体系直接控制了大庆主要油田的形成。

(2)在盆地陡坡带多发育扇三角洲沉积体系和冲积扇沉积体系，具有近物源、坡降大的特点，一般是季节性洪水携带粗碎屑直接进入深水湖内快速沉积，形成受边界正断层制约的近岸水下扇，发育砾质粗碎屑与暗色泥岩互层的岩性组合。类似于缓坡带上砂泥岩综合地质体中的成油成藏机制，陡坡带的砂泥岩互层地质体中也有条件形成页岩油藏和常规油藏，但由于陡坡带沉积物的结构成熟度和成分成熟度都相对较低，油源岩的生油条件和储集岩的物性条件也相对较差，最终形成的油藏规模也相对较小。

(3)在湖盆斜坡的坡角处或较远的深水湖区，三角洲前缘(或近岸水下扇)沉积物在重力作用下若再次搬运沉积，则会形成分布面积小、厚度较薄的湖底扇，湖底扇的砂岩沉积物插入深湖—半深湖的泥岩中，构成泥岩夹透镜体砂岩的岩性组合。这种泥岩夹透镜体砂岩的组合本身也构成一个自生自储的岩性油藏。渤海湾盆地东营凹陷梁家楼油田古近系沙三段中亚段的油源岩成藏就属于这种类型。

3.3.1.2 在无外来沉积体系的纯湖相沉积环境中实现成油成藏过程

第二种成油成藏类型发生在没有外来物源体系的纯湖相沉积环境中，沉积物主要是化学和生物成因的碳酸盐岩(介壳灰岩、礁灰岩、鲕粒灰岩、白云岩等)和泥岩。碳酸盐岩常与泥岩呈薄互层出现,也有的碳酸盐岩呈无沉积构造的小丘、透镜体、豆荚体等形态分布在黑色泥质岩或黑色页岩中。泥岩中生成的石油在压差作用下经短距离的运移即可在溶蚀孔洞和裂缝发育的碳酸盐岩储层中聚集成藏,这种孔洞缝发育的碳酸盐岩与泥岩互层的组合体既是一套有效的油源岩,也是一个自生自储的页岩油藏,四川盆地下侏罗统大安寨段的油源岩成藏就属于这种类型。

3.3.2 石油成藏机制

按照成盆成油成藏理论思维,石油的生成、运移和聚集成藏是在盆地形成、发展直至萎缩的石油地质演化过程中完成的,研究石油的成藏机制,应当把石油的成藏过程与成盆成油过程作为一个完整的石油地质过程来研究。

在盆地持续沉降阶段,盆地内部各种沉积物质不断积累,对陆相含油盆地而言,沉积的主要物质成分是泥质沉积物和砂质沉积物,整个沉降沉积过程是这两种物质不断充填、持续加载增压的过程。随着沉积物埋深的增加,地层温度也逐渐增大,油源岩中的有机质在温压条件及催化条件的综合作用下逐渐成熟转化生油。生成的石油最初以分散油珠的状态赋存在泥岩孔隙中,随着生油量的增加,泥岩中的异常压力越来越大,这些分散的油珠也逐渐汇集成流,最终在压差作用下突破狭窄喉道的封锁进入邻近的砂岩层中,在源内实现初次运移,形成自生自储的页岩油藏。由于盆地在持续沉降阶段整体处于封闭体系,油源岩和外部储层之间缺乏卸压条件,因此页岩油藏中聚集的石油在这一阶段尚未开始远距离的二次运移,其中一小部分石油通过短距离的运移在邻近的浊积砂岩透镜体或生物灰岩(礁灰岩)储层中聚集形成岩性油藏,大部分石油储集在油源岩的砂岩夹层中等待运移条件的形成,一旦形成有利的运移条件,就会在源外的有效圈闭中聚集成藏。

当盆地进入整体上升阶段之后,油源岩上覆地层遭受剥蚀,厚度减薄,有效应力减小,盆地物理场也从加载增压状态变为卸载减压状态。由于砂岩沉积物具有弹性物质特点,只要加载量不超过弹性形变极限,外力卸载后就会产生向原始状态复原的回弹现象,进而造成砂岩孔隙内产生负压。砂岩回弹产生的负压与砂岩回弹量呈正相关关系,砂岩回弹量又与剥蚀厚度呈正相关关系。通常盆地构造上升造成盆地边缘斜坡的剥蚀厚度最大，向湖心方向剥蚀厚度逐渐减小，由此造成盆地边缘斜坡的砂岩回弹量较大，而油源岩发育区的砂岩实际回弹量较小，进而导致盆地边缘斜坡砂岩层的压降大于油源岩发育区砂岩层的压降，使油源岩发育区与储集岩发育区之间形成了有效压差。在压差作用下，油源岩砂岩夹层中蕴藏的石油经缓坡河流—三角洲发育的砂岩体系向压力减小方向实现二次运移，最终在保存条件良好的圈闭内聚集成藏，形成常规油藏。

盆地进入全面萎缩发展阶段后，通常会经历多次小幅度的沉降和上升剥蚀，在这种小幅度的沉降和上升剥蚀过程中，以往形成的各类油藏进一步调整完善并最终定型。

3.3.3　石油成藏条件

油源岩在地下地质条件下的成油成藏过程是一个复杂的地质过程，泥岩中的有机质通过热解催化反应转化成分散的油珠，这些油珠实现最终汇聚成具有商业价值的油藏，首先要从泥岩孔隙运移到上下接触的砂岩孔隙中，在源内实现初次运移。油源岩的初次运移过程本身也是页岩油藏形成的过程，如果盆地外来三角洲沉积体系中的前缘砂体能够与油源岩中的砂岩有效连通，则油源岩的砂岩孔隙中已经聚集的石油就可以在二次运移驱动力的作用下，进入三角洲前缘砂体的有利圈闭中形成常规油藏。因此，根据油源岩的运移成藏机理，可从页岩油藏成藏条件和常规油藏成藏条件两个方面来分析石油的成藏条件。

3.3.3.1　页岩油藏的成藏条件

页岩油藏形成的过程就是油源岩中生成的石油在源内成藏的过程，因此，页岩油藏的成藏条件就是与油源岩自身成油成藏相关的地质条件，具体包含三个方面的实质内涵：第一，油源岩中要有充足的有机质能转化成石油；第二，油源岩须具备有利的砂岩（或碳酸盐岩）储集空间；第三，油源岩内砂泥岩之间须存在有效的排油驱动力。

3.3.3.1.1　油源岩中要有充足的有机质能转化成石油

这里一方面是强调油源岩中要有足够数量的有机质、良好的有机质类型为生油过程提供充足的物质基础，另一方面是强调这些有机质能在地下地质条件下大量转化成石油。

3.3.3.1.2 油源岩须具备有利的砂岩(或碳酸盐岩)储集空间

在有机质生油过程中，泥岩中能够为有机质热解生油反应提供的反应空间是有限的，如果生成的石油不能及时地排出泥岩，有机质的生油反应就会受到抑制。如果泥岩之间存在孔渗条件良好的砂岩(或碳酸盐岩)夹层，这种状态就能发生明显的改变。一方面砂岩夹层良好的粒间孔隙和裂缝可以为油源岩生成的石油提供充足的储集空间，有利于实现石油的初次运移；另一方面砂岩夹层良好的物性有利于热能的传导，可以促进其上下相邻的泥岩或页岩的热解生油反应持续进行。根据初次运移模型的理论计算结果，在地质条件下，油源岩中3:7的砂泥比例最有利于石油的初次运移，并且砂岩孔隙度越大、在泥岩中的分布位置越均衡，油源岩的排油效率就越高。中国陆相含油盆地的勘探实践也已经证实，含油盆地的主力油源岩都是由泥质岩(或页岩)和砂质岩(或与砂质岩物性特点相当的碳酸盐岩)共同构成，并且砂质岩与泥质岩之比大多为3:7。除此之外，在低孔低渗致密油藏和页岩油藏的开发生产过程中，通常会采用加砂压裂技术提高油井产量，其原因就是通过往裂缝中注入大量的石英砂粒或陶粒，可以改善地层的导流能力，并且在致密层和渗透层之间形成有效的孔隙压差，促使致密储油层中难以流动的石油通过注入的砂粒或陶粒开采出来。

3.3.3.1.3 油源岩内砂泥岩之间须存在有效的排油驱动力

油源岩的排油过程是以剩余压差为驱动力克服毛细管阻力的过程。当剩余压差尚不足以克服毛细管压差时，油源岩中生成的石油难以突破相对狭窄的喉道滞留在泥岩孔隙中，之后随着生油量的增加，这些滞留的分散油珠逐渐汇集成流，油源岩内的剩余压差也逐渐增大，一旦剩余压差大于毛细管压差，就形成了有效的排油驱动力，泥岩中生成的石油就可以突破狭窄喉道的封锁进入邻近的砂岩层中，直至充满整个砂岩孔隙。

综上所述，如果一套油源岩能同时满足以上三个条件，那么其自身就可以形成一个页岩油藏。简而言之，就是在地质条件下能大量生油、排油并有效聚集石油的油源岩就构成了一个页岩油藏。

3.3.3.2 常规油藏成藏条件

常规油藏形成的过程就是油源岩中生成的石油在源外成藏的过程，因此，常规油藏的成藏条件指的是与源外圈闭成藏相关的地质条件，具体包含三个方面的实质内涵：一是要具备与油源岩中砂岩夹层有效连通的三角洲砂体；二是要在油源岩发育区和源外储集岩发育区之间形成有效的压差；三是要具备良好的圈闭和保存条件。

3.3.3.2.1 具备与油源岩中砂岩夹层有效连通的三角洲砂体

在盆地沉积过程中，如果有外来的河流—三角洲（或扇三角洲）沉积体系入湖，盆地斜坡常发育孔渗条件较好的三角洲前缘砂体，在受水动力作用的改造和沉积微相的控制，有一些砂体可以从物源方向一直连通到油源岩的砂岩夹层，也有一些砂体被分隔成孤立的透镜状砂体。对于那些与油源岩的砂岩夹层有效连通的前缘砂体而言，它们既是石油源外聚集的有利场所，也是石油二次运移的有利通道，当油源岩的砂岩夹层充满石油时，就可以在二次运移驱动力的作用下，顺着砂体的连通方向运移到三角洲前缘砂体的有利圈闭中形成常规油藏。而那些被分割的孤立砂体则只能通过石油近距离运移形成岩性油藏，其成藏机理和成藏条件与页岩油藏相同。

3.3.3.2.2 在油源岩发育区和储集岩发育区之间形成有效的压差

盆地在持续沉降阶段整体处于封闭体系，油源岩发育区和源外储集岩发育区之间缺乏卸压条件，因此经初次运移聚集在油源岩砂岩夹层中的石油，在这一阶段尚未开始远距离的二次运移。当盆地进入整体上升阶段之后，油源岩上覆地层遭受剥蚀，有效应力减小，盆地物理场也从加载增压状态变为卸载减压状态。由于砂岩沉积物具有弹性物质特点，只要加载量不超过弹性形变极限，外力卸载后就会产生向原始状态复原的回弹现象，进而造成砂岩孔隙内产生负压。盆地剥蚀卸载量越大，形成的砂岩回弹量就越大，在砂岩孔隙中产生的压降也越大。通常盆地构造上升造成盆地边缘斜坡的剥蚀厚度最大，向湖心方向剥蚀厚度逐渐减小，由此造成盆地边缘斜坡砂岩层的压降大于油源岩发育区砂岩层的压降，在油源岩发育区与储集岩发育区之间形成有效压差。在压差作用下，油源岩砂岩夹层中蕴藏的石油就可以顺着砂体的连通方向实现二次运移，最终在保存条件良好的圈闭内聚集成藏，形成常规油藏。

3.3.3.2.3 具备良好的圈闭和保存条件

石油在源外成藏除了要具备有利的三角洲砂体和有效的运移动力以外，

还必须有良好的圈闭和保存条件。油藏的保存条件主要取决于两个方面，一是盖层的岩性、厚度和连续性，二是构造运动的相对稳定性。好的区域性盖层通常为泥岩类或膏盐类地层，具有厚度大、分布面积广、孔渗条件差、横向稳定性和连续性较好的特点。构造运动对石油成藏的影响具有二重性，一方面强烈的构造运动可能会破坏已经成型的油藏，另一方面适度的构造运动也有利于油藏的完善定型，就一般情况而言，相对稳定的构造环境对于油藏的保存是有利的。

综上所述，如果一套油源岩能在地质条件下大量生油、排油并有效聚集石油，那么其自身就构成了一个页岩油藏；在此基础上，如果地层中还具备有利的三角洲砂体连通油源岩的砂岩夹层、有效的二次运移动力和良好的圈闭和保存条件，就可以在源外形成若干常规油藏。页岩油藏和常规油藏中聚集的石油资源量加起来就是油源岩的实际生油量。

3.3.4　陆相油藏与海相油藏的对比

长期以来，西方学者提出的海相生油陆相不能生油的观点，与中国学者坚持认为的石油不仅来自海相地层，也能够来自淡水沉积物的观点，一直存在着争论。中国的石油地质家经过几十年的石油勘探，不仅在中国诸多的中—新生代陆相沉积盆地发现了丰富的石油，而且还找到大庆、胜利、长庆等亿吨级的大油田。实践证明，中国学者坚持陆相也能生油的认识是正确的。尽管如此，围绕海相生油和陆相生油争论所涉及的一些深层次的科学问题并没有解决。例如：既然海相和陆相都能生油，那么二者之间的内在联系和本质区别又是什么，是否能直接应用海相油藏的勘探开发实践经验指导中国的陆相油藏的勘探开发，等等。本节将通过对比海相油藏和陆相油藏的特征，对上述科学问题展开初步分析和探讨。

3.3.4.1　海相生油和陆相生油之争的由来

3.3.4.1.1　西方学者"海相生油陆相不能生油"的观点

1859 年在美国宾夕法尼亚州的 Titusville 村石油溪（oil creek）一带，美国人埃德温·德雷克（Edwinl Drake）主持了世界上第一口石油井的钻探工作，在井深 21.2m 处发现了石油，下泵后，获日产 4.1t，石油源于古生界海相黑色页岩。随着这口井的出油，沿着石油溪一带出现了大批的石油钻井，到

1862 年该地区的石油产量已达到 $41×10^4$t。与此同时，在宾夕法尼亚州西部、纽约州西南部和俄亥俄州均出现了大量的石油钻井，所有石油均产自古生界海相黑色页岩。这就使上述这些地区所属的阿巴拉契亚盆地的石油产量迅速增长，1900 年石油产量已达到 $497×10^4$t，成为美国典型的古生界石油生产区。阿巴拉契亚盆地大量产自古生界海相石油的现象，也引起了许多地质家的研究兴趣。通过海相石油与煤的对比研究，逐步发现细菌、浮游植物、浮游动物和高等植物，是沉积物中有机物质的主要来源。由于高等植物是在中泥盆世之后才开始出现，因此，该区古生界的石油，唯一来源是海洋中的浮游植物提供的有机物质，并认为海洋中的浮游植物是所有沉积物内有机物的初始来源，并且与海洋中的水生植物的天然衍生物密切相关。而煤是陆生植物的天然衍生物，来自陆地的有机物质被河流携入海里的总量，尚不足海洋中有机物质总量的 1%。不仅有机物质的质量海洋比陆地好得多，而且有机物质的数量海洋也比陆地大很多。海洋中的浮游植物和浮游动物均富含蛋白质和脂肪（脂类），这些蛋白质和脂肪是生产海相石油的主要物质。相反，陆地不具备海洋水生植物的衍生环境，只发育陆生的高等植物，这些陆生植物的蛋白质和脂肪含量极低，而纤维素和木质素含量较高，但这两种物质并不是生成石油的主要有机物质。

自 1913 年，美国等西方石油公司曾组织地质家，对中国开展过石油勘探和野外地质调查工作。在没有取得突破性成果之后，基本上停止了深入的研究和钻探工作，得出了中国陆相贫油的结论。勘探实践提供的客观事实，使美国和西方的许多地质家从此形成了只有海相才能生油的观点。

总之，以美国为代表的西方学者认为"海相生油陆相不能生油"的观点，主要源于以下两方面原因。一是美国早期石油勘探实践证明，美国古生界的石油均来自海相地层；二是美国与西方的地质家认为，海洋浮游生物的藻类是有机物质的主要贡献者，陆地只有高等植物，不具备海洋浮游生物的生存条件。

3.3.4.1.2　中国学者"中国陆相生油"的观点

从 20 世纪 30 年代开始，中国的一些地质家，陆续对陕北、河西走廊、四川及天山地区开展了石油地质调查工作。相继在 1938 年和 1939 年发现了新疆陆相古近系的独山子油田和甘肃玉门白垩系老君庙陆相油田。值得重墨一笔的是石油地质学教授潘钟祥先生。1931年，潘钟祥先生从北京大学毕业后，先后四次到陕北进行石油地质野外勘查，在四川等地也进行了多次实地考察。陆续指出："陕北的石油产自陆相三叠系和侏罗系""四川到处有适合于石油聚集之构造，设某处含油稍丰，即可有成为巨大油田之希望"。在美国堪萨斯大学攻读博士期间，在文献中他发现了美国科罗拉多州西北部的泡德瓦斯油田的石油，产于陆相古近系的例证。1941年，潘钟祥在美国石油地质家协会（AAPG）会议上，宣读了《中国陕北和四川白垩系陆相生油》的论文，首次提出了"中国陆相生油"。

陆相生油的提出，极大地鼓舞了中国石油地质家在中国内陆湖盆勘探石油的信心，彻底打破了"中国陆相贫油"观点的束缚。经过几十年的勘探，相继发现了一大批陆相大油田，使中国的石油产量在1976年就突破了$1×10^8$t。这些丰硕的勘探成果不仅证明中国陆相湖盆具有十分丰富的石油资源，而且也说明了中国陆相湖盆具备大油田形成的石油地质条件。同时，也为石油地质家深入研究中国陆相石油地质特征和陆相生油，提供了大量的实际资料和实践经验。目前，陆相生油已被越来越多的国外石油地质家所接受。

由此可知，海相生油和陆相生油之争，实际上是由于在石油地质研究和石油勘探的初期阶段，仅根据表面现象得出的片面结论造成的。从目前的全球石油勘探实践及石油地球化学研究成果分析，不论是海相地层还是陆相地层都具备成油成藏的地质条件，二者之间既有相似之处也有各自不同的特点，要想借鉴海相油藏勘探开发的成功经验指导中国陆相油藏的勘探开发，首先要明确二者之间的内在联系和本质区别。

3.3.4.2 海相油源岩成油成藏的特征

美国是世界上古生代海相页岩油气资源最丰富的国家。从美国页岩油气开发的实际资料，以及全球海相油源岩的沉积环境，可以初步总结出海相油源岩成油成藏具有以下主要特征：

（1）有机质来源以半咸水—咸水环境中的浮游藻类为主，有机质保存条件为半封闭还原环境。

全球海相油源岩均发育在咸水（含盐度10‰~35‰）和半咸水（含盐度1‰~10‰）的沉积环境，有机质均是海相浮游植物为主的蓝绿藻、甲藻、颗石藻及硅藻等。美国早古生代海相油源岩的有机物质主要来自细菌和蓝绿藻类，中生代主要来自颗石藻和甲藻，新生代主要是鞭毛虫和硅藻，这些半咸水—咸水环境中发育的浮游藻类都具有较好的生油能力。但由于海相沉积环境属于半封闭的还原环境，有机质的保存条件不及陆相沉积的全封闭环境。

(2)储集空间物性条件较好。

海洋的大陆架和大陆坡地区是海相油源岩成油成藏的有利位置，河流三角洲砂体经过长距离的搬运，成分成熟度和结构成熟度都比较高，岩石成分以石英为主，不稳定成分少，分选磨圆较好，碎屑结构以孔隙胶结为主，颗粒之间多呈点状接触，填隙物多为碳酸盐胶结物，孔渗条件相对较好，可以为生成的石油提供有利的储集空间。

(3)大地构造背景稳定。

北美地台是全球最稳定的大地构造区域，发育有古生界、中生界、新生界各地质年代完整的以海相沉积为主的沉积岩层。在中、新生代全球板块漂移碰撞过程中，北美地台区的构造运动以升降为主，没有明显的褶皱变动，其稳定性居世界各地台区之首，对油藏的保存有重要作用。美国最早发现和开采的常规油气和页岩油气均产自北美地台区，这些古生代海相油气之所以能够完整保存至今，其中的关键原因就是北美地台区具有稳定的大地构造背景条件。

3.3.4.3 陆相油源岩成油成藏的特征

(1)有机质来源以半咸水—咸水环境中的浮游藻类为主，有机质保存条件好。

中国中生代、新生代陆相沉积盆地主要油源岩发育时期的沉积环境均为半咸水—咸水，故称其为陆相咸化湖盆。半咸水—咸水环境中发育的浮游藻类是有机质的主要来源。内陆咸化湖盆的浮游藻类，在中—新生代主要是沟鞭藻(属于甲藻的一个纲)和葡萄藻，侏罗纪的内陆咸化湖盆以葡萄藻类为主要生油母质，晚侏罗世之后形成的内陆咸化湖盆以沟鞭藻类为主。沉积过程中湖盆处于被陆地包围的全封闭的沉积环境，水体深，还原条件好，有利于有机物质的保存。

(2)储集空间非均质性强。

陆相湖盆从盆地边缘斜坡到深湖凹陷(或洼陷)之间的过渡区是油源岩成油成藏的有利区域，沿盆地斜坡多发育河流—三角洲(或扇三角洲)沉积体系，近物源的河流—三角洲（或扇三角洲）砂体没有经过长距离的搬运快速入湖堆积，与海相储层相比，结构成熟度和成分成熟度相对较低，岩石成分以长石、石英和岩屑为主，分选磨圆较差，具有杂基支撑和颗粒支撑结构，填隙物多为泥质胶结物，胶结类型以填充式胶结和点状胶结为主。储层在纵向上非均质性强，横向上连续性差、相变快，增加了陆相油藏的勘探开发难度。

（3）大地构造背景不稳定。

中国中生代、新生代的大型陆相沉积盆地均形成于稳定的大地构造单元内。例如，渤海湾和鄂尔多斯盆地位于华北地台，四川盆地位于西南地台，松辽、塔里木、柴达木、准噶尔等盆地都发育于中间地块这种相对稳定地区。但是，在盆地沉积演化过程中却经历了较强烈的构造运动和岩浆活动。中国东部从古生代初期就经历了一次明显的上升运动，使华北地台大面积缺失上奥陶统至下石炭统的海相地层。从中生代开始，太平洋板块多次对亚洲东部板块碰撞、俯冲（印支和燕山运动），使华北地台除鄂尔多斯盆地以外的大部分地区遭受强烈的构造变动和岩浆活动。中国西部地区从新生代初期开始，印度板块多次对西藏地区碰撞（喜马拉雅运动），碰撞引起的破坏强度已经波及整个西部地区。很显然，这样不稳定的大地构造条件，对油藏的保存十分不利。

3.3.4.4　海相油藏与陆相油藏的对比分析

通过对海相油源岩和陆相油源岩的成油成藏特征进行对比发现，从有机质的来源及其发育的水体环境来看，陆相油源岩和海相油源岩的有机质都是在半咸水—咸水环境中发育的，并且有机质的来源都是以半咸水—咸水环境中的浮游藻类为主。但由于陆相油源岩具有全封闭的还原环境，有机质的保存条件相对更好。从油源岩成油成藏的有利位置来看，海相油藏发育在海洋与陆地相邻的大陆边缘地区的大陆架、大陆坡带，陆相油藏发育在盆地斜坡与深湖凹陷（或洼陷）的过渡区，两类斜坡区发育的河流—三角洲砂体为油源岩成油成藏提供了有利的储集空间，海相油藏储层物性条件较好，但陆相油藏储集空间（包括油源岩中的砂岩夹层和斜坡上的砂岩圈闭）的非均质性相对较强，物性相对较差，更有一部分页岩油藏还具有低孔隙度、低渗透率、低含油饱和度的缺陷，增加了油藏勘探开发的难度。从大地构造条件的稳定性来看，海相沉积盆地具有相对稳定的大地构造背景，对油藏的保存十分有利，而陆相沉积盆地的大部分地区经历了强烈的构造运动和岩浆活动，导致很多已经成型的油藏再次遭到破坏，致使石油组分大量散失。

综上所述，陆相油藏的成油成藏条件整体上不及海相油藏的成油成藏条件，勘探开发难度和成本也都相对较高。因此，在勘探开发过程中，不能直接拿海相油藏的勘探开发经验直接指导陆相油藏的勘探开发，要根据陆相含油盆地的特征总结陆相油源岩成油成藏的机理和有利条件，形成真正适合陆相油藏的勘探开发技术方法和实验装置，推动陆相生油理论的发展。

3.4 小结

（1）油源岩是一套由泥岩（或页岩）与渗透性地层互层叠置组合而成的地层，这些渗透性地层可以是孔渗条件良好的砂岩层，也可以是与砂质岩物性相当的碳酸盐岩（如介壳灰岩、藻灰岩、白云岩等）。砂岩夹层（或与砂质岩物性相当的碳酸盐岩）一方面能够为生成的石油提供有效的储集空间，促进生油反应的持续进行，另外一方面砂泥岩之间形成的压差可以促使泥岩中分散的油珠汇集成流，石油在压差驱动下可以实现初次运移。从地质意义上来讲，这种互层叠置的岩石组合既是一套油源岩，又是具"生、储、盖"组合的自生自储的岩性油藏。

（2）在砂泥岩互层组合构成的油源岩中，泥岩中生成的石油最初以分散油珠的状态赋存在泥岩孔隙中，要形成具有商业价值的油藏，这些分散的油珠首先要从泥岩孔隙运移到上下接触的砂岩孔隙中，在源内实现初次运移，初次运移的有效排油带厚度取决于泥岩本身的有效排油动力和砂岩夹层的可容纳空间。

（3）油源岩中石油初次运移的过程是以剩余压差为驱动力克服毛细管阻力的过程。当剩余压差尚不足以克服毛细管压差时，油源岩中生成的石油难以突破相对狭窄的喉道滞留在泥岩孔隙中，之后随着生油量的增加，这些滞留的分散油珠逐渐汇集成流，油源岩内的剩余压差也逐渐增大，一旦剩余压差大于毛细管压差，泥岩中生成的石油就可以突破狭窄喉道的封锁进入邻近的砂岩层中，直至充满整个砂岩孔隙。因此，油源岩中的毛细管压差决定了泥岩中滞油带的厚度，从泥岩厚度中减去上下两端的滞油带厚度，就是根据油源岩排油有效动力确定的有效排油带厚度。

(4)油源岩中生成的石油在源内实现初次运移的过程受多种地质因素的共同影响和控制，这些地质因素主要包括砂泥岩的比例、厚度、互层组合模式、物性条件、孔隙结构及地层压力系数等。通过利用单因素分析方法，对比各项因素对石油初次运移过程的控制作用，明确了在地质条件下，3:7的砂泥比例构成的油源岩最有利于石油的初次运移；砂岩孔隙度越大、单层砂泥岩厚度越薄、分布位置越均衡，排油效率越高；泥岩孔喉半径越大、地层压力系数越大，排油的有效动力就越大，排油效率也就越高。

(5)中国陆相盆地的成油成藏类型根据其沉积环境和沉积物的不同总体可以分为两种类型，一种是在湖泊沉积与外来河流—三角洲（或扇三角洲）沉积环境中实现成油成藏过程，形成的油藏包括由泥岩或页岩夹砂岩构成的页岩油藏和以砂岩为主的常规油藏；另一种是在无外来物源体系的纯湖泊沉积环境中实现成油成藏过程，形成由黑色页岩或黑色泥岩夹生物灰岩或礁灰岩构成自生自储油藏。

(6)如果一套油源岩能在地质条件下大量生油、排油并有效聚集石油，那么其自身就构成了一个页岩油藏；在此基础上，如果地层中还具备有利的三角洲砂体连通到油源岩的砂岩夹层、有效的二次运移动力和良好的保存条件，就可以在源外形成若干常规油藏。页岩油藏和常规油藏中聚集的石油资源量加起来就是油源岩的实际生油量。

(7)陆相油藏的成油成藏条件整体上不及海相油藏的成油成藏条件，勘探开发难度和成本也都相对较高。因此，在勘探开发过程中，不能直接拿海相油藏的勘探开发经验直接指导陆相油藏的勘探开发，要根据陆相含油盆地的特征总结陆相油源岩成油成藏的机理和有利条件，形成真正适合陆相油藏的勘探开发技术方法和实验装置，推动陆相生油理论的发展。

第4章 中国大地构造格局

中国大陆是由若干个小陆块和微陆块及其相间的造山带拼合而成，陆块规模较小，数量较多。中国较大的大陆块体有华北陆块、扬子陆块、塔里木陆块、准噶尔陆块、柴达木陆块、松辽陆块、华夏陆块(图4.1)。

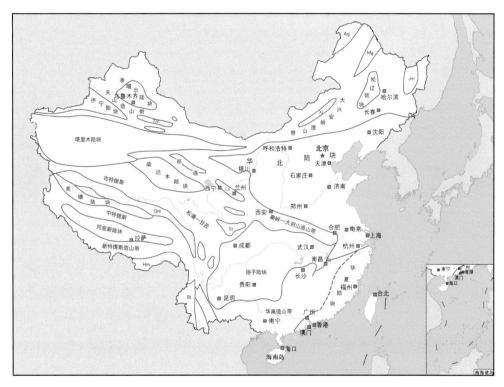

图4.1 中国主要的大地构造单元(据王鸿祯等，1990)

Hm—喜马拉雅陆块；Tm—吐鲁番—哈密陆块；Qm—羌塘陆块；Lx—陇西陆块；St—松潘陆块；
Bt—保山—滕冲陆块；Ag—额尔古纳陆块；Mg—北兴安陆块；Jm—佳木斯陆块；Xi—锡林浩特陆块

这些陆块经历了元古宙、古生代和中—新生代的三次构造演化后，呈现出被若干活动的造山带或断裂带所围绕的大地构造格局。在大陆块体内部则发育着古生代、中生代、新生代多期次叠加复合的含油气盆地，这些含油气盆地被深大断裂带分割成"东西分带、南北分块"的特点(图4.2)。

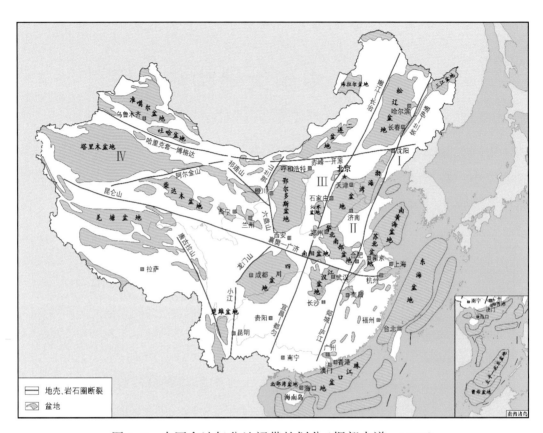

图 4.2　中国含油气盆地裙带的划分（据郭占谦，2003）

　　中国大陆地壳厚度自西向东呈现明显的阶梯式分带，西部地壳最厚，可达 70km，中部地壳厚度较稳定，多为 40 多千米，东部地壳厚度最薄，均在 35~38km，向东经沿海大陆架直至太平洋，逐渐过渡为洋壳（图 4.3）。中国大陆地壳这种厚度的变化，导致西部和中部的沉积盆地地温梯度相对较低，东部的沉积盆地地温梯度相对较高。

　　中国大陆块体周边被西伯利亚板块、印度板块和太平洋板块包围（图 4.4）。中国大陆块体北部和中部地区相对稳定，青藏地区始终受印度板块挤压碰撞影响，处于上升隆起遭受剥蚀状态，使这一地区的沉积盆地成为全球唯一在海平面之上的负压盆地。中国东部地区从中、新生代开始，一直受全部由洋壳组成的太平洋板块俯冲碰撞的影响，形成了西太平洋边缘地区的沟—弧—盆体系，发育着诸多呈北东、北北东排列方向的裂谷盆地和边缘海盆地。

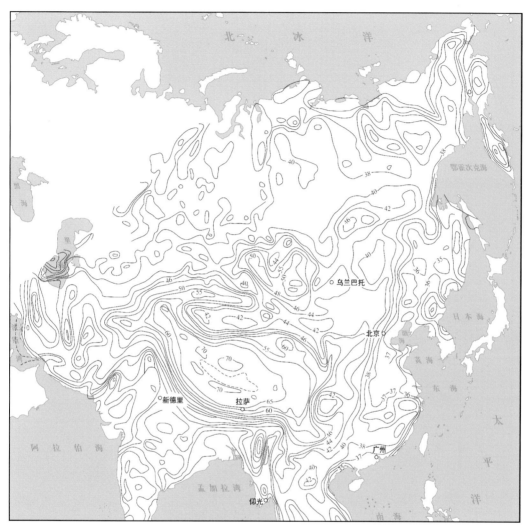

图 4.3　亚洲大陆地壳厚度分布图（据王谦身，1982）

图中数值为地壳厚度值，km

中国目前在大陆块体（不含海上地区）中发现的石油，除塔里木盆地主要为海相石油外，全部为陆相石油。为了全面了解中国陆相不同地质时代油源岩特征，本文选取西部准噶尔含油盆地的二叠系油源岩、中部鄂尔多斯含油盆地的三叠系油源岩、中部四川含油盆地的侏罗系油源岩、东部松辽含油盆地的白垩系油源岩、东部渤海湾含油盆地的古近系油源岩，作为重点剖析中国陆相油源岩特征的含油盆地，从而可以全面了解中国不同地区、不同地质时代、不同发育特征含油盆地的油源岩特征。

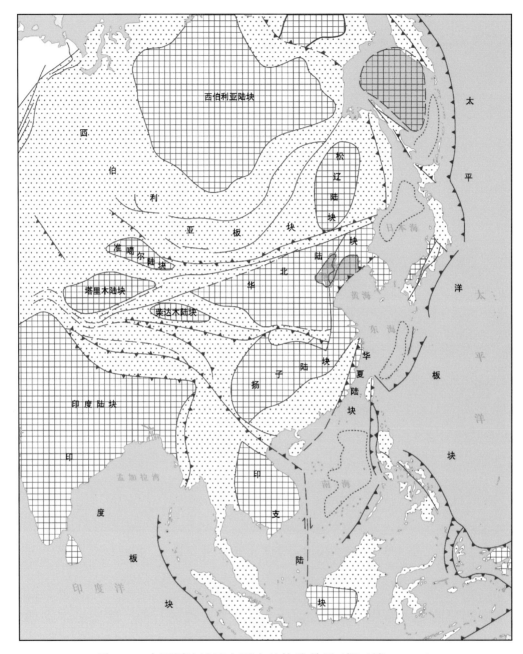

图4.4 中国周边地区主要大地构造单元(据王涛,1997)

第二篇　中国典型陆相含油盆地油源岩特征

第5章 准噶尔盆地二叠系油源岩特征

准噶尔盆地位于新疆维吾尔自治区北部，天山、阿尔泰山、西准噶尔界山之间，面积约 $13×10^4km^2$，发育中—晚石炭世—第四纪沉积盖层，最大厚度可达15000m，为中国西部的大型含油气沉积盆地。

依据盆地内部二叠系构造特征及后期构造改造特点，将准噶尔盆地划分为西部隆起、东部隆起、陆梁隆起、北天山山前冲断带、中央坳陷和乌伦古坳陷等6个一级构造单元和44个二级构造单元(图5.1)。

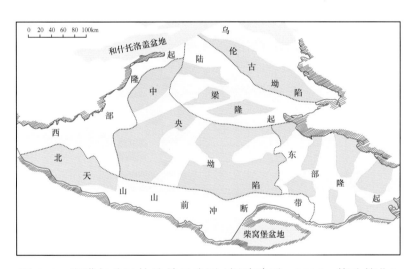

图5.1 准噶尔盆地构造单元略图(据陈建平，2016，修改简化)

5.1 准噶尔盆地二叠系地层发育特征

准噶尔盆地经历了石炭纪之前的基底形成，石炭纪—二叠纪过渡发展，中生代—古近纪内陆湖盆及新近纪—第四纪强烈挤压等演化过程。在三叠纪—侏罗纪早期，是沉积盆地发育的全盛时期，形成几乎覆盖全盆地的沉积地层，标志着准噶尔盆地真正进入陆相盆地演化阶段(图5.2)。

准噶尔盆地二叠系沉积地层，是成盆初期的第一套沉积盖层，由于不同地区构造沉积环境尚存在较大差异，因此各地地层发育特征也呈现明显差

63

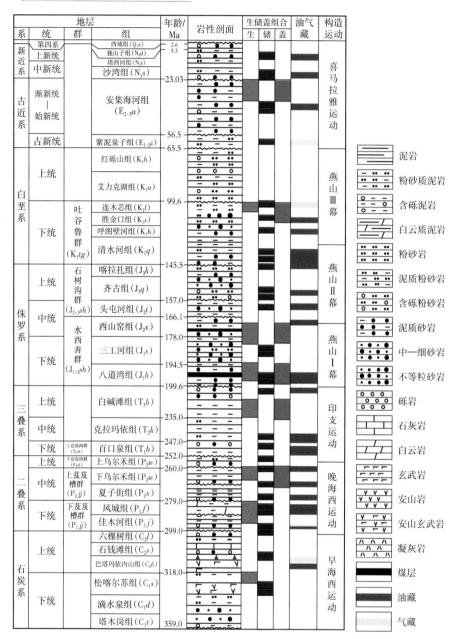

图 5.2　准噶尔盆地地层综合柱状图（据何文军，2019）

异。西北缘和南缘东部下二叠统不同程度地发育残留海沉积，西北缘还有大量火山岩发育。准东北部以陆相河流环境为主，同时可能还伴随剧烈的火山活动。中二叠世盆地仍受到东天山残留海海水的影响，形成一套高盐度深水沉积，成为盆地内最重要的一套油源岩。晚二叠世盆地沉积基底逐渐统一，地层特征渐趋相似，但不同地区地层发育程度和厚度仍然变化悬殊（表 5.1）。

表5.1 准噶尔盆地各区地层层序对比表 (据王绪龙，2013)

界	系	统	西北缘 组	腹地 组	南缘 组	准东 组
新生界	第四系	下更新统	西域组（Q_1x）	西域组（Q_1x）	西域组（Q_1x）	西域组（Q_1x）
	新近系	上新统	独山子组（N_2d）	独山子组（N_2d）	独山子组（N_2d）	独山子组（N_2d）
		中新统	塔西河组（N_1t）	塔西河组（N_1t）	塔西河组（N_1t）	塔西河组（N_1t）
			沙湾组（N_1s）	沙湾组（N_1s）	沙湾组（N_1s）	沙湾组（N_1s）
		渐新—始新统	乌伦河组（$E_{2-3}a$）	安集海河组（$E_{2-3}a$）	安集海河组（$E_{2-3}a$）	安集海河组（$E_{2-3}a$）
		古新—始新统		紫泥泉子组（$E_{1-2}z$）	紫泥泉子组（$E_{1-2}z$）	紫泥泉子组（$E_{1-2}z$）
中生界	白垩系	上统	红砾山组（K_2h）	东沟组（K_2d）	东沟组（K_2d）	红沙泉组（K_2h）
			艾力克湖组（K_2q）			
		下统	连木沁组（K_1l）	连木沁组（K_1l）	连木沁组（K_1l）	连木沁组（K_1l）
			胜金口组（K_1s）	胜金口组（K_1s）	胜金口组（K_1s）	胜金口组（K_1s）
			呼图壁河组（K_1h）	呼图壁河组（K_1h）	呼图壁河组（K_1h）	呼图壁河组（K_1h）
			清水河组（K_1q）	清水河组（K_1q）	清水河组（K_1q）	清水河组（K_1q）
	侏罗系	上统			喀拉扎组（J_3k）	喀拉扎组（J_3k）
			齐古组（J_3q）		齐古组（J_3q）	齐古组（J_3q）
		中统	头屯河组（J_2t）	头屯河组（J_2t）	头屯河组（J_2t）	头屯河组（J_2t）
			西山窑组（J_2x）	西山窑组（J_2x）	西山窑组（J_2x）	西山窑组（J_2x）
		下统	三工河组（J_1s）	三工河组（J_1s）	三工河组（J_1s）	三工河组（J_1s）
			八道湾组（J_1b）	八道湾组（J_1b）	八道湾组（J_1b）	八道湾组（J_1b）
	三叠系	上统	白碱滩组（T_3b）	白碱滩组（T_3b）	郝家沟组（K_1q）	郝家沟组（K_1q）
					黄山街组（T_3h）	黄山街组（T_3h）
		中统	克拉玛依组（T_2k）	克拉玛依组（T_2k）	克拉玛依组（T_2k）	克拉玛依组（T_2k）
		下统	百口泉组（T_1b）	百口泉组（T_1b）	烧房沟组（T_1s）	烧房沟组（T_1s）
					韭菜园组（T_1j）	韭菜园组（T_1j）
古生界	二叠系	上统	上乌尔禾组（P_3w）	上乌尔禾组（P_3w）	梧桐沟组（P_3wt）	梧桐沟组（P_3wt）
					泉子街组（P_3q）	泉子街组（P_3q）
		中统	下乌尔禾组（P_2w）	下乌尔禾组（P_2w）	红雁池组（P_2h）	平地泉组（P_2q）
					芦草沟组（P_2l）	
			夏子街组（P_2x）	夏子街组（P_2x）	井井子沟组（P_2j）	将军庙组（P_2j）
					乌拉泊组（P_2w）	
		下统	风城组（P_1f）	风城组（P_1f）	塔什库拉组（P_1t）	金沟组（P_1j）
			佳木河组（P_1j）	佳木河组（P_1j）	石人子沟组（P_1s）	
	石炭系	上统			奥尔图组（C_2a）	石钱滩组（C_2s）
					祁家沟组（C_2q）	
			莫老坝组（C_2m）		博格达组（C_2l）	巴山组（C_2b）
		下统	包古图组（C_1b）			滴水泉组（C_1d）
			希贝库拉斯组（C_1x）			
						塔姆岗组（C_1t）

5.1.1 下二叠统

在西北缘—腹部地区，下二叠统包括佳木河组（P_1j）和风城组（P_1f）。佳木河组主要分布于盆地西部玛湖凹陷、盆1井西凹陷、沙湾凹陷内，厚度变化很大，最大厚度达3000m以上，岩性主要为砾岩、砂岩夹灰绿色岩屑粉砂岩，底部沉积凝灰岩，顶部为安山岩和厚层凝灰质次火山岩。风城组中—下部沉积深灰色白云质凝灰岩、凝灰质白云岩、凝灰岩、粉砂质泥岩；上部为灰白色白云质凝灰岩、灰黑色泥质白云岩与泥岩、砂质泥岩薄互层，呈现滞留海湾或潟湖沉积的特征。风城组被认为是准噶尔盆地二叠系的主要油源岩层的发育段。

在盆地南缘，下二叠统包括石人子沟组（P_1s）和塔什库拉组（P_1t），属于海相沉积环境。石人子沟组下部沉积巨厚灰绿色钙质砾岩、砂岩、粉砂岩及砂质泥岩交互层，上部沉积灰黑色薄层粉砂岩夹暗灰色细砂岩、碎屑灰岩、钙质砂岩，可见植物化石，地层厚240~1200m；塔什库拉组为灰色砂岩、粉砂岩、黑色泥页岩等韵律状频繁交互层，并夹有砂质灰岩、鲕粒灰岩、火山沉凝灰岩薄层，含孢粉及植物化石，地层厚1200~2200m。

在盆地东部，下二叠统为金沟组（P_1j），出露于盆地最东部。下部沉积砾岩、砂岩夹灰色砂质泥岩，地层厚约670m；中—上部沉积紫红色砂质泥岩，夹灰绿色砂岩、砾岩，含有孔虫及介形虫化石，地层厚450~1100m。

5.1.2 中二叠统

在西北缘—腹部地区，中二叠统包含夏子街组（P_2x）与下乌尔禾组（P_2w）。夏子街组主要为一套山麓洪积扇沉积，下部主要发育灰褐色、棕色砂砾岩、含砾砂泥岩、粉砂质泥岩，上部沉积棕色砾岩。下乌尔禾组（P_2w）岩性为深灰色、灰色、灰绿色砾岩与泥岩、泥质砂岩、粉砂岩不等厚互层，夹多层薄煤层，属于山麓河流洪积—湖泊沼泽沉积。

在盆地南缘，中二叠统从下向上依次为乌拉泊组（P_2w），井井子沟组（P_2j）、芦草沟组（P_2l）和红雁池组（P_2h）。乌拉泊组主要沉积一套砂岩，包括灰绿色夹紫红色为主的砾岩、砂岩、粉砂岩及泥岩，厚440~1300m。井井子沟组则发育灰色块状凝灰岩、凝灰质砂岩、粉砂岩、凝灰质泥岩、砂质泥岩交互层，厚 500～900m。芦草沟组是灰黑色、黑色、深灰色薄—中厚层油页岩与薄层状砂质云岩与粉砂岩交互层，含植物孢粉、虫孔等化石，地层厚800～1000m，为博格达山前滞留闭塞坳陷湖泊沉积。

在准东地区，中二叠统分为将军庙组（P_2j）和平地泉组（P_2p）。将军庙组见于帐篷沟—石钱滩以东地区，五彩湾凹陷和老君庙以北的山间凹陷也有分布。主要沉积河流相的红色或杂色泥岩夹砂岩、砾岩。平地泉组广泛分布于克拉美丽山前地区，岩性主要为暗色湖湘泥质沉积，横向变化大。在凹陷区（如吉木萨尔凹陷内）为湖相沉积环境，主要沉积深灰色泥质岩与层状砂岩交互层，是盆地东部主力油源岩。

5.1.3　上二叠统

在盆地西北缘—腹部地区，上二叠统为上乌尔禾组（P_3w），总体为棕褐色砾岩夹砂质泥岩，为山麓河流—洪积扇环境堆积产物。在南缘地区可分为泉子街组（P_3q）与梧桐沟组（P_3wt）。泉子街组以砾岩为主，夹少量砾质泥岩、碳质泥岩与薄煤线，砂岩不发育，厚 200～300m，为山麓洪积扇的碎屑流堆积或河流相堆积。梧桐沟组下部为灰绿色块状砾岩、砂岩、泥岩和煤线组成的正韵律状互层，厚 120～220m，属曲流河沉积；上部为暗红色、紫红色与灰绿色相间的条带状泥岩夹薄层细砂岩、泥灰岩透镜体和碳质泥岩，厚68～128m，为浅水沼泽和河泛平原沉积。准东地区上二叠统统称下仓房沟群（P_3ch），包括泉子街组（P_3q）与梧桐沟组（P_3wt），为河流相砾岩、砂岩、碳质泥岩的组合。

5.2　准噶尔盆地二叠系主力油源岩特征

准噶尔盆地发育了石炭系、二叠系、三叠系、侏罗系、白垩系和古近系6 套油源岩，有的全盆地分布，有的分布于盆地的部分地区，为准噶尔盆地奠定了丰富的油源物质基础，其中二叠系油源岩被认为是最重要的油源岩，贡献了盆地一半以上的油气资源。

5.2.1　沉积环境及古生物特征

二叠系是准噶尔盆地最主要的油源岩发育层系。盆地西部油源岩主要发育于下二叠统风城组、中二叠统下乌尔禾组；盆地东部油源岩主要发育于中二叠统平地泉组；南部主要发育于中二叠统芦草沟组和红雁池组（石昕，2005）。

5.2.1.1 油源岩环境特征

5.2.1.1.1 风城组（P_1f）

岩性以暗色泥岩、白云质泥岩及凝灰质白云岩为主夹砂岩、粉砂岩及薄层灰岩。见方解石、白云石，黄铁矿部分井段可见；有机碳平均为1.33%；油源岩水平层理发育。腹部地区厚度在200～700m之间，平均厚约300m，其中以盆1井西凹陷和玛湖凹陷暗色泥岩的厚度较大，可达500～600m，昌吉凹陷最厚处可达700m。暗色泥岩具有由北西向南东逐渐减薄的特点。岩性、岩相沉积特征表明，风城组沉积时西北缘地区地壳沉降强烈，水体显著加深。大量白云岩和白云质灰岩的沉积，也显示当时水体盐度较高，属半深湖—深湖沉积。暗色泥岩沉积厚度大及水平层理的发育，则反映当时水体沉积环境以基底稳定的环境为主。水介质为碱性（pH>8）、硫化物相（强还原相）。

5.2.1.1.2 下乌尔禾组（P_2w）

油源岩总体岩性为深灰色、灰黑色泥岩、页岩夹灰色、灰绿色砂砾岩，含有煤层。暗色泥岩厚度一般为50～250m，玛湖凹陷厚度为300m，盆1井西凹陷厚度最大可达450m。泥岩具水平层理，砂砾岩中常见到冲刷构造等。在夏子街—乌尔禾地区井下该组普遍夹薄煤层，泥岩中含炭化植物和黄铁矿。部分地区含方解石、白云石；有机碳平均含量为0.95%。从岩性特征看，乌尔禾组沉积时期水体较夏子街组有所扩大。当时较稳定的湖盆主要分布于乌尔禾以东的玛湖及盆1井西等地区，其他大部分地区则以河流、三角洲及沼泽等环境为主。水介质为弱碱性（pH=7～8）、弱硫化物相（弱还原相）。

5.2.1.1.3 平地泉组（P_2p）

岩性为灰绿色、深灰色泥岩、粉砂质泥岩、灰黑色油页岩夹泥灰岩、鲕粒灰岩、叠锥灰岩及灰色、灰绿色砂岩，底部一般发育黄绿色砾岩、含砾粗砂岩，上部或顶部夹薄煤层或煤线。见方解石、白云石、铁白云石及菱铁矿，部分层段含少量原生黄铁矿晶体；井下有机碳平均达3.36%，地表样品平均为 1.22%。暗色泥岩和油页岩具水平层理、微细水平纹层、季节性纹层等。粉砂岩、粉砂质泥岩具微细波状水平层理。砂岩、砾岩具中—大型交错层理及冲刷构造等。

依据沉积特征可知，平地泉组为水进—水退沉积序列。早期水体浅，大部分地区河流发育；中期（平三段中—上部至平二段下—中部沉积时期）湖域广，出现半深湖环境；晚期开始水退，局部形成沼泽，沉积物总体以暗色泥岩为主，见方解石、白云石、铁白云石及菱铁矿，部分层段含少量原生黄铁矿晶体，水介质总体为碱性（pH>8）、硫化物相（强还原相）。

5.2.1.1.4　芦草沟组（P_2l）

油源岩主要岩性为灰黑色粉砂岩、砂质页岩、黑色油页岩夹白云岩、白云质灰岩。见方解石、白云石、铁白云石及少量黄铁矿；井下黑色泥岩有机碳含量平均 4.5%，地表泥（页）岩、油页岩有机碳含量平均高达 7.04%。

5.2.1.1.5　红雁池组（P_2h）

该组油源岩主要为一套灰黑、灰绿色泥岩、砂质泥岩夹黄绿色细砂岩、泥灰岩，局部夹有碳质泥岩，见少量方解石；泥页岩中有机碳平均含量为1.77%；油源岩具水平层理等。沉积特征表明红雁池组沉积时期水体与芦草沟组相比明显变浅，水动力作用增强。下段多发育有巨厚三角洲沉积。其中扇三角洲主要由扇三角洲前缘水下分流河道组成，局部出现沼泽环境，总体具有滨浅湖相沉积特征。水介质为弱碱性（pH = 7~8）、非硫化物相（弱还原相）。

5.2.1.2　油源岩古生物特征

5.2.1.2.1　风城组（P_1f）

该组只发现比较丰富的孢粉化石，尚未发现动物化石。孢粉组合全为裸子植物花粉，其中具肋双气囊花粉最为发育，单气囊花粉、多沟肋花粉以及无肋双气囊花粉在组合中也占有一定比例。个别或少量出现具单缝双气囊花粉和具肋三囊花粉。

从岩性特征分析，风城组沉积时湖泊范围较佳木河组广泛。同时，风城组有大量的沉凝灰岩分布。沉凝灰岩的存在表明当时有火山活动，大量的火山灰多次突发性地喷发和沉降，使该时期水体多次接受大量火山灰，造成水体的间断性隔绝空间，形成缺氧的强还原环境。

5.2.1.2.2 下乌尔禾组(P₂w)

井下只发现较丰富的孢粉化石，构成了 *Raistrickia-Cordaitina-Protohaploxypinus-Hamiapollenites* 孢粉组合。该组合以蕨类植物孢子在组合中占有一定比例，裸子植物花粉中 *Cordaitina* 比较发育，多沟肋花粉和单沟花粉也具有一定含量为主要特征。

根据上述孢粉组合特征结合古地理分析，它与盆地东北缘地区之间有中央隆起带的阻隔，受海水影响的可能性很小。从目前钻井揭示的剖面来看，区内还未见到稳定的湖泊沉积，而冲积扇、河流及沼泽沉积发育。因此，下乌尔禾组沉积区当时湖泊规模较小，并以淡水湖泊为主，湖水主要来自河流。

5.2.1.2.3 平地泉组(P₂p)

古生物以喜盐类与淡水类型在纵向上交替出现，鱼类化石较丰富，介形类不同地区发育程度不一。依据化石在纵向上的分布特点可分两个化石组合。

(1)*Anthraconauta-Psudomodiodus-Senderzoniella-Mrassiella* 组合，产于帐篷沟平地泉组平三段和平二段。化石数量多，常富集成层，丰度和分异度均较大，共计6属21种，指示咸水环境。

(2)*Palaeomutela-Palaeanodonta-Abiella* 组合，产于帐篷沟地区平地泉组平一段下部，共计5属7种。化石保存良好，个体和丰度较大，分异度较小，指示淡水环境。

综合各门类化石资料分析，认为当时湖盆沉积环境受海水影响程度较大，湖域较广，以浅湖—半深湖为主，盐度波动性大。此外，平地泉组发育大量水下扇砂体也反映了当时湖盆有周期性淡水的注入。

5.2.1.2.4 芦草沟组(P₂l)

为盆地南缘产化石最为丰富的地层单元，已发现介形类、双壳类、鱼类、两栖类、孢粉及植物等化石。

介形类化石十分丰富，分异度高，以本地属种为主，构成 *Darwinula-Kelameilina-Tomiella-Hongyanchilella* 组合。

双壳类化石丰富，有时形成介壳层，已发现5属15种(包括未定种)，构成 *Antraconauta* 和 *Pseudomodiolus-Mrassiella* 组合，其中以 *Antraconauta* 和

70

Pseudomodiolus 最为发育。

脊椎动物化石只有古鳕鱼类和两栖类，其中的鱼化石（*Turfanisvartus*）为准噶尔北天山区中二叠世的标准化石，是进行区域地层划分对比的重要依据。

孢粉化石非常发育，构成 *Cordaitina-Vittatina-Striatoabieites-Hamiapollenites* 组合。

植物化石产于芦草沟组下段，为二叠系普遍存在。

综合各门类生物化石发育特征，认为芦草沟组沉积时盆地南缘地区以湖域广、水体深、盐度高且具一定波动性为特点。古生物化石异常丰富。双壳类以 *Anthraconauta Pseudomodiolus* 等喜盐类型最发育，分异度大；介形类中地方属种所占比例很大，说明当时水体深。除此以外，喜盐类型的 *Permiana* 和 *Tomiella* 丰度也是各区之中最高的。大量的浮游鱼类化石及油页岩的发育也充分显示出当时盆地南缘地区水体较深，以还原环境为主。

5.2.1.2.5 红雁池组（P_2h）

化石丰富，产双壳类、介形类、孢粉和植物化石及脊椎动物化石碎片。

双壳类化石丰富，该组中—下部化石类型与芦草沟组相同，上部共发现 6 属 12 种，构成 *Senderzoniella-Abiella-Palaeomutela* 组合。该组合以 *Antroconauta* 大量减少，*Pseudomodiolus*，*Mrassiella* 的绝灭及大量淡水型双壳类化石 *Palaeomutela*，*Palaeanodonta* 和 *Senderzoiella* 等在盆地南缘的出现为特征。

介形类化石非常丰富，与下伏芦草沟组所产介形类化石类型相近，可归入同一个化石组合。

两层组所产化石类型的区别是红雁池组中 *Kelameila Plena* 和 *Qitainaoblonga* 基本消失，新出现了 *T. ventricostata*、*P. ermianacompta*、*P. tubercarinata*、*Xinjiangella antiquata* 和 *X. insolita* 等。孢粉化石比较丰富，构成 *Cylogranisporites-Cycadopites-Cordaitina* 具肋双气囊花粉组合。其中裸子植物花粉占绝对优势，以具肋双气囊花粉为主，单气囊花粉、单沟花粉、多沟肋花粉占有较大比例，无肋双气囊花粉有少量出现，蔗类植物孢子占 7%～10.5%。该组合中以出现一定数量的 *Cycadopites* 和 *Urmits* 等单沟花粉不同于芦草沟组的孢粉组合。

植物化石只产 *Paracalamites* sp.，为二叠系常见分子。由上述生物化石组合特征反映出红雁池组沉积时的总体沉积环境继续沿袭了芦草沟组沉积时的地质环境。只是到了红雁池组沉积后期，水体由咸变淡，形成了以淡水型生物为主的化石组合。此外，湖盆也逐渐缩小，水体有所变浅。

5.2.2　二叠系油源岩主要特征

二叠系是准噶尔盆地最主要的油源岩发育层系。在盆地西部玛湖凹陷与盆1井西凹陷，油源岩主要发育于下二叠统风城组、中二叠统下乌尔禾组；在盆地东部油源岩主要发育于中二叠统平地泉组；在南部主要发育于中二叠统芦草沟组和红雁池组。

5.2.2.1　油源岩矿物组成

5.2.2.1.1　风城组（P_1f）油源岩矿物组合

风城组油源岩成分相当复杂，主要由陆源碎屑、碳酸盐组分和火山物质3个端元以不同比例混积而成（图5.3）。根据不同端元所占比例，又可进一步细分出泥质岩、泥质白云岩、凝灰岩和混积岩4大类。

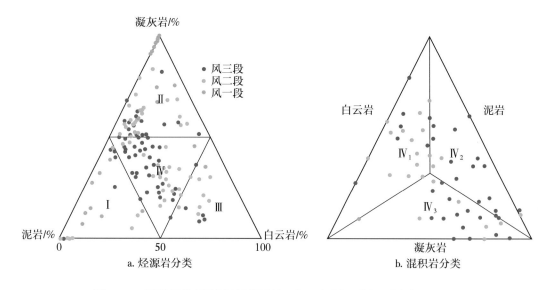

图5.3　玛湖凹陷风城组油源岩组成三角图（据王小军，2018）

Ⅰ—泥质岩；Ⅱ—凝灰岩；Ⅲ—泥质白云岩；Ⅳ—混积岩

（1）泥质岩：黏土矿物含量低，正交偏光下亮度较高，几乎见不到干涉色。基质主要由细粒碱性长石和部分碳酸盐矿物组成，较粗的石英长石颗粒在单偏光下无色透明，正交偏光下干涉色为一级灰白，具有一定分选性，但呈现尖锐棱角状且颗粒间不接触，具明显的风成特点。

（2）凝灰岩：有一定的陆源碎屑和碳酸盐含量，但主要由凝灰质组分构成。正交偏光下，凝灰质组分全消光。含有少量团块状的碳酸盐组分，正交偏光下呈珍珠韵彩的高级白干涉色。

（3）泥质白云岩：主要由碳酸盐矿物特别是白云石组成，部分样品中含有特殊的碱类矿物。原生沉积形成的白云石颗粒细小均匀，部分样品受后期作用影响，白云石部分或全部发生重结晶作用，形成大颗粒的碳酸盐矿物。有机质的保存受到碱性沉积环境的影响。

（4）混积岩：在风城组所有岩石类型中所占比例最大，根据岩石中的白云质、泥质和凝灰质组分所占比例，可以进一步划分出 3 个亚相。含一定量的火山碎屑，反映火山活动特征；石英、长石碎屑含量相对于泥质岩低，也呈尖锐棱角状；碳酸盐矿物多受后期成岩作用影响，聚集成较大的团块或条带。有机质可分为沥青质和颗粒两大类，沥青质可能与微生物作用有关，蓝光激发下几乎不显荧光；颗粒有机质显黄色荧光，总体荧光不是太强。综合两地风城组油源岩矿物特征，如表 5.2、表 5.3 所示。

表 5.2　准噶尔盆地下二叠统风城组油源岩矿物组成综合表（据朱世发，2014）

油源岩矿物组成/%												其他
石英		长石		方解石		白云石		黄铁矿		黏土矿物		
区间	均值	区间	均值	区间	均值	区间	均值	区间	均值	区间	均值	
3～45	30.4	6～53	26.5	2～48	11.2	2～80	20.6	0～10	3.6	0～9	3.8	3.9

表 5.3　准噶尔盆地风城地区下二叠统风城组油源岩黏土矿物
相对含量表（据周雪蕾，2022）

黏土矿物相对含量（%）									
蒙皂石		伊/蒙混层		伊利石		高岭石		绿/蒙混层	
区间	均值	区间	均值	区间	均值	区间	均值	区间	均值
0～81	43.5	0～85	30.1	4～57	14.5	3～15	6.5	0～38	5.4

5.2.2.1.2　芦草沟组油源岩矿物组成

东南缘中二叠统芦草沟组油源岩 X 衍射矿物成分定量测定结果表明（表 5.4），芦草沟组油源岩黏土矿物含量分布在 2%～62% 范围内，平均为 33.02%；石英+长石介于 25%～84%，平均为 53.86%；碳酸盐矿物介于 0～

68%，平均为 13.1%（杨瀚，2017）。

表 5.4　准噶尔盆地东南缘中二叠统芦草沟组油源岩矿物含量统计（据杨瀚，2018）

取样位置	黏土矿物/%		石英+长石/%		碳酸盐/%	
	区间	均值	区间	均值	区间	均值
上段	2.00~62.00	36.82（73）	25.00~82.00	51.52（73）	0.00~68.00	11.66（73）
中段	2.00~41.00	12.14（7）	34.00~84.00	70.86（7）	0.00~61.00	17.00（7）
下段	3.00~28.00	14.29（7）	52.00~75.00	61.29（7）	5.00~41.00	24.43（7）
全组	2.00~62.00	33.02（87）	25.00~84.00	53.86	0.00~68.00	13.11（87）

5.2.2.2　油源岩元素组成

5.2.2.2.1　风城组油源岩元素特征

风城组油源岩常量元素组成见表 5.5。

表 5.5　准噶尔盆地风城组特殊岩性油源岩常量元素特征表（据郭春利，2018）

岩石类型		常量元素氧化物含量/%										
		SiO_2	Al_2O_3	CaO	FeO	K_2O	MgO	MnO	Na_2O	P_2O_5	TiO_2	LOI
凝灰岩类	区间	38.00~80.12	3.43~14.21	2.3~11.43	2.33~5.42	1.81~6.58	7.69~10.5	0.05~0.143	0.423~12.1	0.003~0.174	0.003~0.174	5.12~17.52
	均值	54.29	9.67	6.23	4.10	4.32	8.93	0.073	4.62	0.051	0.051	11.38
白云岩类	区间	34.68~47.94	2.61~8.84	7.8~14.73	2.73~4.17	0.24~5.51	2.21~9.01	0.018~0.13	2.4~3.58	0.005~0.059	0.131~0.393	16.57~26.28
	均值	42.89	6.82	10.37	3.05	4.32	4.61	0.065	2.91	0.019	0.29	19.98
硅硼钠石	区间	45.00~74.42	0.09~2.71	0.24~11.63	0.06~1.81	0.05~1.83	0.16~8.41	0.001~0.054	6.31~12.2	0.008~0.025	0.04~0.128	1.1~18.44
	均值	62.71	1.28	3.81	0.81	0.71	3.09	0.021	10.08	0.016	0.055	8.66
综合		51.48	6.22	6.64	3.07	2.98	5.85	0.058	5.44	0.032	0.141	14.04

对乌尔禾地区风城组 63 件样品的微量元素分析结果表明，按矿物组分明显不同的凝灰岩类、白云岩类和盐岩类 3 种主要喷流岩类型的微量元素测试分析结果，在标准化蛛网图上投点（图 5.4、图 5.5、图 5.6），发现不同的岩石类型微量元素富集特征存在明显的差异性。

在风城组凝灰岩类微量元素蛛网图上（图 5.4），与上地壳平均值相比，显示不同类型的凝灰岩中 Li，Mo，W 元素均强烈富集，而高场强元素 Nb，Ta，Th 则明显亏损，氧化还原敏感元素 N，V，Cr 则微弱富集，与同层位产出的安山岩夹层相比较，二者表现为较相似的微量元素组成特征，差异性主要在于凝灰岩中 MO，W 元素明显富集，指示凝灰岩沉积时沉积物受到深源富 W，Mo 元素的热流体混入影响。

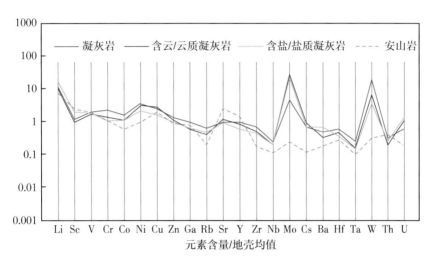

图 5.4　乌尔禾地区风城组油源岩（凝灰岩类）微量元素蛛网图（据常海亮，2017）

在白云岩类微量元素蛛网图上（图 5.5），除了出现和凝灰岩相似的 Li，Mo，W 元素较富集的特点外，白云岩还具有较强烈富集 Ni 元素，同时显示

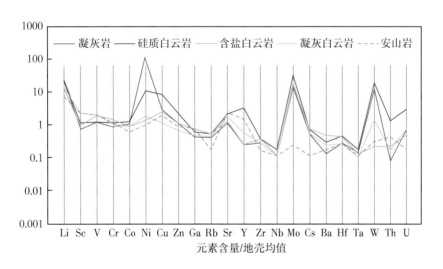

图 5.5　乌尔禾地区风城组油源岩（白云岩类）微量元素蛛网图（据常海亮，2017）

除硅质白云岩外的其他白云岩类均出现高场强元素 Hf，Ta，Th，Zr，Nb 的明显亏损等现象，表明白云岩与凝灰岩整体上具有较相似的微量元素组成特征，二者可能具有相同或相近的物质来源。而硅质白云岩相对于其他白云岩类则显示出较高的 Cu，Y，Th，U 的相对富集，表明风城组白云岩类沉积期流体不仅具有富硅特点，同时还显示了多源性的特点。

在盐岩类微量元素蛛网图（图5.6）上，与上地壳平均值相比微量元素含量相对其他岩类为低，但仍有其特点，如硅硼钠石条带明显富集除凝灰岩和白云岩普遍富集的 Li，Ni，W，Mo 元素外，还明显富集 Cu 元素，而硅硼钠石单矿物整体上相对条带的微量元素含量明显亏损，但仍表现出 Li，Cu，Mo，W 的相对富集特点，结合凝灰岩和白云岩中相关的微量元素普遍较富集的特点，认为硅硼钠石条带微量元素富集的原因主要与条带内含有较多的凝灰质组分或白云石组分有关。

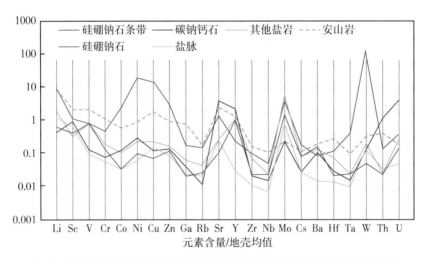

图 5.6　乌尔禾地区风城组油源岩（盐岩类）微量元素蛛网图（据常海亮，2017）

5.2.2.2.2　芦草沟组油源岩元素特征

芦草沟组油源岩中 Si、Fe、P 元素含量相对较高，P 元素是控制初级生产力的关键营养元素，可为水中生物提供良好的营养环境，有利于水体中藻类生物的生长，为后期油源岩的形成发育提供大量的母质。

5.2.2.3　油源岩有机质丰度

下二叠统风城组油源岩平均有机碳含量为 1.28%，氯仿沥青 "A" 含量为 1.492‰（杨斌等，1991）。中二叠统下乌尔禾组油源岩有机碳含量较高，但其可溶有机质含量较低，氯仿沥青"A"含量为 0.027‰~0.570‰，平均 0.177‰，总烃含量为 0.012‰~0.250‰，平均 0.080‰。中二叠统平地泉组、芦草沟组油源岩有机质丰富，类型好，平均有机碳含量高达 5.55%，有的甚至高达 10% 以上（表 5.6）。

表 5.6　准东地区二叠系油源岩有机质丰度统计表（据陈建平等，2003）

油源岩层系和类型	TOC/%	氢指数/[mg/g（TOC）]	氯仿沥青"A"/‰	总烃/‰
二叠系芦草沟组泥岩	4.63（4）	398（4）	4.033（2）	1.435（2）
二叠系平地泉组泥岩	5.55（42）	412（42）	5.335（10）	2.027（10）

注：括号中数字为样品数。

5.2.2.4　油源岩有机质类型

有机质类型判识的指标参数，主要包括干酪根的显微组成、元素组成、岩石热解参数及碳同位素组成等。根据干酪根镜检结果，下二叠统风城组油源岩有机质腐泥组占优势、壳质组发育、惰质组含量很低，判识类型为 I 型、II₁ 型、II₂ 型。中二叠统平地泉组油源岩有机质属腐泥型、腐殖—腐泥型，芦草沟组油源岩有机质属腐泥型、腐殖—腐泥型，腐泥组占优势，判识类型为 I 型、II₁ 型。

5.2.2.5　油源岩有机质成熟度

西北缘地区下二叠统风城组油源岩干酪根的镜质组反射率 R_o 为 0.85%~1.12%，处于成熟生油高峰阶段。下乌尔禾组（P_2w）油源岩镜质组反射率与埋藏深度有较好的相关关系，在深度 1200m 左右，镜质组反射率就达到了 0.7%，在 3300m 左右即达到 1.3%，在 5500m 左右达到 2.0%。准噶尔盆地腹部地区二叠系油源岩普遍进入了成熟—高成熟的演化阶段。

准东地区中二叠统平地泉组油源岩在 900m 以浅为未成熟阶段，在 900~1483.71m 为低成熟阶段，1483.71m 以深为成熟生油高峰阶段。在火烧山、沙南、北三台、三台等地区油源岩埋藏深度为 1800~2500m，干酪根镜质组反射率为 0.6%~0.75%，油源岩处于成熟阶段。

5.2.3 二叠系油源岩的成藏条件

5.2.3.1 有利的生油空间促进有机质转化

准噶尔盆地二叠系发育富含有机质的沉积体系，玛湖凹陷独特的演化历史，形成了特色鲜明的油源岩。研究证实，风城组是玛湖凹陷二叠系的主力油源岩，分布面积约 $500km^2$，厚度 $50 \sim 300m$，主要分布于玛湖凹陷中西部和乌夏断裂带附近；垂向上油源岩大部分集中在风城组一段，厚度变化较大，一般为 $30 \sim 150m$。其岩石学典型特征就是岩石成分主要由陆源碎屑、碳酸盐组分和火山物质三个端元以不同比例混积，形成了砾岩、砂岩、白云质岩、泥岩、凝灰岩、盐岩等多种岩石类型及多类过渡岩性，纵向形成频繁的互层结构，纹理发育。常见薄层、透镜状及纹层状分布且高含碱的岩石夹在其中，甚至还有厚度极薄的藻类纹层碳酸盐岩。岩性常常是厘米级或毫米级变化，一块岩石样品可包含多种岩性。

风一段上部至风三段为白云质岩与泥页岩频繁互层，单层厚度普遍小于 $0.5m$，反映湖相沉积的细粒纹层状结构明显。孔隙度普遍小于 10%，平均为 5.79%，渗透率普遍小于 $0.1mD$。但也有个别样品孔隙度超过 10%，渗透率超过 $0.1mD$，其对应的岩心扫描反映出微裂缝发育的特征。

高孔隙的油源岩为有机质生油提供了更大的空间，促进了有机质的转化。随着有机质的不断转换，生烃增压作用逐渐增强（图 5.7）。由于油源岩渗透率较高，在生烃增压作用下，孔隙中的烃类开始向相邻的更大孔隙岩层

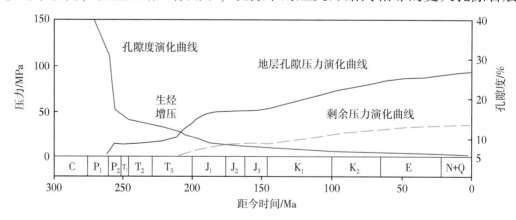

图 5.7　玛湖凹陷地层压力及孔隙演化剖面（据支东明等，2021）

运移，即初次排烃；烃类顺利排出，孔隙压力降低，空间的抑制作用减弱，生烃过程再次启动。如此反复，致使油源岩高效转化，源内成熟油遍布。

从岩相的空间展布来看，也为油源岩的初次排油提供了有利的赋存空间。研究表明，风城组油源岩属于近源的扇三角洲沉积体系。向斜坡方向受物源、湖盆水体盐度、古气候的影响，陆源碎屑、内源化学沉积以及火山活动的影响，多源混合沉积形成三角洲前缘白云质砂岩带，碎屑颗粒粒度相对较粗，主要为细—中砂岩，但成岩作用较强，地层致密；向凹陷方向侧接油源区，较细粒的碎屑沉积物与内源化学混合沉积，加之间歇性的湖平面升降，在凹陷—斜坡区大范围内形成薄层白云质粉—细砂岩、白云质泥岩、泥质岩互层结构，形成了非常典型的源储一体的页岩油带。

5.2.3.2　多种微量元素对有机质生油起催化作用

火山活动背景下碱湖沉积，形成了玛湖凹陷风城组油源岩独特的岩石成分构成。油源岩矿物组成以石英、长石、方解石、白云石为主，可见硅硼钠石、碳钠镁石等不常见矿物。黏土含量很少，黏土矿物以蒙皂石为主，反映了风城组为富钠贫钾环境且逐步碱化。碳钠镁石代表碱性环境，硅硼钠石指示热液作用的存在，高长英质、低黏土含量（<10%）说明风城组风化作用以物理风化为主，化学风化作用不明显。在火山活动和热液作用下，风城组油源岩某些微量元素明显高出地壳平均值：凝灰岩类岩石中微量元素 Li，Mo，W 元素均强烈；白云岩类岩石中微量元素 Li，Mo，W，Ni 富集；Cu，Y，Th，U 相对富集；盐岩类岩石中微量元素 Li，Ni，W，Mo，Cu 富集。热液中的金属元素进入沉积物被有机质吸附，催化了生油进程，使生油效率大幅度提高。

第6章 鄂尔多斯盆地三叠系 油源岩特征

鄂尔多斯盆地位于华北地块西部，跨陕、甘、宁、蒙、晋五省区，面积达 $25×10^4km^2$。盆地周边断续被山系包围，轮廓呈矩形，是一个经历了早期稳定沉降，后期坳陷中心迁移的大型叠合沉积盆地。盆地基底为太古宇及古元古界变质岩系，沉积盖层有长城系、蓟县系、震旦系、寒武系、奥陶系、石炭系、二叠系、三叠系、侏罗系、白垩系、古近系和新近系等，地层发育较全，沉积旋回清楚。

依据盆地现今的构造形态、特征和演化史，鄂尔多斯盆地被划分为六个一级构造单元，自北向南，从东至西分别为伊盟隆起、伊陕斜坡、渭北隆起、晋西挠褶带、天环坳陷和西缘冲断带（图6.1，表6.1）。

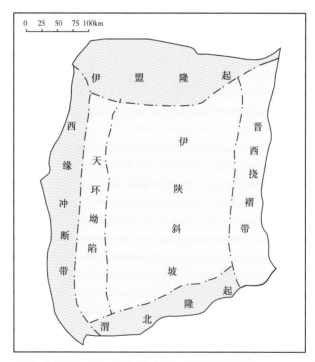

图6.1 鄂尔多斯盆地构造分区略图（据任战利等，2017，有修改）

80

表 6.1　鄂尔多斯盆地构造单元划分表

序号	一级构造单元名称	面积/km²	沉积岩厚度/m
1	伊盟隆起	42000	3500
2	伊陕斜坡	110000	6000
3	渭北隆起	19000	7500
4	晋西挠褶带	26000	4000
5	天环坳陷	28000	11000
6	西缘冲断带	24000	8000

　　伊盟隆起位于鄂尔多斯盆地北部，自古生代以来一直处于相对隆起状态，各时代地层均向隆起方向变薄或尖灭，新生代河套盆地断陷下沉，把阴山与伊盟隆起分开，形成现今的构造面貌。

　　伊陕斜坡在新元古代早期为隆起区，没有接受沉积，仅在寒武纪、早奥陶世沉积了海相地层，晚古生代以后开始接受陆相沉积，至早白垩世成为向西倾斜的平缓单斜，倾角不到1°。该斜坡占据着盆地中部的广大地区，以发育鼻状隆起为主要构造特征。

　　渭北隆起是鄂尔多斯盆地南部边缘，在中—新元古代到早古生代为南倾斜坡，至中石炭世东侧相对下沉，沉积了本溪组，至中生代形成隆起。新生代渭河地区断陷下沉，渭北隆起翘倾抬升，形成现今的构造面貌。

　　晋西挠褶带在中—新元古代至古生代处于相对隆起状态，仅在寒武纪、早奥陶世、晚石炭世及早二叠世有较薄的沉积，至中生代侏罗纪末期隆升，与华北地台分离，成为鄂尔多斯盆地的东部边缘。

　　天环坳陷在古生代表现为西倾斜坡，晚三叠世才开始坳陷成为当时的沉降带，侏罗纪和白垩纪坳陷继续发展，沉降中心逐渐向东偏移，沉积带为西翼陡东翼缓的不对称向斜构造。

　　西缘逆冲构造带的北段在早古生代为贺兰裂谷，中段和南段为鄂尔多斯地台边缘坳陷，晚古生代为前缘坳陷，二叠纪中晚期至侏罗纪为分割明显的不连续的深坳陷带。燕山运动中期，该区受到强烈的挤压与剪切，形成了冲断构造带的基本面貌，断裂与局部构造发育，成排成带分布。

6.1 鄂尔多斯盆地不同发展阶段的石油地质演化

鄂尔多斯盆地原本属于大华北盆地的一部分，早古生代由于地幔上拱，拉开了秦岭—祁连海槽，使鄂尔多斯地台逐渐下沉，成为南缘面向秦祁海洋的宽阔陆架，早奥陶世末期盆地整体上升经历了14亿年的沉积间断和剥蚀，造成中奥陶统—下石炭统多套地层缺失。至晚石炭世鄂尔多斯地台再次发生沉降，沉积了一套海陆交替相煤系地层（张林森，2011）。进入二叠纪以后，鄂尔多斯地台受北侧索伦—西拉木伦洋盆闭合和南侧勉略洋向北俯冲加剧的影响发生海陆转换，盆地内海水退出，进入陆相坳陷盆地发育阶段（何登发，2021）。

中生代鄂尔多斯盆地在华北板块与扬子板块碰撞背景下快速沉降，形成大型深水坳陷湖盆，为油源岩的形成提供了区域构造条件。从三叠纪到白垩纪湖盆演化总体上经历了整体沉降、上升剥蚀、萎缩调整三个阶段（表6.2）。

表6.2　鄂尔多斯盆地石油地质演化阶段及特征

时代	盆地发展阶段	物理场性质	石油地质特点	地温场特点
第四纪	盆地全面萎缩调整发展阶段	短暂沉降（加载增压）短暂上升（卸载减压）调整平衡	老油藏继续充注、完善定型，形成新的油藏	
古近—新近纪				
晚白垩世				
晚侏罗世—早白垩世	盆地整体上升遭受剥蚀阶段	卸载减压	成藏过程	
延安组沉积期	盆地持续沉降阶段	加载增压	成油过程	平均4~4.5℃/100m
富县沉积期				
延长组沉积期				

6.1.1 盆地持续沉降发展阶段——能量积累过程

晚三叠世至中侏罗世是鄂尔多斯盆地持续沉降的发展阶段，盆地在这一阶段完成了具有石油地质意义的物质积累过程，主要堆积了湖相暗色泥质岩和三角洲相砂质岩，为主力油源岩的形成和发育提供了充足的物质基础。其中延长组长 9 油层组至长 4+5 油层组沉积期湖盆持续沉降，盆地周缘源区带来的丰富的物质源源不断地向盆地中填充，盆地内沉积了一套厚度大、有机质丰度高的半深湖—深湖泥岩和油页岩，富有机质泥页岩与周边广泛分布的三角洲前缘砂体互层叠置，为三叠系延长组油源岩的形成和有机质生油提供了有利的空间条件。至延长组沉积末期盆地西南缘发生强烈陆内变形和多期逆冲推覆，盆地西南部遭受剥蚀，湖盆内大面积沼泽化，广泛发育煤层或煤线。早侏罗世富县期盆地整体在三叠纪末期高低不平的古地貌上填平补齐，接受河湖相沉积，范围较局限。至延安组沉积期，盆地再次发生沉降，沉降中心向东迁移，但沉积幅度相比晚三叠世的沉积幅度要小，接受了小范围的河湖沼泽相沉积，发育了一套灰白色砂岩与黑色页岩、泥岩不等厚互层的含煤地层，形成了鄂尔多斯盆地侏罗系延安组的主力油源岩。

在盆地持续沉降阶段，沉积物质不断积累的过程也是湖盆逐渐加载增压的过程。至中侏罗世末期，伴随盆地的持续加载增压，鄂尔多斯盆地南部延长组泥岩、油页岩中富含的有机质逐渐开始向成熟转化，此时，长 7 油层组埋藏深度在 1400m 左右，地温梯度为 $4\sim4.5℃/100m$，$R_o>0.6\%$，古地温约为 70℃。因此，在中侏罗世沉积末期，即盆地整体沉降阶段的末期，盆地内延长组主力油源岩已经进入低成熟阶段，并且受燕山运动中幕的影响，盆地内断裂活动和火山活动有所加强，地层中积累了大量的热能，有机质在热催化作用下开始生油转化，随着生油过程的持续进行，会在延长组泥岩内部逐步形成异常高压，泥岩与其上下接触的砂岩层之间的压差可以为石油初次运移提供有利的动力条件。

6.1.2　盆地整体上升遭受剥蚀发展阶段——能量释放过程

晚侏罗世至早白垩世为盆地整体上升遭受剥蚀的发展阶段，在燕山运动的背景下，盆地的东、西缘和南、北缘产生强烈挤压，西缘继续受到向东的逆冲作用，使晚侏罗世的沉降带继续向东推进，形成今天的天环向斜，东部隆起带向西推进，使山西地块被掀起，在鄂尔多斯盆地范围内形成一个西倾大单斜。至此，鄂尔多斯盆地才发展为一个四周边界和现今盆地范围基本相当的独立盆地。在这次上升剥蚀过程中，盆地物理场性质由持续沉降的加载增压过程转变为上升剥蚀的卸载减压过程，对盆地内生成石油的初次运移、二次运移及石油成藏过程产生了积极的诱导作用，延长组的油源岩进入生排油高峰期。

6.1.3 盆地全面萎缩阶段——能量调整过程

在晚白垩世，强烈的燕山运动最终结束了鄂尔多斯中生代大型内陆坳陷盆地的发展，盆地开始进入全面萎缩调整阶段。这一阶段盆地全区普遍隆起，缺失晚白垩世沉积，湖盆逐步淤浅、萎缩、消亡，构造格局基本定型，石油的生成、运移、成藏也基本完成。至新生代，新特提斯洋闭合，印度板块与欧亚板块发生碰撞，同时太平洋板块向西俯冲消减，导致鄂尔多斯盆地内部整体上升，最终形成现今的高原地貌景观。

6.2 鄂尔多斯盆地三叠系主力油源岩特征

中生代以来，鄂尔多斯盆地沉积了三叠系延长组和侏罗系延安组两套主力油源岩，延长组油源岩主要分布在长9—长4+5油层组，是整个鄂尔多斯盆地的主力油源岩，延安组油源岩是盆地内发育的仅次于延长组的另一套主力油源岩，主要分布在延8—延6油层组。本次研究主要对三叠系延长组主力油源岩特征进行剖析。

6.2.1 沉积环境及古生物特征

鄂尔多斯盆地原本属于大华北盆地的一部分，盆地基底由太古宇结晶变质岩和古元古界变质岩组成，在中、新元古代，鄂尔多斯台坳和山西台隆、阴山隆起基本处于隆起状态，该区由西南方向发生了广泛海侵。早古生代台坳逐渐下沉，海侵范围不断扩大，鄂尔多斯盆地成为南缘面向秦祁海洋的宽阔陆架，秦岭、贺兰及祁连海槽从南面、西面侵入盆地，使盆地广大地区处于陆表海环境，发育一套以碳酸盐岩为主的浅海相沉积。早奥陶世末期盆地整体上升经历了14亿年的沉积间断和剥蚀，造成中奥陶统—下石炭统多套地层缺失。至晚石炭世鄂尔多斯地台再次发生沉降，进入海陆过渡发育阶段，沉积了石炭系太原组及二叠系山西组为代表的一套海陆交替相煤系地层。从早二叠世开始，海水逐渐退出，盆地进入陆相沉积时期，地形呈北高南低，西陡东缓，早期以河流沉积为主，后期以湖泊沉积占优势。至晚三叠世，盆地在持续坳陷和稳定沉降过程中达到全盛时期，发育了以河流—湖泊三角洲相为特征的陆源碎屑岩沉积体系。三叠纪末期的构造运动使盆地上升遭受剥蚀，形成沟谷纵横的古地貌景观，在这样的背景下，侏罗纪时期发育了早期的河谷充填沉积和后期的湖沼相沉积。早白垩世盆地西缘受到向东的逆冲作用，形成天环向斜，同时东部隆起带向西推进，在鄂尔多斯盆地范围内形成一个西倾大单斜，发育河流沉积。早白垩世末期的构造运动之后，盆地一直处于隆起状态，保留有零星较薄的古近纪—新近纪沉积，隆起部位的中生代地层进一步遭受剥蚀，最终形成现今的高原地貌景观。

地质、地球化学、古植物、孢粉综合分析表明，鄂尔多斯盆地中生代经历了从温湿气候向干旱气候的变化（表6.3）。晚三叠世盆地持续沉降，湖泊水体较深，可容纳空间大，气候温暖潮湿。适宜的气候条件使得水生生物丰茂而广布，湖泊初始生产力极高，发育了双壳类、介形类、叶肢介类、脊椎动物鱼类等多种古生物化石（杨华等，2016），为延长组主力油源岩的有机质积累提供了丰富的物质基础。

表6.3　鄂尔多斯盆地上三叠统沉积环境特征（据刘池阳，2006）

地层	油层组	构造层序	层序及类型	湖平面变化	古气候变化	物源供给	沉积环境	构造作用	构造运动
延长组	长1	I	IV	湖进	半湿热—半干旱	西南向物源占优势，北部物源减弱	曲流河三角洲	整体抬升	印支运动，构造上东西分异，古地形东北高、西南低
	长2								
	长3			湖退					
	长4+5		III	湖进	湿热	主要来自北部和西南地区	三角洲平原沼泽		
	长6			湖退			三角洲前缘	稳定	
	长7		II	最大湖进			深湖—半深湖	最大沉降	
	长8						辫状河三角洲	沉降	
	长9		I	湖进			河流	初始沉降	
	长10			河流					

半深湖—深湖相带水体较深，处于缺氧还原环境，底栖生物难以生存，主要以营游泳生活的鱼类及适应漂浮的各种低等植物，如各种藻类为主，以及属叶足类鲎和少量营半浮游生活的介形类。产出的岩性主要为水平层理发育的含星散状黄铁矿的灰黑色泥页岩和油页岩。

浅湖相带处于氧化—弱还原环境，水域开阔且有机质丰富，最适宜各门类生物生长繁殖，地层中保存的生物化石也极丰富。双壳类以 *Shaanxiconcha* 为主，种属丰度大，个体数量多，在延长组长 7 油层的底部密集成层分布，长 6、长 4+5 油层的粉砂质泥岩中也高密度产出；介形类以 *Tungchania* 为主，主要集中在延长组长 7 油层的黑色页岩、粉砂质泥岩中，成层密集分布，并与鱼鳞片共生；另外还含有一定量的 *Darwinula*，*Gomphocythere*，*Lutkevichinlla*，叶肢介 *Euestheria*（幼虫）也有相当数量保存。产出层位岩性多具水平层理的暗色泥岩或粉砂质泥岩，含菱铁矿结核。

滨岸—河口三角洲相带氧分充足、水体动荡、有机质丰富，最适宜那些抗风浪、食泥砂、壳体厚个体大的生物生长。以个体较大的 Unio 占绝对优势，主要为 *U. xuefeng - chuanensis*，*U. ningxiaensis*，*U. huangbogouensis* 和 *U. wayaopuensis*，尚含有一定数量介形类 *Darwinula*，*Lutkevicninella* 以及叶肢介 *Euestheriia* 化石等，延长组中上部呈现达尔文介与柳氏介、铜川介共生的状态，多层分布，指示营养丰富的淡水—半咸水的河湖环境。

6.2.2　延长组地层及沉积相特征

鄂尔多斯盆地上三叠统延长组为一套完整的陆相河流—三角洲—湖泊沉积体系，沉积物粒度相对较细，是盆地三叠系的主力油源岩层系，在鄂尔多斯盆地及周边地区均有发育。根据沉积旋回及岩性组合特点，延长组自下而上依次划分为长石砂岩带（T_3y_1）、油页岩带（T_3y_2）、含油带（T_3y_3）、块状砂岩带（T_3y_4）和瓦窑堡煤系（T_3y_5）5 个岩性段和 10 个油层组（图 6.2，表 6.4）。

长 10 油层组沉积时期，盆地长轴方向呈北西—南东向伸展，湖岸线范围北窄南宽，整个湖盆平面略成"八"字由北西向南东敞开（图 6.3a）。中心地区为浅湖亚相，在盆地的东西两岸发育三角洲前缘亚相，向外推则演变为三角洲平原亚相及冲积平原。该期由于地形高差大，沉积物以灰色、灰绿

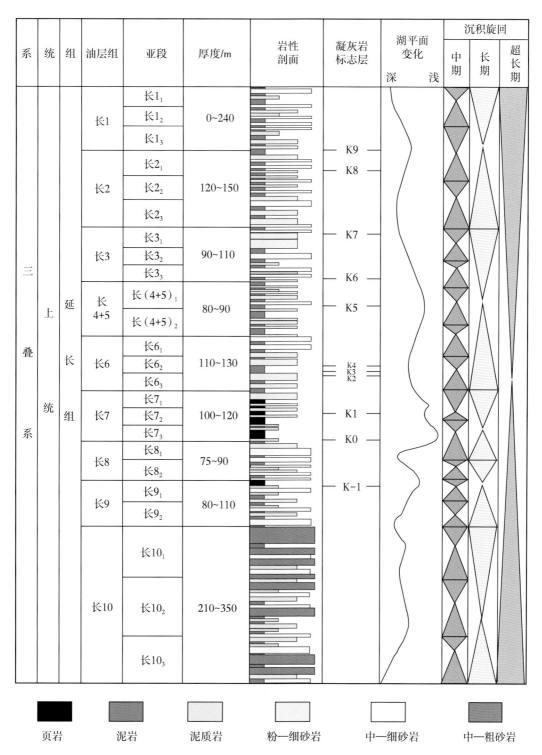

图 6.2　鄂尔多斯盆地三叠系延长组综合柱状图（据姚泾利，2018）

色、肉红色中—厚层块状中、粗长石砂岩与灰色、深灰色、灰黑色砂质泥岩、泥岩、碳质泥岩为主，厚度为 100~300m，砂泥岩呈不等厚互层，砂岩含量通常在 40%以上，泥岩颜色以暗色为主，并见紫红色和碳质泥岩，反映该期的气候条件为半干旱—潮湿型。

表 6.4　鄂尔多斯盆地三叠系延长组地层简表

系	统	组	段	油层组	小层	厚度/m	岩性特征
侏罗系	下统		富县组			0~150	厚层块状砂砾岩夹紫红色泥岩或两者成相变关系
三叠系	上统	延长组	第五段 T_3y_5	长 1		70~90	瓦窑堡煤系灰绿色泥岩夹粉细砂岩，碳质页岩及煤层
			第四段 T_3y_4	长 2	长 2_1	40~45	灰绿色块状中—细砂岩夹灰色泥岩
					长 2_2	40~45	浅灰色中—细砂岩夹灰色泥岩
					长 2_3	45~50	灰色、浅灰色中—细砂岩夹暗色泥岩
				长 3	长 3_1	120~135	浅灰色、灰褐色细砂岩夹暗色泥岩
					长 3_2		
					长 3_3		
			第三段 T_3y_3	长 4+5	上	45~50	暗色泥岩、碳质泥岩、煤线夹薄层粉—细砂岩
					下	45~50	浅灰色粉、细砂岩与暗色泥岩互层
				长 6	长 6_1	35~45	灰绿色细砂岩夹暗色泥岩
					长 6_2	20~30	浅灰绿色粉—细砂岩夹暗色泥岩
					长 6_3	25~35	灰黑色泥岩、泥质粉砂岩、粉—细砂岩互层夹薄层凝灰岩
				长 7		80~100	暗色泥岩、油页岩夹薄层粉—细砂岩
			第二段 T_3y_2	长 8		70~85	暗色泥岩、砂质泥岩夹灰色粉—细砂岩
				长 9		90~120	暗色泥岩、页岩夹灰色粉—细砂岩
			第一段 T_3y_1	长 10		280	肉红色、灰绿色长石砂岩夹粉砂质泥岩，具有麻斑构造
	中统		纸坊组			300~350	上部灰绿、棕紫色泥质岩夹砂岩，下部为灰绿色砂岩，砂砾岩

长 9 沉积期盆地西南部受断裂活动的影响加速沉陷，形成西南陡、东北缓的不对称湖盆（图 6.3b）。在晚三叠世广泛湖侵的背景下，湖盆面积大规模扩大，深湖和浅湖相广泛发育，湖盆两侧的三角洲均向后退，并且各自孤立分开。根据野外露头、钻井岩心观察结果及砂体展布特征，湖盆东北部的三角洲以曲流河三角洲为主，西部和西南部以辫状河三角洲为主。长 9 油层组厚 100m 左右，岩性主要为灰色、深灰色、灰黑色砂质泥岩夹灰色、灰绿色中—厚层状细砂岩，顶部为盆内分布稳定的"李家畔页岩"。长 9 油层组暗色泥岩、页岩夹灰色粉—细砂岩的岩性组合共同构成了延长组的一套有效油源岩，一方面暗色泥岩、页岩可以为生油提供充分的物质基础，另一方面与泥页岩互层叠置的粉—细砂岩可以为有机质生油转化提供有利的生油空间与储集空间。

长 8 沉积期仍处于湖盆发展阶段，在长 9 沉积期的沉积格局基础上，各三角洲略微进积，水动力加强，粒度相对较粗，沉积厚度 45~150m，下部岩性主要为灰绿色、灰黄色厚层状、块状细砂岩夹灰色、灰绿色、深灰色粉砂质泥岩和粉砂岩，上部为灰色、深灰色泥岩、粉砂质泥岩、粉砂岩夹灰绿色、灰色厚层状中、细砂岩（图 6.3c）。长 8 油层组砂体物性普遍较好，这些孔渗条件良好的灰色粉—细砂岩与其上下接触的暗色泥岩共同构成了延长组的一套有效油源岩。

长 7 油层组沉积期是湖盆发育的鼎盛时期，湖盆范围明显扩大，分割性减弱，水体加深，繁殖了大量的水生生物和浮游生物（图 6.3d）。湖盆形态仍具有西陡东缓的特点，岩相沿湖盆边缘呈环带状分布，近岸发育各种类型的三角洲，向湖盆中心依次为浅湖亚相和深湖亚相，沉积了一套厚度 80~150m 的暗色泥岩和油页岩，俗称"张家滩页岩"，泥岩中化石丰富，富含介形虫、双壳类、弓鲛鱼等动物化石，有机质丰度高。长 7 油层组的泥页岩与三角洲前缘砂体或深水浊积岩在垂向上互层叠置，形成了延长组重要的一套油源岩。

长 6 沉积期盆地下沉作用逐渐减缓，沉积补偿大于沉降，多方向物源从盆地四周全面补给，湖盆面积开始收缩，湖岸周围分布的三角洲迅速发展，盆地逐渐进入填实收敛阶段（图 6.3e）。该期三角洲水动力条件明显加强，储层物性良好，与长 7 油层组相比粒度相对较粗，长 7 泥岩中多为粉—细砂岩薄层，而长 6 油层组多为泥岩与细砂岩互层，砂地比为 30%～45%，地层厚度为 80～110m，泥岩中含植物茎干化石碎片，普遍见介形虫，也有鱼鳞及鱼化石，反映其沉积环境及沉积相展布有较大的变化。长 6 油层组灰绿色、灰黑色泥岩与浅灰、浅灰绿色细砂岩互层组合，构成了延长组一套自生自储的有效油源岩。

长 4+5 油层组沉积期是长 7 油层组沉积期之后出现的又一次短暂湖侵，湖面进一步扩大，三角洲建设进程减慢，在盆地西部和西北部大面积三角洲平原化和沼泽化，在许多长 6 油层组沉积时期的三角洲前缘砂体上沉积了广泛的漫滩沼泽相泥岩（图 6.3f）。泥岩中见水平层理且含植物化石碎片，普遍见介形虫，也有鱼鳞及鱼化石、双壳类等，前缘砂体中以块状长石砂岩与岩屑砂岩为主，砂地比约为 30%～40%，地层厚度为 80～100m，为油源岩中有机质的形成和发育提供了有利条件。

长 3 油层组沉积期开始湖盆逐步萎缩，各三角洲均向湖心方向有明显的推进，湖盆水体大规模收缩，后期盆地西南部抬升造成地层剥蚀较多（图 6.3g）。地层厚度为 35～240m，岩性主要为灰色、灰绿色厚层状细砂岩与深灰色泥岩、粉砂质泥岩及粉砂岩不等厚互层，粒度相对偏粗，砂岩常呈巨厚层状，砂泥比为 30%～50%，泥岩中有机质母质类型为腐殖型，具有一定的生油能力，但生油潜力相对较差。

长 2 油层组沉积期由于整个盆地构造抬升，湖盆收缩加剧，伊陕斜坡北部已经完全冲积平原化，整个盆地内无深湖亚相，浅湖亚相仅局部残存，统一湖盆的局面接近瓦解，各三角洲裙带连成一片（图 6.3h），安边—安塞—延长一线均为河流及泛滥沼泽沉积，具厚层块状中粒长石砂岩，砂岩平均厚度为 50～70m，砂地比为 45%～60%，可见大型交错层理，油源岩相对不发育。

长 1 油层组沉积时期湖盆大部抬升露出地表，由于该期气候潮湿，植物茂盛，地形平缓，沉积物供给不足，全区大面积平原化及沼泽化，形成了著名的"瓦窑堡煤系"，岩性为深灰色、灰绿色泥岩、灰黑色碳质泥岩夹页岩及煤层，含有大量植物化石，是延长组的区域性盖层。

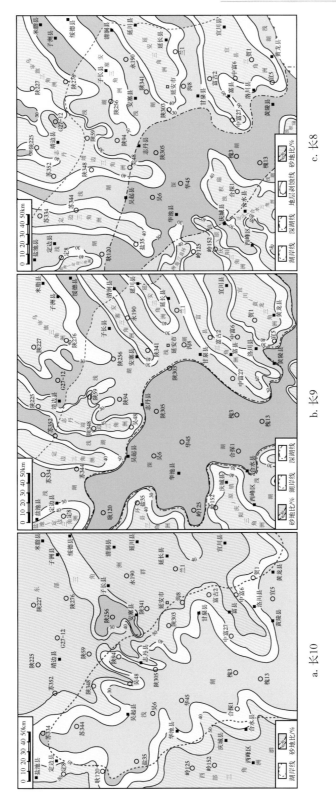

图 6.3 鄂尔多斯盆地伊陕斜坡南部上三叠统延长组沉积相图 (张林森, 2011)

a. 长10   b. 长9   c. 长8

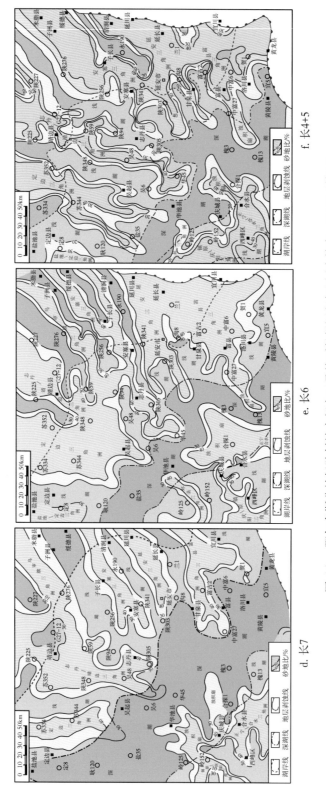

图 6.3 　鄂尔多斯盆地伊陕斜坡南部上三叠统延长组沉积相图（张林森，2011）（续图）

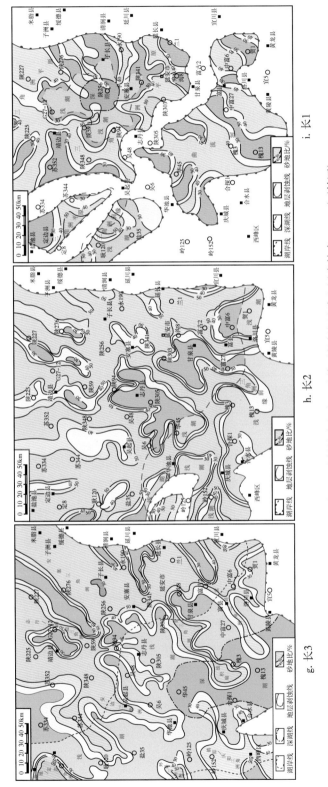

图 6.3 鄂尔多斯盆地伊陕斜坡南部上三叠统延长组沉积相图(张林森,2011)(续图)

g. 长3

h. 长2

i. 长1

6.2.3 延长组油源岩主要特征

鄂尔多斯盆地三叠系延长组油源岩主要分布在长 9—长 4+5 油层组，有机质丰度高，特别是长 7 油层组有机碳含量平均高达 5.17%，其他层段有机碳含量平均值变化范围也都在 0.92%~1.99% 之间，普遍达到中等—较好级别（表 6.5）。延长组油源岩有机质丰度高很大程度是由于在湖盆从滨浅湖到半深湖—深湖再到浅湖的演化过程，强烈的火山及热水活动带来的大量营养物质导致了藻类和浮游生物勃发，为延长组有机质的富集创造了有利条件。

表 6.5　鄂尔多斯盆地南部上三叠统延长组有机质类型及成熟度统计表

地层		沉积相	母质类型	R_o/%		TOC/%	
三叠系	延长组 长 4+5	浅湖	腐殖—腐泥型	0.73	0.73	0.7~1.11	0.92
	长 6		腐殖—腐泥型	0.76	0.76	0.47~17.84	1.54
	长 7	半深湖	腐泥—腐殖型	0.76~1.16	1.00	0.5~29.91	5.17
	长 8	浅湖	腐殖—腐泥型	0.95~1.26	1.06	0.37~12.68	1.99
	长 9		腐殖型	0.96~1.05	1.01	0.08~18.11	1.27

延长组油源岩有机质类型以腐殖—腐泥型的混合型干酪根为主，位于东北大型三角洲前缘的灵盐—吴起—志丹—富县一带半深湖相暗色泥岩，以偏腐泥的混合型为主，富含介形虫化石，烃转化能力较高，位于西南水下扇环县—华池—庆阳一带的浅湖—半深湖相黑色油页岩以偏腐殖型的混合型为主，烃转化能力相对低。

镜质体反射率（R_o）测试结果显示，鄂尔多斯盆地延长组油源岩 R_o 变化范围在 0.73%~1.06% 之间，属于成熟—高成熟油源岩，R_o 随埋深的增大呈现微弱增大的变化趋势，表明热演化程度随埋深的增加而增大。

由于延长期鄂尔多斯盆地的湖盆中心位于盆地西南的姬塬—华池—黄陵一带，陕北斜坡大部地区属于湖泊—三角洲过渡地带，发育了各种类型的三角洲前缘、前三角洲与浅湖亚相，沉积物以暗色泥岩、油页岩夹薄层粉—细砂岩为主。根据部分暗色泥岩的全岩和黏土矿物 X 衍射分析结果，暗色泥岩的矿物组成以黏土矿物、石英为主，含有少量碳酸盐和黄铁矿。其中黏土矿物含量最高，平均含量高达 49.0%；其次为石英，平均含量为 25.9%；还含有黄铁矿、斜长石、白云石，平均含量依次为 9.0%、9.5%、3.6%。由于黏土矿物比表面积大，表面具有酸性，不仅在沉积时对有机质有较强的吸附能力，而且在有机质热演化过程中对有机质向石油转化起到有利的催化作用，从而促进油源岩的生油过程。

6.2.4　延长组油源岩的成藏条件

鄂尔多斯盆地中生界三叠系延长组是一套低渗—特低渗的含油层系，蕴含着丰富的石油资源。近年来随着陆相石油勘探理论的发展和油藏开发技术的进步，已经发现了安塞油田、靖安油田、姬塬油田、华庆油田、陇东油田及庆阳油田等亿吨级和十亿吨级的大油田。截至 2020 年底，中国石油长庆油田分公司在鄂尔多斯盆地中生界探明石油地质储量 592919×10⁴t，原油年产量达 2467×10⁴t，成为中国重要的能源生产基地。

回顾鄂尔多斯盆地的勘探历程可以看出，鄂尔多斯盆地延长组近 50 年的石油勘探思路经历了从盆地周边构造找油到从大型河流—三角洲砂体找油再到从湖盆中部"甜点"区找油的变化过程，对鄂尔多斯盆地成藏模式的认识也从古地貌控油成藏模式、三角洲多层系成藏模式，发展到如今的陆相湖盆源内成藏模式，这些石油地质理论的发展和勘探技术的创新有效指导了盆地的石油勘探开发并获得了重大突破。但仔细剖析鄂尔多斯盆地延长组勘探思路和地质认识的变化不难发现，鄂尔多斯盆地以往的石油地质研究思路其实是将成油和成藏作为两个环节、将油源岩和储层作为两个层系、将泥岩和砂岩作为两个对象分别进行评价的。在评价过程中通常是将延长组以长石石英砂岩、长石砂岩为主的长 8 油层组、长 6 油层组和长 2 油层组等作为储层，将黑色页岩及暗色泥岩厚度大、分布广的长 7 油层组作为油源岩，长 7 油层组内又以有机质丰度高、黑色页岩厚度大、分布面积广的长 7₃ 作为最优质的油源岩（图 6.4），俗称"张家滩页岩"，以暗色泥岩为主的长 7₂ 和长 7₁ 次之。长 7 油层组优质油源岩生成的石油可以通过互相叠置的相对高渗砂体、微裂缝和侏罗纪前古河流向上、下运移，在长 4+5 油层组、长 6 油层组、长 8 油层组和长 9 油层组形成大规模岩性油藏，在长 2 油层组及侏罗系形成高产的构造—岩性油藏（张才利，2021）。

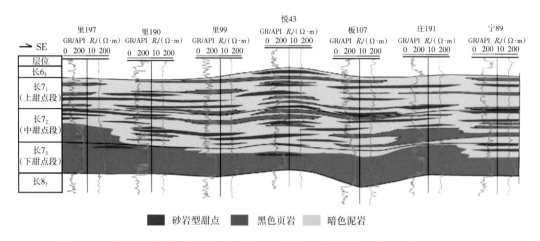

图 6.4 鄂尔多斯盆地庆城油田长 7 油层组油藏剖面（据焦方正，2020）

事实上，鄂尔多斯盆地延长组从长 9 油层组至长 4+5 油层组沉积期一直处于盆地持续沉降的坳陷发展阶段，这一时期湖盆沉积中心位于姬塬—华池—黄陵一带，气候温暖潮湿、水生生物丰茂而广布，湖盆经历了从滨浅湖到半深湖—深湖再到浅湖的变化过程，环湖发育多个物源方向的曲流河三角洲群、辫状河三角洲群以及扇三角洲群，围绕湖盆中心在三角洲向半深湖过渡带形成了多个层系的砂泥岩互层叠置的河流—三角洲—湖泊沉积体系。总体上看，从长 9 油层组至长 4+5 油层组都具备有机质富集及石油生成、运移和聚集的条件。本次研究按照有机地球化学的思维方式，在重新定义油源岩的基础上，把盆地成油成藏作为一个完整的石油地质过程，归纳了鄂尔多斯盆地延长组油源岩的成油成藏条件。

（1）盆地持续沉降阶段是油源岩形成和石油初次运移成藏的重要阶段。

盆地持续沉降阶段是盆地内部各种沉积物质的积累过程，也是这些沉积物质在物理和化学作用下的能量转化和能量积累过程。其物理及化学作用的特点是物质持续加载增压，地层温度随着埋深的增加逐渐增大，油源岩中的有机质在温压条件及催化条件下逐渐成熟转化生油，并且在压力驱动下，泥岩中生成的石油逐渐向上下接触的砂岩中运移，形成自生自储的页岩油藏。但由于盆地在持续沉降阶段没有卸压条件，盆地整体处于封闭体系，石油尚未开始大规模运移。

延长组沉积期鄂尔多斯盆地正处于持续沉降的发展阶段，主要堆积了湖相暗色泥质岩和三角洲相砂质岩，为主力油源岩的形成和发育提供了充足的物质基础。沉积物质不断积累的过程也是湖盆逐渐加载增压的过程。至中侏罗世末期，伴随盆地的持续加载增压，延长组泥岩、油页岩中富含的有机质逐渐开始向成熟转化。此时，长 7 油层组埋藏深度在 1400m 左右，地温梯度为 $4\sim4.5℃/100m$，$R_o>0.6\%$，古地温约为 70℃，有机质已经进入低成熟阶段。并且受燕山运动中幕的影响，盆地内断裂活动和火山活动有所加强，地层中积累了大量的热能，有机质在热催化作用下开始生油转化，在生油增压作用下延长组泥岩内部逐步形成异常高压，泥岩与其上下接触的砂岩层之间的压差为石油初次运移提供了有利的动力条件。泥岩中生成的石油在邻近接触的砂岩层中就近成藏，形成页岩油藏。庆城油田长 7 油层组的页岩油藏就是典型的例子。

(2)盆地上升剥蚀阶段是延长组石油实现二次运移成藏的关键时期。

盆地上升剥蚀阶段，盆地处于卸载减压的物理场背景下，油源岩上覆地层遭受剥蚀，厚度减薄，有效应力减小。由于砂岩层具有弹性物质特点，只要加载量不超过弹性形变极限，外力卸载后就会产生向原始状态复原的回弹现象，进而造成砂岩孔隙内产生负压。砂岩回弹产生的负压与砂岩回弹量呈正相关关系，砂岩回弹量又与剥蚀厚度呈正相关关系。通常盆地构造抬升造成盆地边缘斜坡的剥蚀厚度最大，向湖心方向剥蚀厚度逐渐减小，由此造成盆地边缘斜坡的砂岩回弹量较大，而油源岩发育区的砂岩实际回弹量较小，进而导致盆地边缘斜坡砂岩层的压降大于油源岩发育区砂岩层的压降。在压差作用下，油源岩中生成的石油在连通砂体内向压力减小方向二次运移，最终在保存条件良好的圈闭内聚集成藏，形成常规油藏。

鄂尔多斯盆地晚侏罗世至早白垩世在燕山运动的背景下经历了整体构造上升，盆地的东、西缘和南、北缘产生强烈挤压，西缘继续受到向东的逆冲作用，东部隆起带向西推进，使山西地块被掀起，在鄂尔多斯盆地范围内形成一个西倾大单斜。在这次上升剥蚀过程中，盆地物理场性质由持续沉降的加载增压过程转变为上升剥蚀的卸载减压过程，对盆地内生成石油的初次运移、二次运移及石油成藏过程产生了积极的诱导作用，延长组的油源岩进入生排油的高峰期。靖安油田长 2 油藏就是典型的例子。

(3)河流—三角洲沉积体系是延长组油源岩成油成藏的有利目标主体。

湖盆缓坡地带发育的诸多河流—三角洲沉积体系，是集生油、储集、运移、聚集成藏一体化的含油系统，是油源岩成油成藏的有利目标主体。河流—三角洲沉积体系堆积了富含有机物的泥岩（或页岩），以及孔渗条件良好的砂岩。富含有机物的泥岩（或页岩）既可以生油，又可以作为盖层，砂岩既是储层，又是石油运移的通道。三角洲沉积体系进积退积的沉积变化，在纵向沉积剖面上呈现出泥岩与砂层互层，靠近湖心方向多以泥岩夹砂岩为主，向湖岸方向则以砂岩夹泥岩为主。泥岩夹砂岩的岩石组合或垂向上一套砂岩和泥岩的互层，既构成了生油凹陷内的油源岩，又是自生自储的页岩油藏；如果页岩油藏中的储油砂岩，与河流—三角洲沉积体系的缓坡砂岩体相通，石油经二次运移就可以在斜坡地带的各类圈闭内聚集成藏，形成若干常规油藏。

延长组沉积期鄂尔多斯盆地经历了从滨浅湖到半深湖—深湖再到浅湖的变化过程，环湖发育多个物源方向的曲流河三角洲群、辫状河三角洲群以及扇三角洲群，围绕湖盆中心在三角洲向半深湖过渡带形成了多个层系的砂泥岩互层叠置的河流—三角洲沉积体系。鄂尔多斯盆地以河流—三角洲沉积体系为目标主体陆续发现了盆地东北部的陕北大油区、西北部的姬塬油田、西南部的陇东油田、中部的华庆油田等十亿吨级的大油田。

（4）富有机质泥岩互层叠置的砂岩夹层对油源岩实现生油转化和运移成藏具有重要的控制作用。

本次研究将地质条件下能够生成、运移和聚集成商业性油藏的砂泥岩互层组合定义为有效油源岩具有两个方面的实质内涵：一是将每个油层组富有机质的泥岩与孔渗条件较好的砂岩作为一个有机整体进行油源岩评价；二是将油源岩的成油和成藏过程作为一个完整的石油地质过程进行评价。这里之所以要强调油源岩中必须要有砂岩，就是因为砂岩夹层对油源岩实现生油转化和运移成藏具有重要的控制作用。在纯泥岩构成的油源岩中，有机质热解生成的石油是以分散油珠的状态赋存在泥岩孔隙中的，分散油珠如果没有空间，没有卸压区，就难以汇集成流，无法实现初次运移，而砂岩夹层的存在一方面能够为生成的石油提供有效的储集空间，促进生油反应的持续进行，另外一方面砂泥岩之间形成的压差可以促使泥岩中分散的油珠汇集成流，石油在压差驱动下可以实现初次运移。因此，砂泥岩互层的岩性组合本身既是油源岩，同时又是页岩油藏。

对于河流三角洲沉积体系下发育的长9油层组至长4+5油层组油源岩而言，半深湖泥页岩与三角洲前缘砂体或深水浊积岩在垂向上互层叠置，砂地比为25%~45%，泥岩中化石丰富，富含介形类、叶肢介类、介形虫、双壳类、弓蛟鱼等动物化石，有机质丰度高；前缘砂体中以块状长石砂岩与岩屑砂岩为主，物性普遍较好。半咸水—咸水环境下的湖生生物群种可以为油源岩中有机质的形成提供有利的物质条件，河流—三角洲体系沉积的互层叠置的砂泥岩组合可以为油源岩中有机质的生油转化提供有利的空间条件，砂泥岩之间形成的孔隙流体压差可以为生成的石油实现运移成藏提供有利的动力条件。

综上所述，鄂尔多斯盆地的石油地质演化过程总体经历了持续沉降、整体上升和萎缩调整三个发展阶段，盆地在持续沉降阶段实现了能量的积累，是陆相油源岩成油和初次运移成藏的主要阶段；盆地在整体上升阶段实现了能量的释放，是陆相油源岩大规模运移成藏的关键时期；盆地在全面萎缩阶段实现了能量的调整，不仅有新的油藏形成，而且也能促进老油藏进一步充实和完善。因此，盆地的成油成藏过程是贯穿成盆演化全生命周期的一个石油地质过程，在整个成盆成油成藏过程中，河流—三角洲沉积体系与油源岩的形成及石油的生排运聚过程密切相关。

第7章 四川盆地侏罗系油源岩特征

四川盆地位于川渝地区，包括四川省东部、重庆市大部和湖北、贵州及云南三省边界地带，面积约 $20 \times 10^4 km^2$。盆地呈菱形，四周为高山环绕，西北为龙门山，东北为大巴山，西南为大凉山，东南为大娄山，盆地内部为低山和丘陵。根据2011年盘昌林的资料，四川盆地内部可以划分为6个一级构造单元，即川东高陡断褶带、川南低陡弯形带、川北低缓带、川中平缓带、川西南低缓褶皱带、川西低陡带（图7.1）。

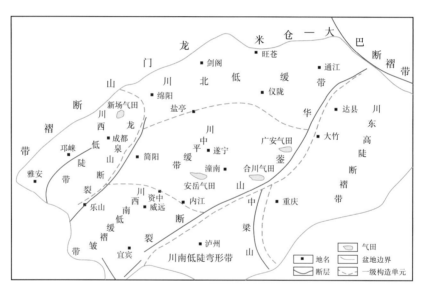

图7.1 四川盆地构造分区略图（据盘昌林，2011，有修改）

四川盆地是古生代海相沉积为主和中、新生代陆相沉积为主的复合型含油气盆地。震旦系—下古生界为稳定地台型沉积，志留纪末的加里东运动使盆地整体上升遭受剥蚀，盆地内基本缺失泥盆系。从石炭纪开始直到中三叠世又沉积了一套地台型海相地层，中三叠世的印支运动使盆地的海水全部退出。这一时期沉积的地台型海相地层中含有丰富的油气资源，但由于有机质热演化的程度较高，许多海相油藏中的石油已经热解形成了天然气。因此整个四川盆地的震旦系、石炭系、三叠系等海相碳酸盐岩均是含气层系，这些

100

天然气资源主要分布在川东高陡褶皱带、川南低陡弯形带和川西南低缓褶皱带。晚三叠世开始，四川盆地进入内陆湖盆沉积阶段，发育了一套晚三叠世至第四纪的陆相地层（图7.2）。其中，上三叠统须家河组是一套砂岩、页岩

地层					岩性剖面	区域厚度/m	岩性综合描述	构造运动	沉积相
界	系	统	组	段	代号				
中 生 界	白垩系	下统			(K₁)		0~700	深红、灰色泥岩与黄灰、棕、灰白色砂岩、粉砂岩不等厚互层。与下伏地层呈平行不整合接触	燕山中幕	河湖
	侏罗系	上统	蓬莱镇组		(J₃p)	1000~1400	上部为(粉)灰色细砂岩、粉砂岩与棕褐色(粉砂岩)泥岩等厚互层；中部为棕褐色(粉砂泥)泥岩与(褐)灰色细砂岩、粉砂岩等—不等厚互层；下部为棕褐色(粉)泥岩夹(褐)泥岩、粉砂岩。与下伏地层呈整合接触	燕山早幕	河湖
			遂宁组		(J₃sn)	300~350	棕、紫棕、棕红色泥岩、粉砂质泥岩为主，黑棕灰色粉砂岩、泥质粉砂岩。与下伏地层呈整合接触		湖泊
		中统	上沙溪庙组		(J₂s)	1300~1600	上部褐灰、浅灰、浅黄灰色粉砂岩、细砂岩与暗棕、棕色泥岩等厚互层；下部浅灰、浅黄灰色高—中砂岩与棕、暗棕色泥岩等厚互层，泥岩普含钙质团块，为绿灰色斑团。与下伏地层呈整合接触		河湖
			下沙溪庙组		(J₂x)	300~350	紫红、暗紫红、棕紫色泥岩、粉砂质泥岩与浅灰、灰绿色细砂岩不等厚互层		河湖
		下统	千佛崖组	三段	(J₂q₃)	50~100	棕色、灰色泥岩与粉砂质泥岩、浅灰、灰绿色细砂岩互层（简称上杂色段）		河湖
				二段	(J₂q₂)	100~150	深灰、黑灰—黑色页岩与砂岩不等厚互层（简称中黑色段）		湖泊
				一段	(J₂q₁)	20~60	棕色、灰色泥岩与粉砂质泥岩、浅灰、灰绿色岩屑长石砂岩互层（简称下杂色段）		河湖
			自流井组	四段	(J₁z₁)	70~100	褐灰、灰色介壳灰岩、泥灰岩与黑色页岩、泥岩及绿灰钙质粉砂岩互层		河湖
				三段	(J₁z₃)	60~150	灰、深灰色泥岩、粉砂质泥岩与绿灰色粉砂岩、泥质粉砂岩互层		
				二段	(J₁x₂)	30~60	灰黑、深灰色页岩、泥岩、粉砂质泥岩，夹灰色粉砂岩		
				一段	(J₁s₁)	200~300	黑色、灰黑色页岩与灰色、黑灰色含粉砂泥岩、粉砂质泥岩夹浅灰色细粒石英砂岩、深灰色含泥质粉砂岩，底部为杂色砾岩、砂砾岩与深灰、灰灰色页岩不等厚互层。与下伏地层呈平行不整合接触	印支晚幕	
中 生 界	三叠系	上统	须家河组	五段	(J₃x₅)	60~100	灰黑色页岩、粉砂质页岩与灰色粉砂岩、粉砂岩不等厚互层，夹黑色煤层（煤段）	印支中幕	湖泊及三角洲
				四段	(J₃x₄)	50~100	以灰色含砂岩和灰色钙质中—细砂岩为主，中部夹灰黑色泥岩		
				三段	(J₃x₃)	60~120	灰黑色泥岩、粉砂质泥岩与灰色粉砂岩、细砂岩不等厚互层，夹黑色煤层（煤段）		
				二段	(J₃x₂)	150~300	上部黑色、浅灰色中粒、细粒岩屑石英砂岩、灰色细砂岩、灰色钙屑岩夹灰黑页岩；中部为灰黑色泥岩、粉砂质页岩与灰色细粒岩屑砂岩、粉砂岩略不等厚互层；下部为灰色细粒岩屑砂岩、钙质砂岩夹灰黑色页岩		
				一段	(J₃x₁)	30~100	灰黑色页岩与深灰色粉砂岩、细砂岩略不等厚互层。与下伏地层呈角度不整合接触	印支早幕	
		中统	雷口坡组	四段	(J₂l₄)	80~150	深灰、灰色泥微晶白云岩		蒸发台地

图7.2 四川盆地中生界典型剖面与侏罗系地层特征（据杨帅，2014）

互层夹煤层的地层，是川西低陡带寻找陆相天然气藏的主要目的层。下侏罗统自流井组大安寨段以暗色泥岩夹介壳灰岩为主，是川中平缓带寻找陆相油田的主要目的层。本书以四川盆地川中阆中至南部地区发育的大安寨段的实际资料为例，剖析四川盆地侏罗系油源岩特征。

7.1 四川盆地陆相沉积阶段的演化特征

根据中国石化西南油气分公司勘探开发研究院的资料，四川盆地侏罗系地层划分如表 7.1 所示。

表 7.1 四川盆地侏罗系地层划分

白垩系			剑门关组/苍溪组		
侏罗系	上统		蓬莱镇组	莲花口组	
			遂宁组		
	中统		上沙溪庙组		
			下沙溪庙组		
		千佛崖组	新田沟组	凉高山组	
	下统	自流井组	白田坝组	大安寨段	
				马鞍山段	
				东岳庙段	
				珍珠冲段	
上三叠统			须家河组		
			小塘子组		
			垮洪洞组		

侏罗系总体保存完整，现将侏罗系各统、组、段简述如下：

下统：自流井组自下而上依次为珍珠冲段、东岳庙段、马鞍山段、大安寨段。其中，珍珠冲段为一套杂色砂泥岩互层。东岳庙段为深色泥岩、页岩夹介壳灰岩沉积。马鞍山段为杂色、红色砂泥岩互层为主，北部至盆地边界处湖水变深，砂泥岩逐渐变为灰色及灰黑色为主。大安寨段是四川盆地侏罗系主力油源岩。

中统：自下而上依次为千佛崖组、下沙溪庙组、上沙溪庙组。其中，千佛崖组主要为杂色页岩、泥岩夹砂岩为主的一套曲流河三角洲沉积。下沙溪庙组为紫红色泥岩与灰绿色砂岩呈不等厚互层。上沙溪庙组为浅灰色砂岩和棕色泥岩互层。

上统：自下而上依次为遂宁组、蓬莱镇组。其中，遂宁组为紫红色泥岩、页岩夹砂岩为主。蓬莱镇组以一套砂岩为主，除川西地区中部保存较完整以外，其他地区均遭受剥蚀。

四川盆地白垩系—新生界主要分布在川西北地区，川东地区则已持续上升，其他地区仅有零星分布。

四川盆地陆相沉积阶段的演化大体经历了以下三个发展过程：

7.1.1　盆地持续沉降发展阶段——能量积累过程

这一发展阶段是从晚三叠世须家河组沉积期至侏罗纪末期。主要发育了一套内陆河流—三角洲相和湖相的砂泥（页）岩互层沉积。其中上三叠统须家河组夹有黑色页岩和煤层，是川西地区主要的气源岩。下侏罗统自流井组夹有介壳灰岩，是川中地区的油源岩，特别是大安寨段的泥（页）岩夹介壳灰岩的地层，是川中陆相油田的主力油源岩。这一沉降阶段的地层厚度为3780~5330m，其中上三叠统须家河组厚度为350~720m，侏罗系厚度为3430~4610m。侏罗纪末期，上三叠统须家河组的气源岩已进入大量生气阶段。下侏罗统自流井组大安寨段的主力油源岩也已进入大量生油阶段。

7.1.2　盆地整体上升遭受剥蚀发展阶段——能量释放过程

侏罗纪末期四川盆地整体上升遭受剥蚀，盆地北部、东部及南部的蓬莱镇组均保存较少，仅在川西地区中部保存较为完整。这一阶段盆地整体上升遭受剥蚀的时间长达10Ma以上，由于盆地长时间处于卸载减压状态，使盆地的油源岩及储集岩内部积累的各种能量得以充分的释放，已进入大量生油阶段的油源岩中的石油先后完成初次运移和二次运移，因此这一发展阶段是盆地油气藏形成的主要时期。

7.1.3　盆地全面萎缩阶段——能量调整过程

这一阶段是从白垩纪至第四纪，标志着四川盆地全面萎缩直至消亡。这一发展阶段的主要特点是盆地频繁升降过程，多次接受沉积又多次遭受剥蚀，以达到与周边地质体的物质平衡及盆地内物理场和化学场的平衡。因此，这一发展阶段是盆地内所有的油气藏最终的完善和定型期。

7.2　四川盆地侏罗系主力油源岩特征

四川盆地下侏罗统自流井组，是寻找陆相石油和天然气的主要目的层。自流井组包含四段地层中，珍珠冲段和马鞍山段不具备生油气条件，东岳庙段的干酪根属Ⅲ型，是主力气源岩，只有大安寨段具有生油能力，是四川盆地主力油源岩。本书以四川阆中—南部地区的大安寨段为实例，剖析四川盆地侏罗系主力油源岩特征。

7.2.1　沉积环境及生物地理分区

在2003年石油工业出版社出版的《中国北方侏罗系》一书的第二分册《古环境与油气》中，作者根据中国北方侏罗系沉积盆地的古生物化石和沉积特征，并参照生物相模式，划出了早、中、晚侏罗世的生物地理分区。将中国侏罗纪沉积盆地从西部到东部，依次划分为环特提斯生物地理区、滨太平洋生物地理区、乌苏里湾生物地理区（图7.3、图7.4、图7.5）。同时将四川盆地划入环特提斯生物地理区，这说明四川盆地与中国西北部的新疆、青海、甘肃、内蒙古西部以及鄂尔多斯和河南西部的诸多侏罗系盆地，同属相同大地构造背景的沉积环境和温暖潮湿的气候条件。因此，四川盆地早侏罗世，各种生物繁盛，尤其发育丰富的半咸水—咸水环境的双壳类、叶肢介、轮藻等水生动植物，为大安寨段油源岩提供了优质的物质基础。

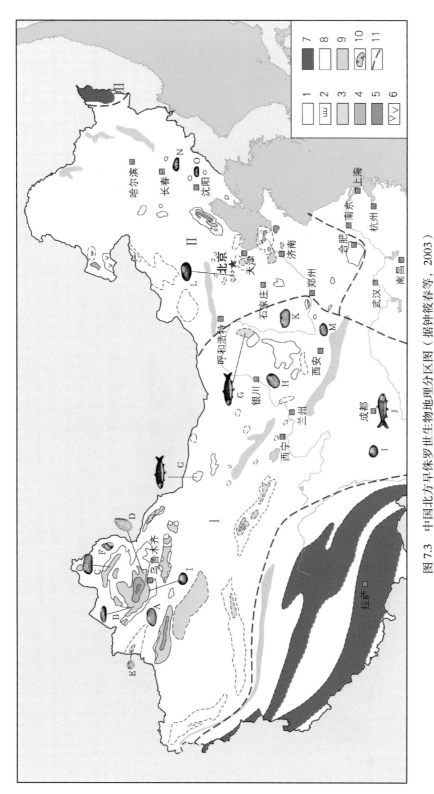

图 7.3 中国北方早侏罗世生物地理分区图（据钟筱春等，2003）

I—环特提斯生物地理区；II—滨太平洋生物地理区；III—乌苏里湾生物地理区；1—河流相；2—沼泽相；3—滨、浅湖相；4—浅湖相；5—较深湖相；6—火山岩分布区；7—海相；8—古高地；9—古山脉；10—古突起；11—生物地理分区线

A—*Unio manasensis*；B—*Unio zhungarica*；C—*Margaritifera delunshanensis*；D—*Waagenoperna mytiloides*；E—*Illiestheria nikaensis*；F—*viviarus shanbeiensis*；G—*Yuchoulepis gansuensis*；H—*Eosolimnadiopsis shanbeiensis*；I—*Palaeolimnadia sichuanensis*；J—*Yuchoulepis szechuanensis*；K—*Unio cf. lucaogouensis*；L—*Yananoconcha bella*；M—*Unio cf. girgaritica*；N—*Darwinula taochuanensis*；O—*Darwinula longorata*

105

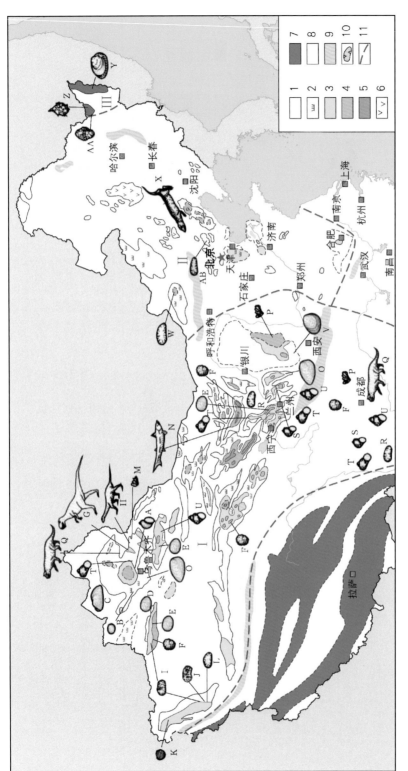

图7.4 中国北方中侏罗世生物地理分区图（据钟筱春等，2003）

I —环特提斯生物地理区；II —滨太平洋生物地理区；III —乌苏里湾生物地理区；1—河流相；2—沼泽相；3—滨、浅湖相；4—浅湖相；5—较深湖相；6—火山岩分布区；7—海相；8—古高地；9—古山脉；10—古突起；11—生物地理分区线

A—Lioplacodes orientalis；B—Triglypta manasensis；E—Sinokontikia lianmuqinensis；F—Aclistochara jiangyouensis；
G—Monolophosaurus jiangi；C—Unio karamaica；D—Psilunio manasensis；K—Xinjiangichara wuqiaensis；M—Ceratodus；
N—Hybodus；I—Bisulcocypris nodifera；J—Mandelstamia sp.；L—Timiriasevia incongnata；T—Amplovalvata jingguessis；
O—Psilunio jinyuanensis；P—Ceratodus szechuanensis；R—Darwinula yunlongensis；S—Viviparus jingguensis；
U—Lioplacodes yunnanensis；Q—Bienotheroides zigonensis；X—Yabeinosaurus tenuis；Y—Palaeonucula makitoensis；Z—Pareodinia ceratophora；
V—Psilunio trigonus；W—Darwinula erenhotensis；AA—Chytroeisphaeridia scabrata；AB—Darwinula xiaofanzhangziensis

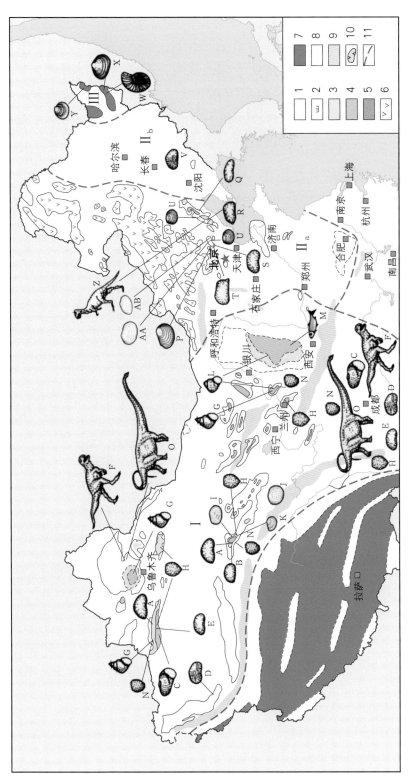

图 7.5　中国北方晚侏罗世生物地理分区图（据钟筱春等，2003）

I—环特提斯生物地理区；II—滨太平洋生物地理区；a. 内陆生物地理区；b. 近海小区；III—乌苏里湾生物地理区；

1—河流相；2—沼泽相；3—滨、浅湖相；4—浅湖相；5—较深湖相；6—火山岩分布区；7—海相；8—古海相；9—古高地；10—古突起；11—生物地理分区线；

A—Djungarica procera；B—Djungarica tumida；C—Valvata zhongjiangensis；D—Cetacella inermis；E—Djungarica yunnanensis；F—Sinraptor dongi；G—Pseudamnicola acuta；
H—Aclistochara yunnanensis；I—Qinghaiestheria hungshuigouensis；J—Mangyalimnadia；K—Darwinula vangshulingensis；L—Amnicola kushixiaensis；M—Baleiichthys antingensis；
N—Aclistochara jiangyouensis；O—Mamenchisaurus；P—Pseudograpta orbita；Q—Darwinula rangshulingensis；R—Eoparacypris obesa；S—Djungarica cf. yunnanensis；
T—Luanpingella postacuta；U—Nestoria reticularia；V—Cetacella substriata；W—Arctocephalites (Canocephalites) hulinensis；X—Mesosaoella morrisi；Y—Buchia fisheriana；
Z—Chaoyangsaurus；AA—Arguniella lingyuanensis；AB—Arguniella cf. yanshan

107

7.2.2 大安寨段地层及沉积相特征

大安寨段沉积时期，四川内陆湖盆处于构造发育的稳定期，没有明显的外部物源体系，主要为浅湖相和半深湖相沉积。大安寨段厚度大致为 $80 \sim 90m$，自上而下细分为大一亚段、大二亚段和大三亚段：大一亚段主要为灰色、褐灰色泥晶介壳灰岩、碎屑介壳灰岩夹灰黑色页岩薄层。介壳多为双壳类，含量高达 $85\% \sim 95\%$，多为大小不一的碎片，呈平行排列，厚度约为 $38m$。大二亚段主要为灰黑色页岩与灰色碎屑介壳灰岩呈不等厚互层，页岩单层厚度为 $2.5 \sim 8.5m$，累计页岩厚度占该亚段厚度的 90% 左右，是大安寨段主要的油源岩，该亚段厚度约为 $35m$。大三亚段主要为灰色泥晶介壳灰岩与灰黑色页岩互层，介壳多为双壳类，含量为 $60\% \sim 80\%$，多为大小不一的碎片，呈平行排列，厚度较薄仅为 $12m$ 左右。

本区大安寨段沉积时期，为浅湖、半深湖相的介屑滩与浅湖、半深湖泥的沉积环境，纵向上从大三亚段至大一亚段，表现为湖侵—最大湖侵—湖退的特征，沉积相由浅湖—半深湖—浅湖变化。沉积相的划分和特征见表7.2、表7.3。

表 7.2 阆中—南部地区大安寨段地层沉积相划分简表

沉积相	亚相	微相	发育层系
湖泊	浅湖	滩核	大一至大三亚段
		滩缘	大一至大三亚段
		浅湖泥	大一至大三亚段
	半深湖	滩前湖坡	大二亚段
		半深湖泥	大二亚段

沉积相的古地理分区见图7.6。大安寨段各亚段的沉积相分布特点见图7.7、图7.8、图7.9。

沉积相的划分主要选取岩心观察、测井相与沉积相分析和地震相与沉积相分析资料，最终确定各亚段的沉积相类型（图7.10、图7.11、图7.12）。

表 7.3　阆中—南部地区大安寨段沉积相特征

相	湖泊				
亚相	浅湖			半深湖	
微相	滩核	滩缘	浅湖泥	滩前湖坡	半深湖泥
水深/m	0~10	0~10	5~10	10~20	10~20
岩石类型	介屑灰岩	含泥介屑灰岩、泥质介屑灰岩	页岩、泥页岩	含泥介屑灰岩、泥质介屑灰岩夹页岩	页岩、泥页岩
颜色	灰色—深灰色	灰色—深灰色	深灰色—灰黑色	灰黑色—黑色	灰黑色—黑色
层理构造	块状	波状层理	水平层理、泄水构造、包卷层理	水平层理、波状层理、变形条带状层理	水平层理、粒序层理、生物扰动构造
测井曲线特征	20API<GR<55API 45μs/m<AC <65μs/m	55API<GR<75API 65μs/m<AC <85μs/m	75API<GR<105API 85μs/m<AC <110μs/m	55API<GR<105API 65μs/m<AV <110μs/m	85API<GR<140API 90μs/m<AV <105μs/m
沉积环境	能量最高	能量中	弱还原—还原、能量较低	还原—强还原、能量最低	

　　大安寨段油源岩的岩性相对简单，主要由介壳灰岩与黑色页岩组成。沉积环境属稳定的浅湖相和半深湖相沉积，主要受湖平面升降和湖水深浅变化控制。这些特点从大安寨段各亚段的五级层序特征上表现明显：

　　大三亚段沉积期为湖侵期，表现为介壳滩和湖泥交替的湖侵层序，为介壳灰岩—黑色页岩和泥质介壳灰岩—黑色页岩旋回，测井特征表现为自然伽马由高向低转变，电阻率由低向高转变。

　　大二亚段沉积期为最大湖侵期，表现为黑色页岩与含泥质的介壳灰岩，层序为含泥质介壳灰岩—黑色页岩旋回，测井曲线上自然伽马值由高向低转变，电阻率值由低向高转变。

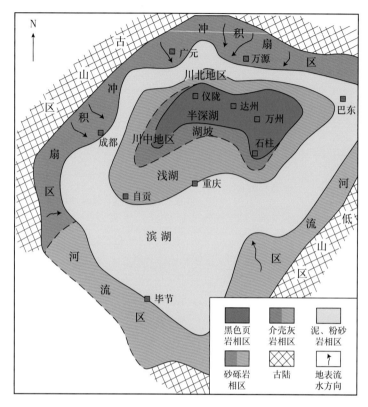

图 7.6 四川盆地大安寨段沉积期古地理略图（据卢炳雄等，2014）

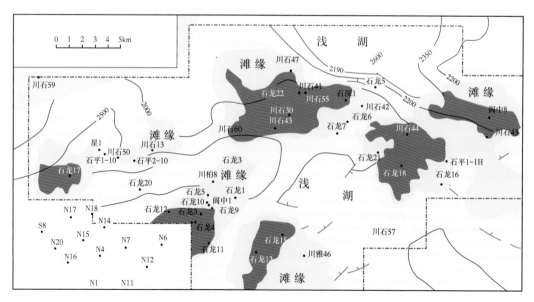

图 7.7 阆中—南部地区大三亚段沉积相平面图（据冯晓明等，2014）

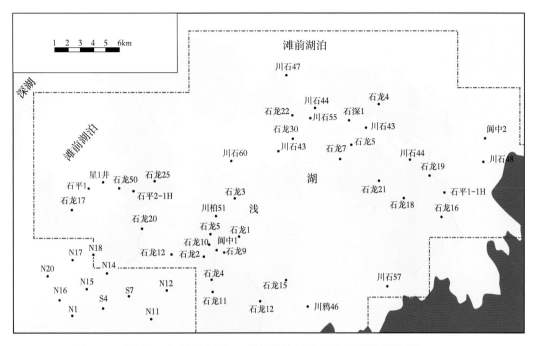

图 7.8　阆中—南部地区大二段沉积相平面图（据冯晓明等，2014）

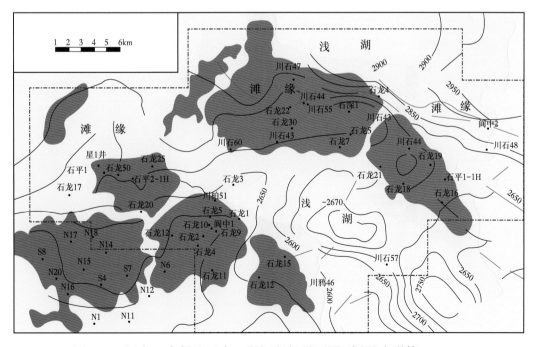

图 7.9　阆中—南部地区大一段沉积相平面图（据冯晓明等，2014）

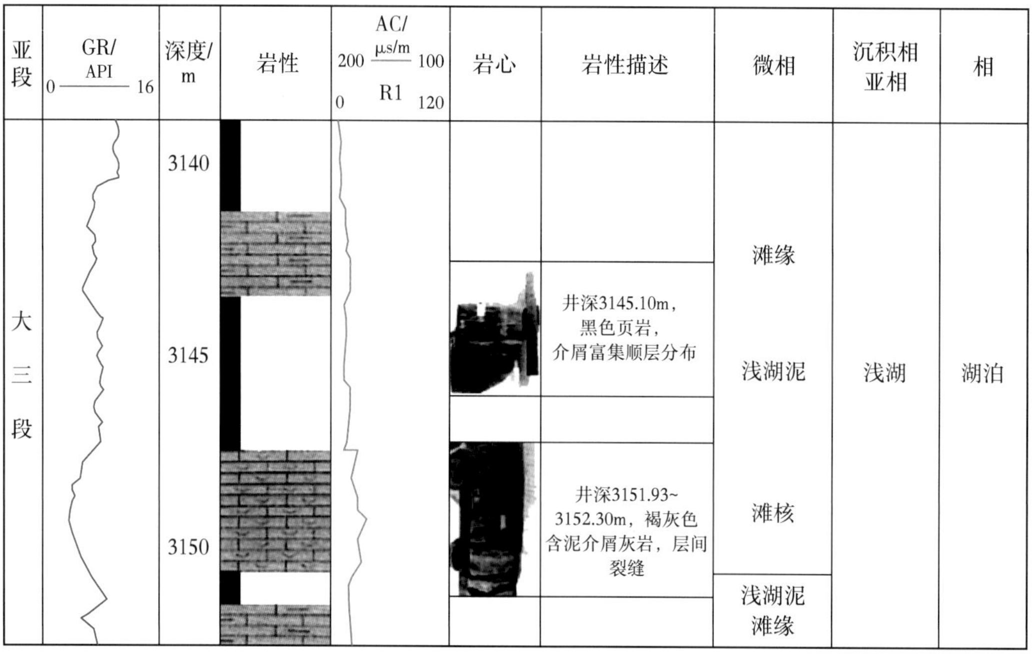

亚段	GR/API 0—16	深度/m	岩性	AC/μs/m 200—100 R1 0—120	岩心	岩性描述	微相	沉积相亚相	相
大三段		3140					滩缘	浅湖	湖泊
		3145				井深3145.10m，黑色页岩，介屑富集顺层分布	浅湖泥		
		3150				井深3151.93~3152.30m，褐灰色含泥介屑灰岩，层间裂缝	滩核		
							浅湖泥滩缘		

图 7.10 大三亚段碳酸盐岩浅湖相岩—电—相模型图(川石 57 井)

(据冯晓明等，2014)

亚段	GR/API 10—150	深度/m	岩性	AC/μs/m 100—30	岩心	岩性描述	微相	沉积相亚相	相
大三段		3130					滩缘夹浅湖泥	浅湖	湖泊
		3140					浅湖泥		
						3153.34~3153.46m，黑色页岩夹条带状泥质介屑灰岩，且层间滑动断面全充填	滩缘夹浅湖泥		
		3150					浅湖泥		
						3159~3159.16m，黑色页岩夹薄层泥质介屑灰岩，且层间滑动断面全充填	滩缘		
		3160					浅湖泥夹滩缘		

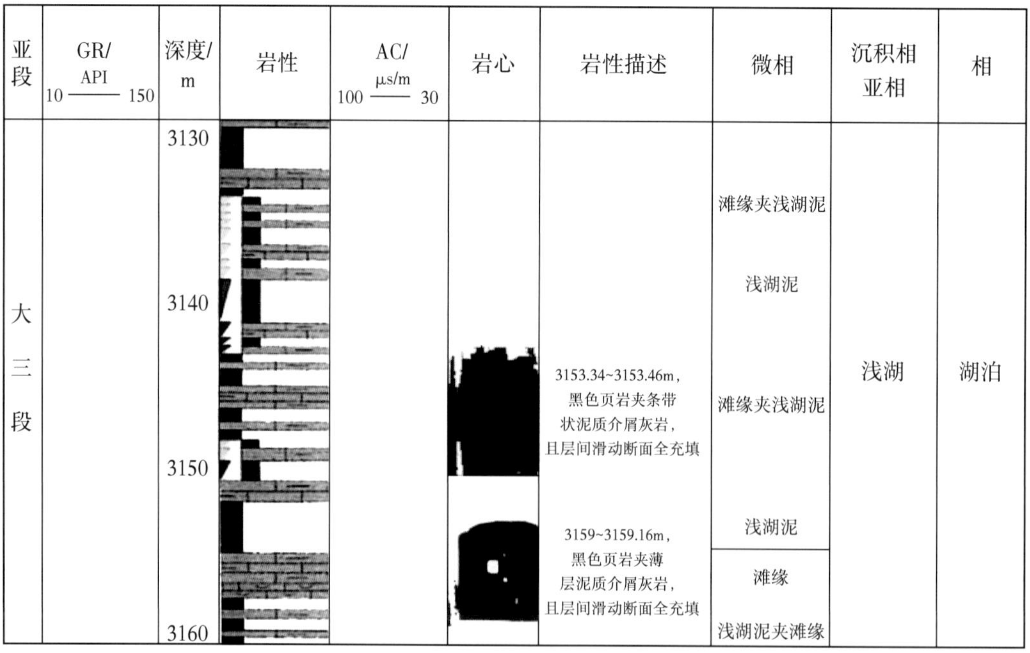

图 7.11 大二亚段碳酸盐岩浅湖相岩—电—相模型(石龙 8 井)

(据冯晓明等，2014)

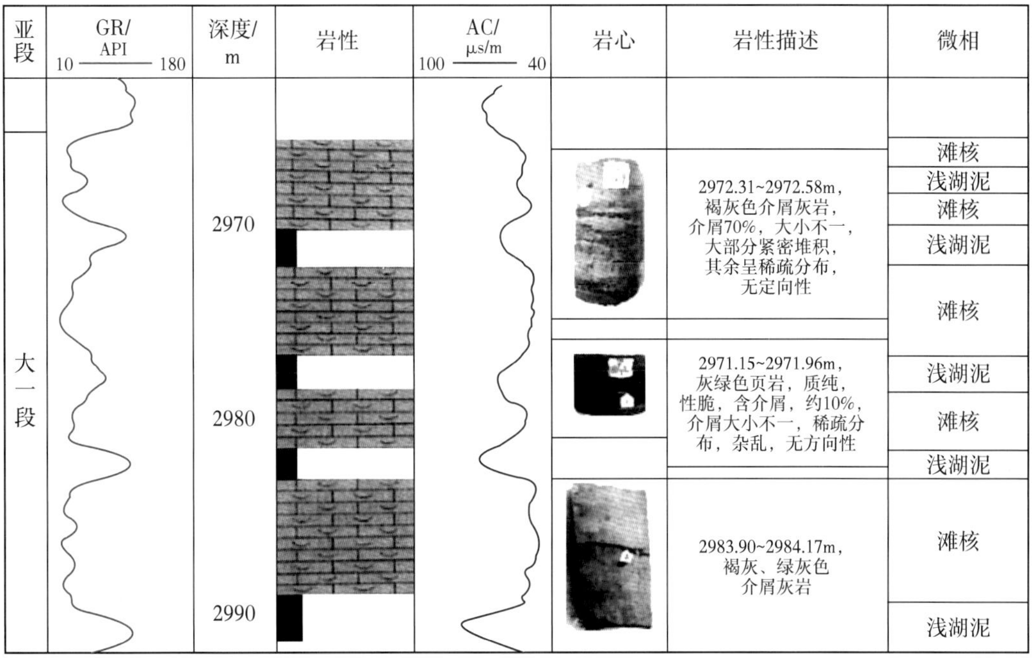

亚段	GR/API 10—180	深度/m	岩性	AC/μs/m 100—40	岩心	岩性描述	微相
大一段		2970				2972.31~2972.58m，褐灰色介屑灰岩，介屑70%，大小不一，大部分紧密堆积，其余呈稀疏分布，无定向性	滩核 / 浅湖泥 / 滩核 / 浅湖泥 / 滩核
		2980				2971.15~2971.96m，灰绿色页岩，质纯，性脆，含介屑，约10%，介屑大小不一，稀疏分布，杂乱，无方向性	浅湖泥 / 滩核 / 浅湖泥
		2990				2983.90~2984.17m，褐灰、绿灰色介屑灰岩	滩核 / 浅湖泥

图 7.12　大一亚段碳酸盐岩浅湖相岩—电—相模型图（石龙 17 井）

（据冯晓明等，2014）

大一亚段沉积期已进入湖退期，岩性和层序为含泥质介壳灰岩—黑色页岩、介壳灰岩—含泥质介壳旋回，测井曲线上自然伽马由高向低转变，电阻率由低向高转变（图 7.13）。

7.2.3　大安寨段油源岩主要特征

大安寨段油源岩厚度约 86m，其中黑色页岩厚约 30m，介壳灰岩厚约 56m。以往传统思维认为，只有黑色页岩是油源岩，介壳灰岩是储集岩。按本书的新思维，大安寨段油源岩应由黑色页岩和介壳灰岩共同组成。黑色页岩是石油生成的母岩，其有机质含量及干酪根类型直接影响生成石油的能力。介壳灰岩与黑色页岩组合特点、介壳灰岩的物性条件及其与黑色页岩之间的孔隙压差的大小，则直接控制黑色页岩的生油量。因此评价大安寨段油源岩的生油潜力时，仅仅评价黑色页岩的有机质含量和干酪根类型是远远不够的，更关键的是介壳灰岩孔隙度和渗透率等物性条件的优劣。黑色页岩与介壳灰岩之间的孔隙压差越大，从黑色页岩中初次运移到介壳灰岩中的石油就越多。

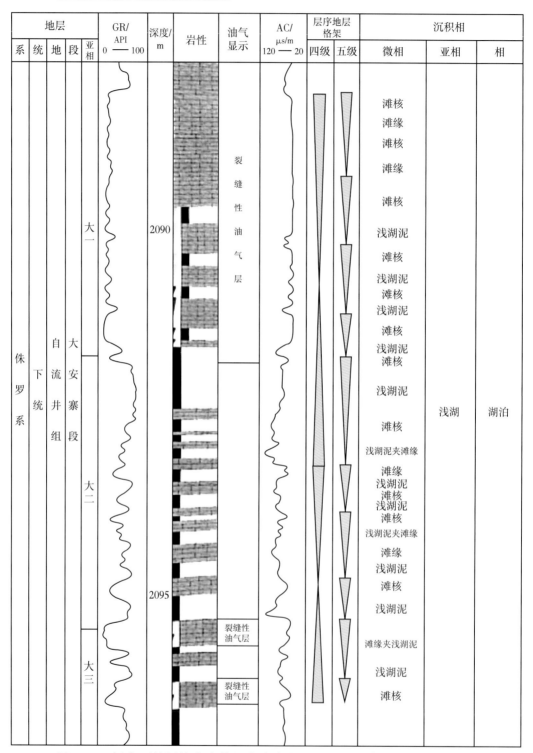

图 7.13 阆中下侏罗统自流井组大安寨段沉积相及层序地层综合柱状图
（石龙 12 井）（据冯晓明等，2014）

根据中国北方早侏罗世生物地理分区，四川盆地早侏罗世时期的沉积环境，与准噶尔、吐哈、柴达木等盆地，同属半咸水—咸水的浅湖至半深湖相沉积，均发育与葡萄藻（Botryococcus）相近似的藻类（Granodiscus），这种藻类具有丰富的有机质和生油能力。大安寨段黑色页岩的有机质含量介于1%~2%和大于2%的占80%以上（图7.14），平均含量为1.33%（周德华等，2020）。干酪根类型以Ⅱ型为主，其中腐泥质平均含量为30.28%；壳质组平均含量为45.28%。大安寨段黑色页岩的矿物组成主要是黏土矿物和石英，其中黏土矿物平均含量41.3%，石英平均含量44.6%，这种矿物组成非常有利于石油的生成和初次运移。特别是黑色页岩中的稀土元素含量较高，这些稀土元素在有机质热解生油过程中，起到重要的催化作用。

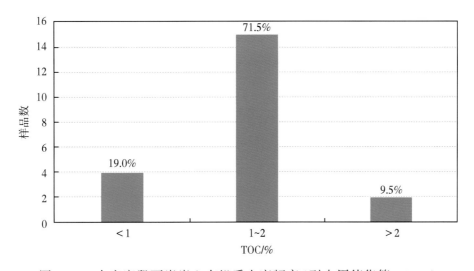

图7.14 大安寨段页岩岩心有机质丰度频率（引自周德华等，2020）

如果从有机地球化学条件分析，大安寨段油源岩具备良好的生油条件，但从石油初次运移的孔隙压差条件来评价的话，大安寨段油源岩存在明显的不足。主要原因是黑色页岩与介壳灰岩均属低孔、低渗的致密岩石，两者之间的孔隙压差很小，黑色页岩内分散的有机质热解生成的点滴石油，很难汇集进入介壳灰岩的孔隙或裂隙中聚集。只有在黑色页岩与介壳灰岩的接触层面附近，介壳灰岩内的孔隙空间和裂隙空间足够大时，在地下地质条件下黑色页岩中已生成的分散状点滴石油，才能在孔隙压差的驱动下，从黑色页岩汇集成流排到相邻的介壳灰岩中，实现石油的初次运移。显然，黑色页岩的物质组成中石英颗粒含量越高，越有利于点滴石油汇集排出。

7.2.4 四川盆地下侏罗统大安寨段油源岩的成藏条件

中国陆相湖盆油源岩的成油成藏类型主要有两种，一是湖泊沉积加河流—三角洲沉积环境形成的页岩油藏和常规油藏，即在湖相沉积环境油源岩已生成的点滴石油如果实现了初次运移，那么油源岩就自身构成了一个页岩油藏，油源岩中的黑色泥（页）岩既是生油岩，又是盖层，油源岩中与黑色泥（页）岩相接触的砂岩（或礁灰岩）就是储油层，因此，在陆相湖盆发育的油源岩，只要实现了石油的初次运移，就标志着页岩油藏的形成。如果页岩油藏中的储油砂岩，与河流三角洲沉积体系的砂岩体相通，那么油源岩已生成的石油就进一步实现了二次运移，并在河流—三角洲砂岩体中适合的圈闭中形成常规油藏。这是中国陆相湖盆沉积环境最常见的一种成油成藏类型。另一种成油成藏类型是纯湖相沉积环境，无外来物源体系，即不存在河流—三角洲沉积体系，单纯由黑色页岩或黑色泥岩夹生物灰岩或礁灰岩构成。四川盆地下侏罗统大安寨段油源岩成藏就属这种类型，也是中国陆相湖盆仅有的一种油源岩与页岩油藏一体化的类型。但这种类型的形成必须满足以下的石油地质条件。

（1）黑色页岩（或泥岩）有机质含量要大于1%，这些分散的有机质在黑色页岩与介壳灰岩的接触面附近相对富集，便于生成的石油向介壳灰岩排出。大安寨段油源岩有机质含量平均达1.33%，黑色页岩与介壳灰岩多呈薄层互层出现，既有利于生油又便于排出。

（2）介壳灰岩的基质孔隙度与黑色页岩的孔隙度相差不大，因此要在二者之间形成较大孔隙压差，实现石油从黑色页岩（泥岩）的初次运移，介壳灰岩必须具备次生孔隙发育、溶洞密度较高、孔径大连通性好、裂缝密度大等物性条件。

（3）介壳灰岩的累积厚度必须大于10m，而且单层的连通性较好。从大安寨段一亚段、二亚段、三亚段的介壳灰岩等值线图及（图7.15至图7.20），可明显看出。

根据大安寨段各亚段的黑色页岩和介壳灰岩的综合评价，就可以对油源岩及页岩油藏的储量潜力做出预测（图7.21至图7.24）。

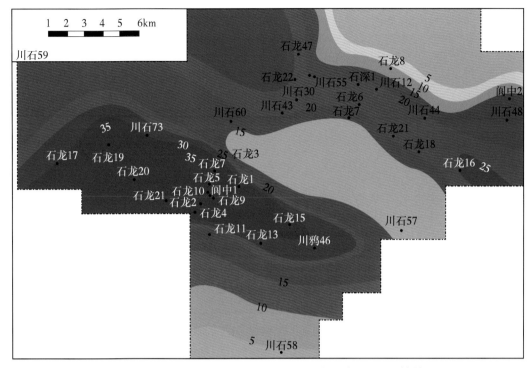

图 7.15　阆中—南部地区大安寨段一亚段介屑灰岩厚度等值线（m）
平面分布图（据冯晓明等，2014）

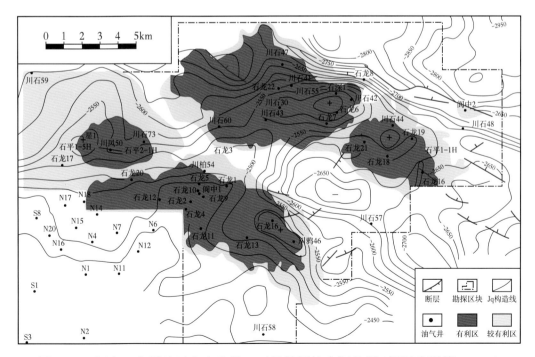

图 7.16　阆中—南部地区大安寨段一亚段储层综合评价图（据冯晓明等，2014）

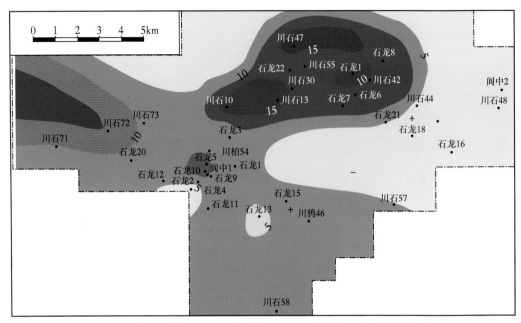

图 7.17　阆中—南部地区大安寨段二亚段介屑灰岩厚度等值线(m)

平面分布图(据冯晓明等，2014)

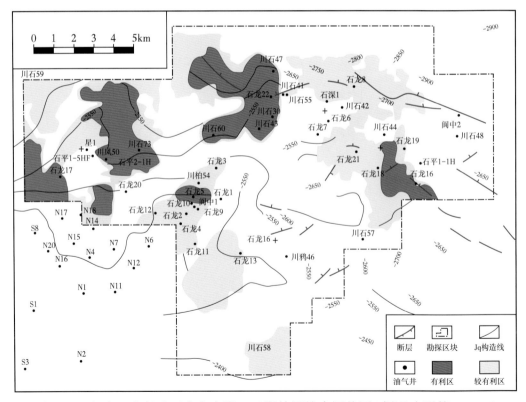

图 7.18　阆中—南部地区大安寨段二亚段储层综合评价图(据冯晓明等，2014)

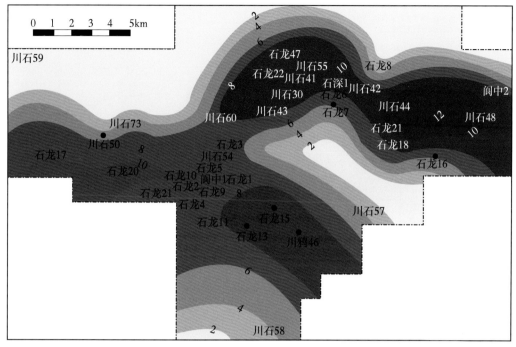

图 7.19　阆中—南部地区大安寨段三亚段介屑灰岩厚度等值线(m)
平面分布图(据冯晓明等，2014)

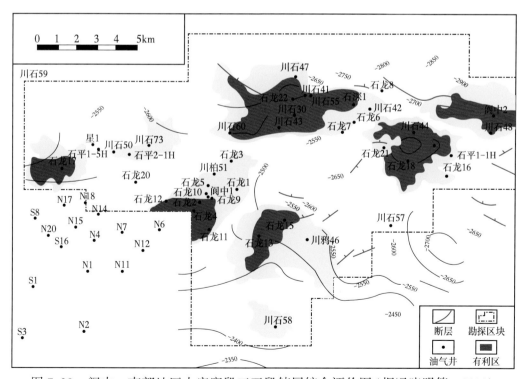

图 7.20　阆中—南部地区大安寨段三亚段储层综合评价图(据冯晓明等，2014)

119

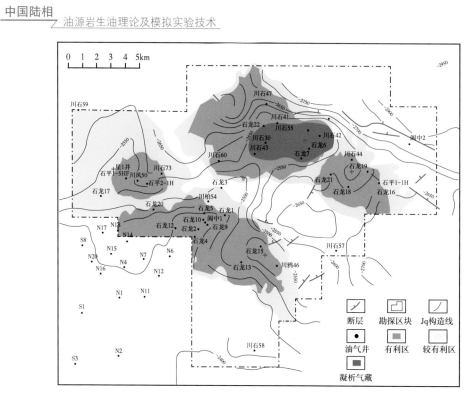

图 7.21 阆中—南部地区大安寨段一亚段潜力区预测储量分布图（据冯晓明等，2014）

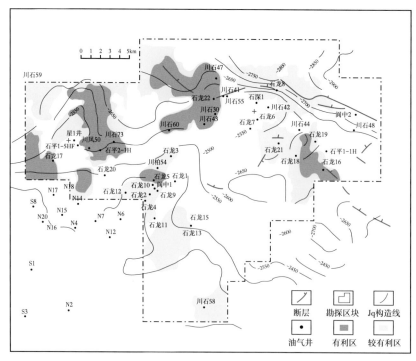

图 7.22 阆中—南部地区大安寨段二亚段潜力区预测储量分布图（据冯晓明等，2014）

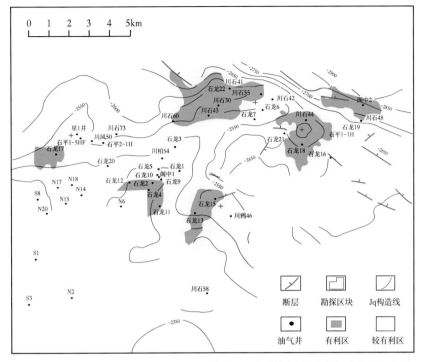

图 7.23 阆中—南部地区大安寨段三亚段潜力区预测储量分布图(据冯晓明等,2014)

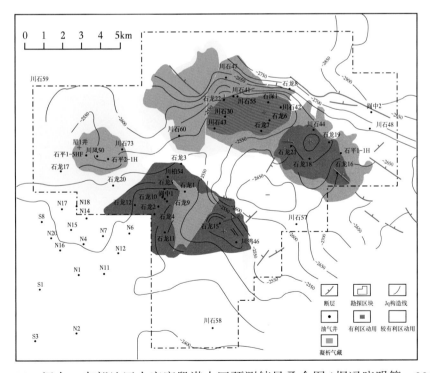

图 7.24 阆中—南部地区大安寨段潜力区预测储量叠合图(据冯晓明等,2014)

第8章　松辽盆地白垩系油源岩特征

松辽盆地位于中国东北部，包括黑龙江省中部、吉林省西部、辽宁省北部和内蒙古自治区东南部。盆地面积约为 $26 \times 10^4 \mathrm{km}^2$，其中南北长约700km，东西宽约370km（图8.1）。盆地内包括7个一级构造单元，分别为西部斜坡带、北部倾没带、中央坳陷带、东北隆起带、东南隆起带、西南隆起带、开鲁坳陷。盆地基底为古生代和前古生代变质岩系，沉积盖层主要为侏罗系、白垩系、古近系、新近系及第四系组成。其中，白垩系是最主要的沉积层系和含油层系。

图8.1　松辽盆地构造分区略图（据田在艺等，1996）

松辽盆地是从晚侏罗世开始形成的中—新生代陆相沉积盆地。白垩纪是盆地主要发育时期，沉积物厚度大，分布广泛，发育齐全，是中国陆相白垩系发育最完整的地区。下白垩统包括火石岭组、沙河子组、营城组、登娄库组、泉头组。其中火石岭组、沙河子组、营城组以火山岩、火山碎屑岩及断陷湖盆水下陆源沉积为主。登娄库组以断陷—断坳过渡阶段的粗粒碎屑岩为主，厚度可达1700m，与下伏营城组为不整合接触。泉头组以断陷过渡到整体坳陷早期的河湖相杂色细粒碎屑岩为主，厚度一般为700~1200m，最厚可达1900m以上，与下伏登娄库组为假整合接触，并超覆于不同层位的老地层之上，该组泉三段和泉四段分别为松辽盆地的杨大城子和扶余油层。上白垩统包括青山口组、姚家组、嫩江组、四方台组、明水组。是盆地整体坳陷阶段的河流—湖泊相的细粒碎屑沉积，分布面积广。其中，青山口组岩性为一套黑色、灰绿色泥岩和砂岩，青一段是一套黑色、灰黑色泥岩和页岩夹油页岩，厚度为60~164m，是松辽盆地的主要油源岩。青二段、青三段为灰绿色、灰黑色泥岩夹钙质粉砂岩，厚度为200~400m，最厚可超过500m，是松辽盆地的主要油源岩层和主要储集岩层（高台子油层），与下伏泉头组为整合接触。姚家组是一套河流相和浅湖—三角洲相的砂岩、泥岩互层沉积，姚一段厚度为40~60m，最厚达80m，是松辽盆地的主要储集岩层（葡萄花油层）；姚二段、姚三段厚度为0~150m，也是松辽盆地的主要储集岩层（萨尔图油层）。与下伏青山口组在盆地中央为整合接触，在盆地北部和西部呈假整合接触。嫩江组为一套深湖相、浅湖相的细粒碎屑岩，与下伏姚家组为整合接触。自下而上该组可分为五段，嫩一段为大段灰黑色泥岩夹粉砂岩，厚度为60~200m，是松辽盆地的次要油源岩和主要储集岩（与姚二段、姚三段共同构成萨尔图油层）。嫩二段为分布面积最广泛的一套灰黑色泥岩、页岩夹油页岩，厚度为150~250m，是松辽盆地的主要区域性盖层。嫩三段为一套浅色的粉砂质泥岩与粉砂岩互层，厚度为60~130m。嫩四段、嫩五段是一套灰绿色砂泥岩互层，厚度为0~650m。嫩三段与嫩四段、嫩五段共同构成松辽盆地的黑帝庙油层。嫩江组沉积末期，松辽盆地明显上升，整体遭受剥蚀，标志着松辽盆地已从整体坳陷转为整体上升。因此，四方台组和明水组的一套较粗粒的碎屑岩，属于盆地萎缩时期的沉积，且仅限于盆地中央的齐家—古龙凹陷和三肇凹陷的明水组，厚度一般为300m左右，最厚可达600m左右。明水组沉积末期，松辽盆地再次上升遭受剥蚀，明水组与上覆古近系呈不整合接触。进入古近纪以后，松辽盆地已明显萎缩，古近系依安组仅发育在盆地北部。古近纪末期，松辽盆地又经历了一次上升剥蚀过程，盆地进一步萎缩，古近纪晚期到第四纪，松辽盆地呈现以河流相为主的表层松散沉积及平原沼泽的地貌，盆地全面进入萎缩消亡阶段(图8.2)。

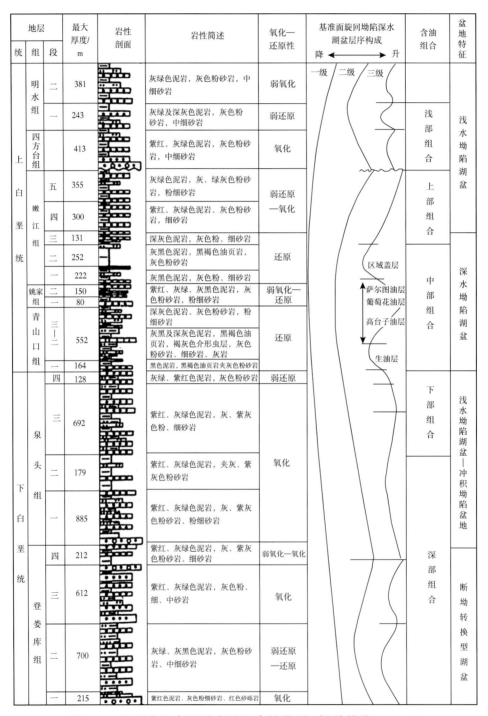

图8.2　松辽盆地白垩系含油组合柱状图(据关德范，2004)

8.1 松辽盆地不同发展阶段的石油地质演化

松辽盆地的发展大体经历了持续沉降、整体上升、全面萎缩三个主要阶段。

8.1.1 盆地持续沉降发展阶段——能量积累过程

这一发展阶段是从晚侏罗世至白垩纪嫩江组沉积期。其中，晚侏罗世至泉头组沉积期是松辽盆地早期断陷沉降时期，以断陷充填式堆积为主要特点；青山口组沉积期至嫩江组沉积期是松辽盆地持续坳陷沉降时期，以快速沉降快速沉积为主要特点。尽管断陷与坳陷的沉降特点不一样，但从松辽盆地石油地质演化特征分析，这一发展阶段是松辽盆地具有石油地质意义的物质积累过程，包括形成主要油源岩的富含有机质的泥质沉积物的积累，即青山口组暗色泥岩的积累。伴随着加载增压过程，富含有机质的青山口组暗色泥岩，经压实作用和热演化过程，已成为成熟的油源岩，进入大量生成石油的高峰期。因此松辽盆地在嫩江组沉积末期，青山口组油源岩已实现了成油过程，也就完成了有机生物能量的积累并向化学烃类能量的转化。随着石油的大量生成，泥岩中的原生孔隙不断被石油充填，这不仅制约了泥岩的进一步压实，而且在上覆岩层的压实作用下，泥岩内部逐步处于异常高压状态，泥岩孔隙度仍能保持在 $10\% \sim 15\%$。与此同时，萨尔图、葡萄花、高台子等主要储集砂岩，在嫩江组沉积末期，由于上覆岩层的压实作用，随着砂岩内部密度的不断增加，其刚性物体的特点逐步显现，在上覆岩层的压力还没达到砂粒破碎压力的情况下，砂岩整体表现为弹性能量的逐步增加。

因此，松辽盆地在持续沉降阶段，不仅完成了生、储、盖层及上覆岩层等主要物质的积累，而且经过一系列的物理和化学作用后，青山口组油源岩实现了成油过程及内部具异常高压状态石油集中的过程，萨尔图、葡萄花、高台子等主要储集砂岩内部也实现了大量弹性能的积累。

8.1.2 盆地整体上升遭受剥蚀发展阶段——能量释放过程

这一发展阶段是从嫩江组沉积末期至四方台组沉积前，是松辽盆地由持续沉降阶段转为整体上升遭受剥蚀的时期，时间大体经历了 8~10Ma，嫩江组五段甚至四段的地层遭到了明显剥蚀，大庆长垣地区剥蚀的地层厚度约为 200~300m。

松辽盆地在嫩江组沉积末期的明显整体上升剥蚀过程，标志着盆地的物理场性质已由持续沉降的加载增压过程，转变为整体上升遭受剥蚀的卸载减压过程。在卸载减压物理场的条件下，主要油源岩发育区和主要储集岩发育区均发生了不同的变化。

8.1.2.1 主要油源岩发育区

松辽盆地青山口组主要发育在齐家—古龙和三肇两个凹陷。在嫩江组沉积末期，青山口组油源岩已进入成熟阶段，大量生成并以异常高压状态存在于泥岩孔隙之中的石油，在卸载减压的诱发作用和孔隙压差的驱动下，向相邻砂体中排油，从而实现了石油的初次运移。

8.1.2.2 主要储集岩发育区

松辽盆地大庆长垣地区的主要储集岩为青山口组至嫩江组一段的河流—三角洲砂质岩，在卸载减压过程中，积累在砂质岩内部的大量弹性能必然要释放，并产生指向地表方向的巨大抽吸力（即"砂岩回弹"力），造成砂质岩体内部的大面积低压甚至负压区。因此，松辽盆地在整体上升的卸载减压作用下，位于齐家—古龙凹陷和三肇凹陷的青山口组已经生成的石油经初次运移后，必然要向位于两凹陷之间的大庆长垣地区处于低压状态的储集岩中运移（即二次运移），在运移过程中只要碰到合适的圈闭（即与油源岩之间存在压差或势能差的圈闭），石油就将聚集成藏。由于大庆长垣北部喇嘛甸、萨尔图、杏树岗三个局部构造的砂质岩厚度和分布面积最大，因此在卸载减压过程中产生的抽吸力也最大，因此这三个构造聚集的石油最丰富。

值得指出的是，石油的初次运移和二次运移以及油气聚集成藏过程，都是伴随着盆地整体上升的卸载减压过程而实现的，都是物理场性质变化而引起的能量释放过程的产物。因此，只要认真研究这一发展阶段整体上升的卸载减压而引起的松辽盆地物理场的变化特点，就可以深入探讨松辽盆地油气成藏的机制。

8.1.3　盆地全面萎缩阶段——能量调整过程

这一发展阶段从四方台组沉积期至第四纪，是松辽盆地自嫩江组沉积末期转入整体上升阶段后的萎缩调整阶段。

盆地进入全面萎缩阶段的主要特点是频繁升降进行能量调整。这一发展阶段在松辽盆地有两次短暂升降过程，第一次是明水组沉积末期的上升剥蚀，第二次是早古近纪末期的上升剥蚀。这两次升降过程的幅度均不大，但从成藏角度分析，对松辽盆地有着重要的意义，具体表现在以下三个方面。

(1)齐家—古龙凹陷及三肇凹陷内的青山口组油源岩，在嫩江组沉积末期已进入成熟阶段。在嫩江组沉积末期盆地整体上升的卸载减压作用下逐步破裂开始排油，在上覆岩层的作用下，油源岩进一步压实排油。随着盆地进入萎缩阶段的升降过程，随后进入成熟门限的油源岩，都能实现在上覆岩层压实作用下的排油过程。

(2)大庆长垣及其他在嫩江组沉积末期伴随着盆地整体上升过程中已形成油藏的地区，在盆地进入萎缩阶段的升降过程中，油藏在两次"砂岩回弹"的抽吸力作用下，进一步随着构造幅度和面积的不断扩大而逐步完善定型。

(3)在松辽盆地萎缩发展阶段，由于两次升降过程"砂岩回弹"抽吸力的作用，新形成一些油藏，如龙虎泡油田等。

综上所述，松辽盆地石油地质的发展阶段是与成烃成藏过程密不可分的。盆地持续沉降阶段堆积的泉头组至嫩江组的泥质和砂质沉积物，奠定了松辽盆地主要油藏的物质基础。在上覆岩层压实和热演化作用下，这一发展阶段不仅实现了有机物质的成油过程，而且为石油的初次和二次运移以及聚集成藏提供了能量的积累。嫩江组沉积末期的盆地整体上升剥蚀过程，不仅为松辽盆地石油成藏提供了物理场条件，而且标志着松辽盆地全面进入石油成藏时期，这一发展过程一直延续到盆地的全面萎缩阶段。

松辽盆地在持续沉降阶段的生油凹陷(或洼陷)内，实现了泥质和砂质沉积物及有机质的积累，完成了沉积物的沉积成岩演化过程和有机质热解生油过程，持续沉降阶段末期，生油凹陷(或洼陷)内已处于高压高温状态。进入整体上升遭受剥蚀阶段，是盆地已积累的各种能量逐步释放、卸载减压的过程，也是各类油藏形成的过程。盆地进入全面萎缩调整阶段，标志着各类油藏最终定型(表 8.1)。

表 8.1 松辽盆地石油地质演化阶段及特征

时代	盆地发展阶段	物理场性质	石油地质特点	地温场特点
第四纪	盆地全面萎缩调整发展阶段	短暂沉降(加载增压)短暂上升(卸载减压)调整平衡	老油气藏继续充注完善定型,形成新的油气藏	
古近—新近纪				
明水组沉积期				
四方台组沉积期				
嫩江组沉积期—四方台组沉积前	盆地整体上升遭受剥蚀阶段	卸载减压	成藏过程	
嫩江组沉积期	盆地持续沉降阶段	加载增压	成油过程	平均 4.2℃/100m,青山口组沉积期最大达 5.6℃/100m
姚家组沉积期				
青山口组沉积期				

8.2 松辽盆地下白垩统青山口组油源岩特征

8.2.1 沉积环境及古生物特征

松辽盆地白垩纪是一个内陆近海的大型湖盆,其中青山口组、姚家组和嫩江组是湖盆发育的最主要时期,湖水面积最大可达 $20\times10^4km^2$,源于湖盆周边的四个主要物源水系汇集,形成自盆地边缘向湖心方向依次为冲积扇—冲积平原—三角洲(滨浅湖相)—半深湖—深湖沉积体系,即河流三角洲沉积体系。其中最大的黑鱼泡—大庆河流三角洲沉积体系,分布面积近 $3\times10^4km^2$,长 220km,宽 150km,砂质岩体积达 2900km³(图 8.3)。

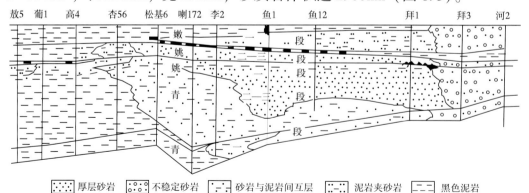

图 8.3 松辽盆地中部含油组合叶状三角洲复合体岩性剖面图(据杨万里,1985)

青山口组—嫩江组沉积时期气候潮湿，湖泊水域辽阔，水体不深，滨浅湖与三角洲前缘区域水深小于 10m，半深湖—深湖区域一般不超过 30m。由于湖盆长轴方向古地形平坦，坡度仅 0°4′~0°57′，没有明显的坡折，因而滨浅湖区域十分宽阔，湖岸线摆动范围大，可达 20~30km。这一沉积时期湖盆水体为淡水和半咸水、咸水交替的环境，其中青山口组沉积时期主要为半咸水—咸水环境，从古生物种属分布上明显呈现这一特点。目前已发现的生物群化石有 20 多个门类，除陆相淡水环境的生物外，还发现了半咸水—咸水环境的海相生物，例如巨口哈玛鱼—松花鱼，海相双壳类、沟鞭藻等。其中，沟鞭藻类是具有很强的生油能力，往往含量超过藻类生物的 60% 以上，是主力油源岩青山口组的主要生油母质(图 8.4)。

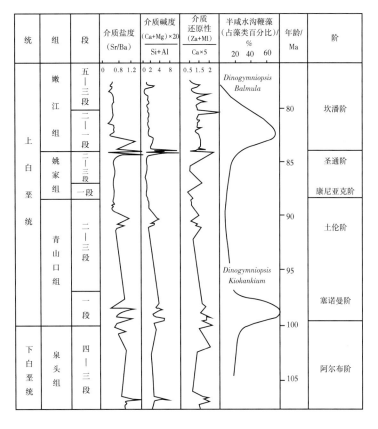

图 8.4　松辽盆地白垩系湖泊介质条件与半咸水沟鞭藻含量
垂向变化图(据高瑞祺，1997)

在中国北方含油区的白垩系油源岩中，也都含有较丰富的沟鞭藻、颗石藻化石，例如海拉尔盆地、二连盆地、延吉盆地、塔里木盆地等(图 8.5)。

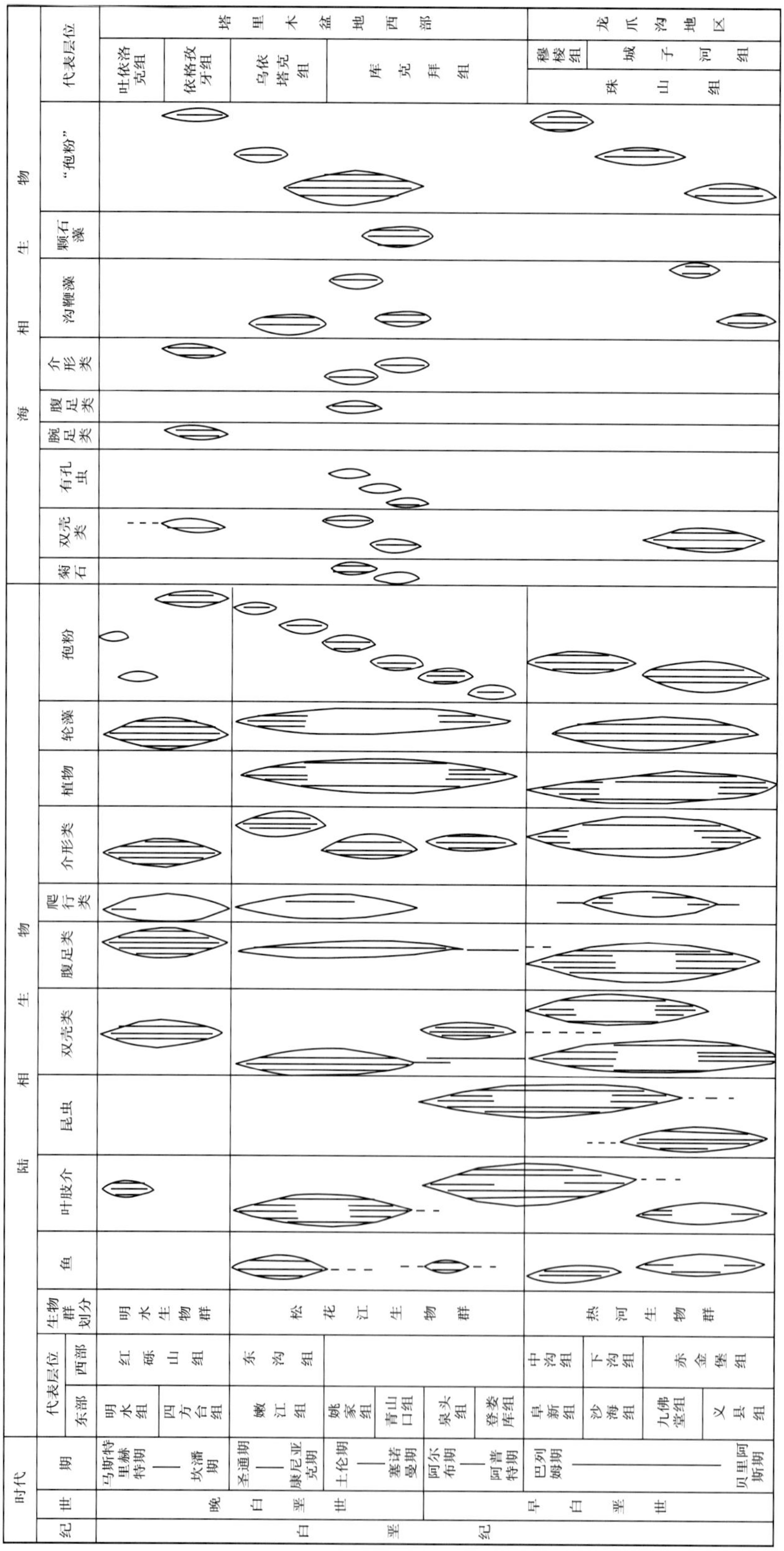

图 8.5　中国北方白垩系生物群发育图（据叶得泉，1990，简化）

沟鞭藻为甲藻植物门的一个纲，在咸水环境和淡水环境均能生存，但国内外石油勘探的实践已经证明，只有咸水环境生存的沟鞭藻，才能提供大量的生油母质，形成良好的油源岩。淡水环境生存的沟鞭藻往往不能形成良好的油源岩。

8.2.2　青山口组地层和沉积相特征

青山口组的岩性主要是一套灰黑色泥岩、页岩夹砂岩，生物化石丰富，常见介形虫、叶肢介、沟鞭藻等近 20 个门类 200 余种。地层厚度一般为 300~500m，最厚达 639.5m（黑二井）。依岩性特征可分为三段。

8.2.2.1　青山口组一段

为黑色、灰黑色泥岩、页岩夹劣质油页岩，含薄层菱铁矿条带（或透镜体）及分散状黄铁矿。富含介形虫、沟鞭藻、鱼化石，介形虫化石可成层分布。盆地西部相变为灰黑色、灰绿色泥岩和砂岩互层；盆地南部和西南部相变为红色泥岩和砂岩，底部的 10~30m 黑色泥岩夹劣质油页岩是盆地地层对比的主要标志层。该地层厚度为 60~164m。

8.2.2.2　青山口组二—三段

为灰黑色、灰绿色泥岩夹薄层灰色含钙或钙质粉砂岩、细砂岩和介形虫层。岩性变化大，盆地中部为灰黑色泥岩，南部、北部和西部地区砂岩发育，是盆地高台子含油层。盆地东部为红色泥岩和粉砂岩薄层，东南部相变为紫红色泥岩。富含叶肢介、介形虫、双壳类及鱼类等化石，特别是介形虫化石成薄层条带分布于泥岩或砂岩中。该地层厚度一般为 200~400m，最厚达 503m。

青山口组一段和二—三段地层变化见图 8.6 和图 8.7。

青山口组一段沉积时期，湖水范围不断扩大，沉积中心主要在齐家—古龙

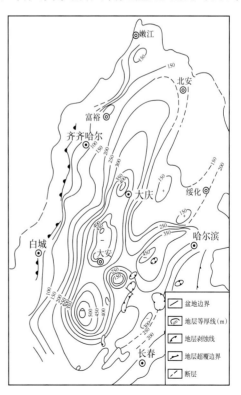

图 8.6　松辽盆地白垩系青山口组一段
地层厚度图（据高瑞祺，1997）

及三肇地区，厚度为 80~100m。岩相分异明显，深湖相面积可达 46000km²。盆地东部为单一的深湖相带，盆地西部则是沿盆地长轴方向自北向南发育的河流—三角洲—滨浅湖—深湖相。这一时期的沉积范围大，物源方向多，发育了许多河流—湖泊或冲积扇砂体为特点的沉积体系，如北部的克山—杏树岗、南部的保康、西部的齐齐哈尔、英台等（图 8.8）。

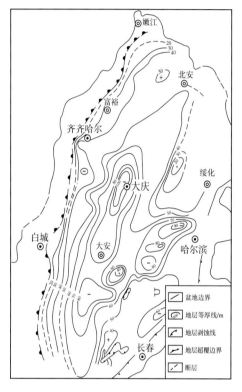

图 8.7　松辽盆地白垩系青山口组
二—三段地层厚度图
（据高瑞祺，1997）

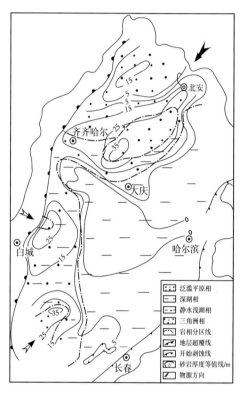

图 8.8　松辽盆地白垩系青山口组
一段岩相图（据高瑞祺，1997）

　　青山口组二—三段沉积时期，总体沉积范围与青一段相似。盆地东部为浅湖淤积相区，无砂岩沉积，盆地西部的深湖区在三肇—葡萄花—齐家、古龙一带，面积约 16000km²，黑色泥岩厚约 250~300m。深湖区北侧从北安至大庆方向，发育一个大型河流—三角洲沉积体系，面积约 10000km²，砂岩厚 150~250m（图 8.9）。

图 8.9 松辽盆地白垩系青山口组二—三段岩相图(据高瑞祺, 1997)

8.2.3 青山口组油源岩主要特征

青山口组厚约 350~550m。其中青一段厚约 100m, 青二—三段厚约 350m。岩性是泥岩、页岩与砂岩互层, 青一段泥岩、页岩相对发育, 青二— 三段砂岩夹层较多(表 8.2)。从图 8.6 和图 8.7 可以看出, 青山口组的砂岩单层厚度均不大, 除北部克山、黑鱼泡地区单层砂岩平均厚度超过 1m 以外, 喇嘛甸、杏树岗、葡萄花等油田的砂岩平均厚度均在 1m 左右。这种砂岩与泥岩、页岩互层状的沉积特点, 极有利于泥岩、页岩等油源岩的石油初次运移。

表 8.2 青山口组及姚家组北部砂体砂岩厚度和层数分布

地区	克山	黑鱼泡	喇嘛甸	杏树岗	葡萄花
砂质岩累计厚度/m	141	368	293	88	13
层数	61	194	281	91	12
所处部位	近物源←				→近沉积中心

青山口组黑色泥岩累计厚度可达 300m。其中青山口组一段厚达 80m，有机碳含量达 2.21%，有机质为 I 型干酪根。青山口组二—三段厚约 200 ~ 250m，有机质为 II₁ 型干酪根，有机碳平均含量为 0.71%。由于生油凹陷（或洼陷）的平均地温梯度达到 4.2℃/100m，加之水体中含有来自岩浆热液中的稀有元素和金属元素如锶、镍、镓、钒、铁、铜、锰等起到的催化作用，因此，青山口组油源岩埋深在 1900m 时，R_0 已达 1%，全部进入成熟阶段。此阶段相当于中成岩阶段早期，青山口组泥岩孔隙度大体在 8% ~ 10%（图 8.10）。青山口组砂岩及姚家组砂岩孔隙度大体为 12% ~ 20%。泥岩和砂岩此阶段的孔隙度大体相差 5% ~ 10%，这就使泥岩和砂岩之间的孔隙压差明显加大，非常有利于泥岩中已生成石油的初次运移。概括起来，松辽盆地青山口组油源岩具有以下几个特点：

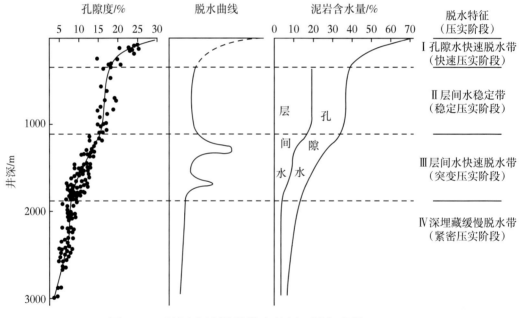

图 8.10　松辽盆地泥岩脱水特征（据高瑞祺，1997）

（1）发育在半咸水—咸水的沉积环境，生油母质是生存于这种沉积环境的沟鞭藻类。

（2）有机质丰度高，是 I 型和 II₁ 型干酪根类型的腐泥质为主的油源岩。

（3）油源岩中含有多种金属元素、稀有元素，有机质低温催化裂化成油条件优越。

（4）油源岩主要由泥岩、页岩和砂岩呈互层状组成，砂泥比为 20% ~ 60%，砂岩与泥岩、页岩三维空间组合条件优越，既有利于成油，又有利于已生成的石油的初次运移。

（5）油源岩分布面积大、成油时间迅速、埋深浅，成油有效孔隙空间大，成油成藏组合条件得天独厚。

8.2.4　青山口组油源岩及中部含油组合的成油成藏条件

松辽盆地下白垩统具有上、中、下三个含油组合。上部含油组合由嫩江组三—四段组成，称黑帝庙油层；中部含油组合由青山口组、姚家组、嫩江组一段组成，自下而上包括高台子油层、葡萄花油层、萨尔图油层；下部含油组合由泉头组三—四段组成，自下而上分为杨大城子和扶余油层。其中，中部含油组合不仅是松辽盆地白垩系最主要的产油目的层，而且是中国陆相含油盆地最典型的大型河流三角洲成油成藏组合体系。这个河流—三角洲成油成藏组合体系由以下三部分构成。

（1）多期发育相互叠加的大型河流三角洲沉积体系—大型叶状三角洲复合体。

松辽盆地从青山口组一段沉积开始，盆地整体快速沉降，气候潮湿，湖泊急剧扩张，局地湖岸线已接近盆地北部，湖水覆盖面积已达 $8.7×10^4 km^2$。盆地周边主要发育五个沉积体系，其中，北部沉积体系规模最大，从北向南发育有洪积相、河流相、三角洲平原相、三角洲前缘相、半深湖—深湖相等五个沉积相带。洪积相由红色和绿色泥岩和灰白色砂砾岩、角砾岩组成，覆盖在盆地边缘的风化壳之上。河流相以红色泥岩与灰白色含砾砂岩、砂岩呈不等厚互层为特征。三角洲平原相为粉—细砂岩与绿色泥岩互层夹灰黑色泥岩为主。三角洲前缘相为粉砂岩、粉—细砂岩与灰黑色泥岩互层，夹若干层厚度不等的介壳灰岩。半深湖—深湖相以暗色泥岩为主，夹薄层粉砂岩（图 8.11）。

青山口组二—三段沉积时期，基本继承了青山口组一段沉积体系的特点，只是湖水面积缩小，由早期的 $6.8×10^4 km^2$ 缩小到晚期的 $3.5×10^4 km^2$（图 8.12）。这一时期是三角洲发育的全盛时期，在湖退总的背景下又有多次不同规模的湖侵，但由于地表沉降缓慢，古坡降小，故滨浅湖相带较宽，达

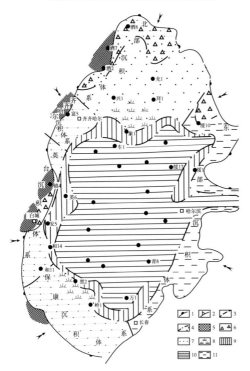

图 8.11　青山口组一段沉积相平面
展布图（据高瑞祺，1997）

1—沉积边界线；2—地层剥蚀界线；3—沉积体系
界线；4—沉积（亚）相界线；5—剥蚀区；
6—洪积相；7—河流相；8—三角洲平原亚相；
9—三角洲前缘与滨浅湖亚相；
10—较深—深湖亚相；11—平原淤积相

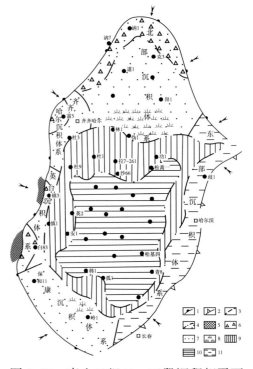

图 8.12　青山口组二—三段沉积相平面
展布图（据高瑞祺，1997）

1—沉积边界线；2—地层剥蚀线；3—沉积体系
界线；4—沉积（亚）相界线；5—剥蚀区；
6—洪积相；7—河流相；8—三角洲平原亚相；
9—三角洲前缘与滨浅湖亚相；
10—较深—深湖亚相；11—平原淤积相

60~70km。早期入湖三角洲以叶状为主，晚期呈鸟足状（图 8.13、图 8.14、图 8.15）。

　　进入姚家组一段沉积时期，湖盆整体抬升，气候干燥，湖水面积不足 $1×10^4 km^2$。随着湖面大幅度收缩，河流快速前积，三角洲分流平原广布（图 8.16、图 8.17）。

　　姚家组二—三段沉积时期，湖泊扩张，湖水覆盖面积近 $2×10^4 km^2$。除发育三角洲分流平原相以外，滨浅湖相的岩性特点与青山口组二—三段沉积时期相似，以灰黑色泥岩、粉砂岩与含介壳砂岩互层为主，在半深湖—深湖沉积区，全部为暗色和黑色泥岩为主。除发育叶状三角洲和鸟足状三角洲沉积外，还发育席状三角洲沉积体系（图 8.18、图 8.19、图 8.20）。

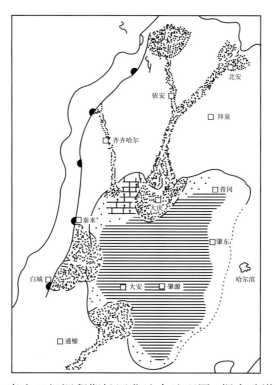

图 8.13 青山口组沉积期松辽盆地古地理图（据高瑞祺，1997）

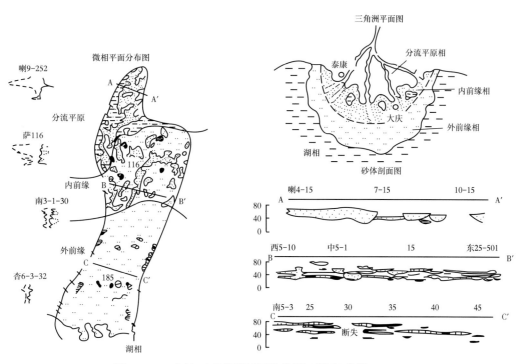

图 8.14 叶状三角洲沉积模式图（据高瑞祺，1997）

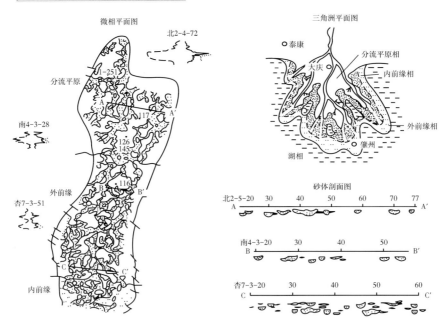

图 8.15　鸟足状三角洲沉积模式图（据高瑞祺，1997）

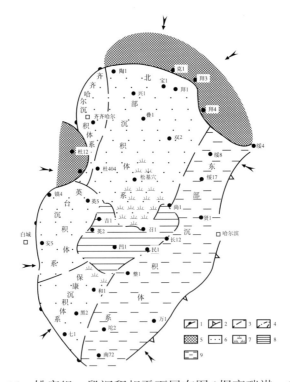

图 8.16　姚家组一段沉积相平面展布图（据高瑞祺，1997）

1—沉积边界线；2—地层剥蚀线；3—沉积体系界线；4—沉积（亚）相界线；5—剥蚀区；

6—河流相；7—三角洲平原亚相；8—三角洲前缘与滨浅湖亚相；9—平原淤积相

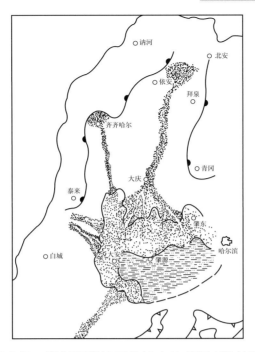

图 8.17　姚家组一段沉积期松辽盆地古地理图（据高瑞祺，1997）

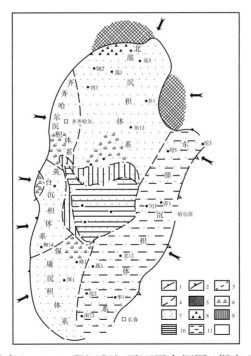

图 8.18　姚家组二—三段沉积相平面展布概图（据高瑞祺，1997）

1—沉积边界线；2—地层剥蚀界线；3—沉积体系界线；4—沉积（亚）相界线；5—剥蚀区；6—洪积相；
7—河流相；8—三角洲平原亚相；9—三角洲前缘与滨浅湖亚相；10—较深—深湖亚相；11—平原淤积相

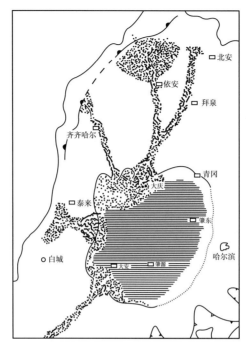

图 8.19　姚家组二—三段沉积相松辽盆地古地理图（据高瑞祺，1997）

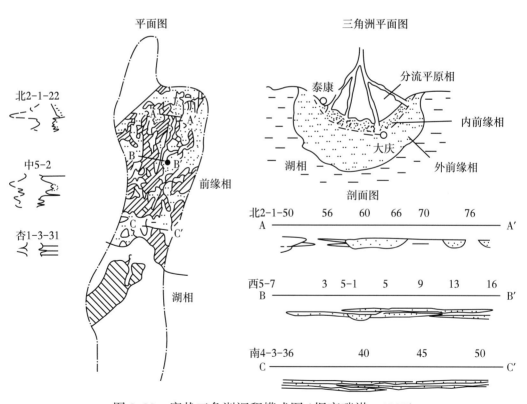

图 8.20　席状三角洲沉积模式图（据高瑞祺，1997）

嫩江组一段沉积时期，盆地开启了又一次的大面积沉降，形成了超越青山口组、姚家组沉积时期的广阔水域。至嫩二段沉积时期，湖水已全面覆盖全盆地。从嫩三段沉积开始湖水逐步收缩，嫩江组四—五段沉积时期湖水面积进一步收缩，直至嫩江组沉积末期地壳上升遭受剥蚀。嫩江组一段主要为黑色泥岩夹砂岩和粉砂岩，主要是一套三角洲前缘沉积、滨浅湖和半深湖相沉积(图8.21)。

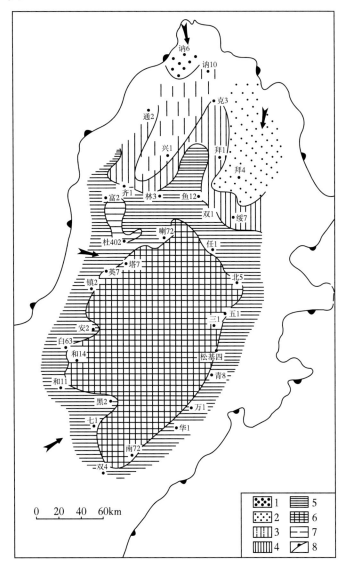

图8.21　嫩一段(萨尔图油层零砂组)沉积相平面展布图(据高瑞祺，1997)

1—洪积相；2—河流相；3—河流与三角洲交互沉积；4—三角洲前缘亚相；5—滨浅湖亚相；

6—深湖亚相；7—沉积体系分界线；8—沉积边界线

综上所述，松辽盆地中部含油组合直接受北部沉积体系大型河流三角洲—叶状三角洲复合体控制。这种沿盆地长轴发育的叶状三角洲复合体规模巨大，延伸长度达 200 多千米，滨浅湖相带宽为 60~70 千米（图 8.22）。

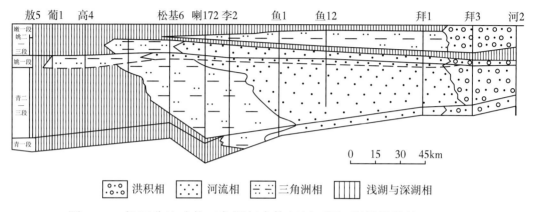

图 8.22　松辽盆地叶状三角洲复合体相剖面图（据吴崇筠等，1992）

（2）发育多套暗色泥岩和砂岩最佳互层组合的油源岩。

松辽盆地上白垩统的青一段、青二—三段、姚一段、姚二—三段、嫩一段沉积时期，均发育大型的河流—三角洲，尽管不同时期湖水面积不同，但都存在半深湖—深湖相、滨浅湖相、三角洲相、河流相的黑色泥岩和砂岩。特别是青二—三段、姚二—三段这些薄层黑色泥岩和砂岩互层的地层，实际生油能力比青一段、嫩一段大段黑色泥岩更强。往往半深湖—滨浅湖相发育区，是主力油源岩生油能力最好的区域。

（3）发育多种形态砂岩体控制的同沉积构造，即差异压实构造。

中国中东部陆相沉积盆地的构造运动主要以升降运动为主，基本不存在褶皱运动，因此沉积盆地内发育的圈闭构造，多数为沉积体系分布控制的同沉积构造，即差异压实构造。大庆长垣构造就是典型的差异压实构造，从大庆长垣姚家组顶面古构造发育史图上可以明显看出（图 8.23）。

差异压实构造的形成主要是在河湖过渡地带，特别是在河流—三角洲复合体的轴部，很容易与两侧地区造成一定的砂泥比差，这样在砂岩厚度的高值区，就能形成差异压实构造。当盆地整体上升剥蚀阶段，砂岩厚度高值区在"砂岩回弹"作用下，构造形态就更加明显，图 8.24 和图 8.25 可以明显看出这种特征。

图 8.23　大庆长垣姚家组顶面古构造发育简图

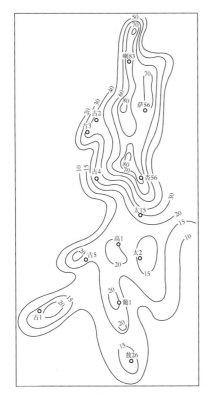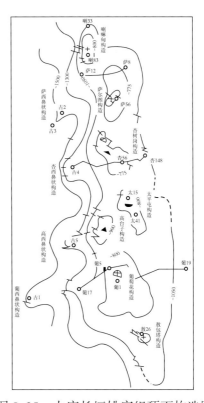

图 8.24　大庆长垣姚家组砂岩等厚(m)图　　图 8.25　大庆长垣姚家组顶面构造图

143

第9章　渤海湾盆地古近系油源岩特征

渤海湾含油气盆地位于中国东部大陆边缘，是叠置在华北地台古生界盖层之上的中、新生代断陷—坳陷盆地，基底为太古宇泰山群结晶基岩。盆地面积约 $20×10^4km^2$，其中陆地面积共 $12.7×10^4km^2$，包括河北省、山东省北部和西部、辽宁省南部、河南省北部、北京市和天津市；渤海海域面积为 $7.3×10^4km^2$，平均海水深度为18m，最大深度为70m。

渤海湾盆地东西分别以郯庐断裂、太行山断裂为界，南北分别被鲁西隆起和燕山褶皱带所限。盆地内包括辽河、渤中、济阳、黄骅、冀中、临清、昌潍7个坳陷和埕宁、沧县2个隆起，各坳陷内部又被次一级的小凸起分割为50多个古近系箕状断陷或地堑断陷，它们共同构成了盆地的基本构造格架(图9.1)。

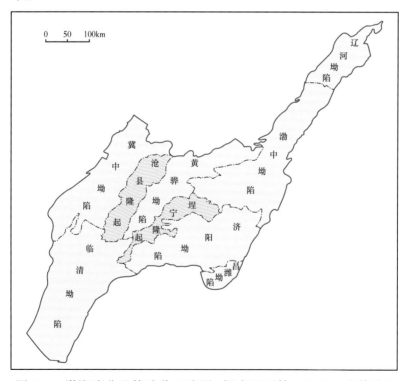

图9.1　渤海湾盆地构造分区略图(据李国玉等，2002，有修改)

144

9.1 渤海湾盆地不同发展阶段的石油地质演化

渤海湾盆地的主要发育时期为古近纪,其石油地质演化经历了持续沉降、整体上升和萎缩调整三个阶段(表9.1)。

表9.1 渤海湾盆地石油地质演化阶段及特征(以济阳坳陷为例)

时代	盆地发展阶段	物理场性质	石油地质特点	地温场特点
第四纪	盆地全面萎缩调整发展阶段	短暂沉降(加载增压)短暂上升(卸载减压)调整平衡	老油藏继续充注完善定型,形成新的油藏	
明化镇组沉积期				
馆陶组沉积期				
东营组沉积期末至馆陶组沉积期前	盆地整体上升遭受剥蚀阶段	卸载减压	成藏过程	
东营组沉积期	盆地持续沉降阶段	加载增压	成油过程	平均3.6℃/100m
沙河街组沉积期				

9.1.1 盆地持续沉降发展阶段——能量积累过程

这一阶段是古近系的孔店组、沙河街组、东营组沉积时期。主要沉积了湖相暗色泥质岩和三角洲相砂质岩,沉积速度可达 $0.42 \sim 0.64$ mm/a,其中,沙河街组是盆地的主要油源岩,以泥岩与砂岩呈不等厚互层为主,地层厚度一般在 2500m 左右,最厚可超过 3000m,与下伏孔店组呈整合接触,局部为假整合接触。在东营组沉积末期,沙河街组的主要油源岩已经进入成熟阶段,有机质逐渐开始热解,总烃含量逐渐增加,从 $200 \sim 1000$ μg/g 增加至 $1000 \sim 5000$ μg/g。随着烃类的大量生成,油源岩内部在生烃增压作用下形成异常高压,为石油初次运移提供有效动力。因此,在盆地持续沉降阶段,沉积物质不断积累的过程也是湖盆逐渐加载增压、积累能量的过程,同时也是油源岩热解转化成油的过程。

9.1.2 盆地整体上升遭受剥蚀发展阶段——能量释放过程

东营组沉积末期至馆陶组沉积前是盆地整体上升遭受剥蚀的发展阶段,油源岩上覆地层遭受剥蚀,厚度减薄,有效应力减小,地层内部能量释放,盆地物理场性质由加载增压过程转变为卸载减压过程，地质时间大致为 8~10Ma。由于坳陷斜坡带储集岩内部弹性能的释放（砂岩回弹），产生了巨大的抽吸作用力，促使油源岩发育区生成的石油向斜坡带的储集岩发育区二次运移成藏。正是这次盆地整体上升过程的诱导作用，促使盆地石油成藏过程的开始并一直延续到盆地全面萎缩阶段直至近代。因此，盆地上升剥蚀阶段是陆相油源岩运移成藏的关键时期，为油源岩大规模排油提供了有利条件。

9.1.3 盆地全面萎缩阶段——能量调整过程

在东营组沉积末期的整体上升遭受剥蚀发展阶段以后，随着成藏过程的发生发展，盆地开始进入馆陶组和明化镇组的调整沉积补偿时期。经过这一时期的能量调整过程后，到明化镇组沉积末期，随着沙河街组三段下亚段和中亚段的油源岩全面进入成熟期，使油源岩发育区的生油量进一步增加，同时砂质岩发育又积累了一定的弹性能量，通过明化镇组沉积末期的又一次上升过程，不仅能形成一些新的油藏，而且使已形成的油藏进一步充实和完善。

9.2 渤海湾盆地古近系主力油源岩特征

本次研究主要以济阳坳陷为例对渤海湾盆地古近系沙河街组主力油源岩进行剖析。

9.2.1 沉积环境及古生物特征

渤海湾盆地的古近纪沉积明显受古构造和古地理的控制，以济阳坳陷东部为代表，沙四段具有三分性，下亚段以红色含膏盐砂泥岩发育为特征，产 *Gyrogona qianjiangica* 和 *ephedripites* 等小型轮藻和干旱型孢粉化石；中亚段以灰色含膏盐泥质岩沉积为主，产 *Cyprinotus igneus* 和 *deflandrea* 等介形类和沟鞭藻化石；上亚段以薄层碳酸盐岩、油页岩为标志，出现了渤海湾盆地古近系典型的地方性介形类动物群分子 *Chinocythere*、*Austrocypris* 等。沙三段中、下亚段为厚层的深湖相泥岩、页岩、泥灰岩夹浊积岩层，属湖盆快速深陷期沉积；沙三段晚期至沙二段沉积的早期，盆地回返上升，沉积物以砂质岩为主。沙二段沉积面积小于沙三段，下亚段属三角洲河口沙坝和泛滥平原沼泽相，含 *Huabeinia unispinata*、*Camarocypris elliptica*、*Cypris shenglicunensis*、*Cyprois palustris*、*Tulotomoides terrassa*、*Comasphaeridium*、*Alnipollenites*、*Polypodiaceaesporites* 等滨湖沼泽生物群化石；上亚段以河流相红色碎屑岩为主，油区俗称"红粗段"，含 *Camarocypris elliptica*、*Cyprinotus xiaozhuangensis*、*Charies producta*、*Ephedripites*、*Rutaceoipollis* 等干旱型生物群。沙一段剖面三分性明显：下亚段是灰色泥岩夹白云岩、油页岩；中亚段生物—粒屑碳酸盐岩、枝管藻白云岩、油页岩等特殊岩性集中出现；上亚段为深灰色泥岩。生物化石也有一定的三分性，下、中亚段，尤其是中亚段含有极其丰富的强水动力条件下生活的 *Phacocypris huiminensis* 等光滑壳面的小个体介形类和广盐性环境生活的腹足类；上亚段泥质岩中则以含 *Xiyingia*、*Guangbeinia* 等较深水泥质环境中生活的大个体介形类为特征。

渤海湾盆地的东营组是以灰绿色和杂色泥岩与灰白色砂岩为主，下部东三段多含薄壳、腹部扁平的肥刺类华花介 *Chinocythere unicuspidata* 和具较简单壳饰的东营介类 *Dongyingia laticostala* 等弱水动力环境中生活的属种；中部东二段则发育了大量的 *Dongyingia inflexicostala*、*D. florinodosa* 等在较强水动力条件下生活的具粗瘤脊属种；上部东一段沉积期湖盆消亡，渤海湾盆地古近纪地方性水生生物属种几尽灭绝。根据孢粉化石分析，从沙河街组到东营组沉积期，古气候转凉，前一时期的 *Quercoidites* 含量大于 *Ulmipollenites* 的孢粉组合特征逐渐进入了相反的情况。

9.2.2　沙河街组地层及沉积相特征

渤海湾盆地沙河街组分布广泛，主要为暗色泥岩、粉砂岩，夹砂岩、页岩、煤、油页岩、蒸发岩、泥质白云岩、白云岩、石灰岩及玄武岩，厚度2000~6500m，与下伏孔店组为不整合接触。从下往上分为四段，分别是沙四段、沙三段、沙二段和沙一段，各段在岩性和厚度上从凹陷中部向边缘均有不同程度的变化(图9.2)。

沙四段下亚段发育于湖盆断陷初期，盆地基底沉降速率明显降低，地形趋于平缓，气候干旱，主要发育冲积扇，随着湖盆扩张，依次发育有扇三角洲、近岸水下扇和深水浊积扇体等。岩性以紫红色、灰绿色泥岩为主，夹紫

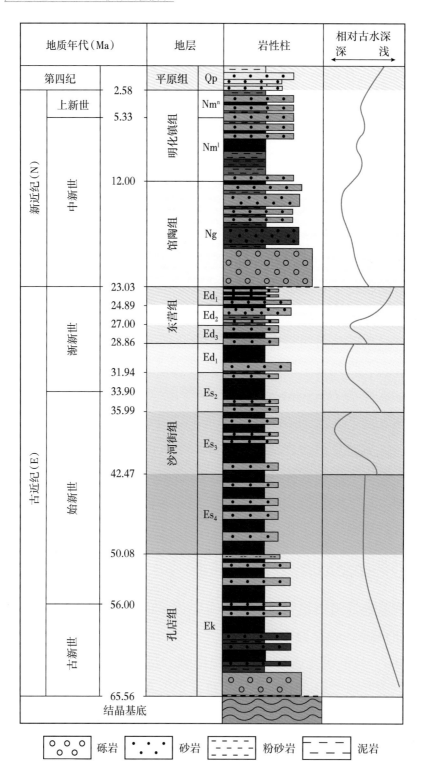

图9.2 东营凹陷新生界地层简图（据刘涛，2020，有修改）

红色砂岩、粉砂岩、含砾砂岩、含膏泥岩及薄层碳酸盐岩，局部形成膏盐聚集区，油源岩不发育。沙四段上亚段进入断陷早期并大幅沉降，主要发育扇三角洲、近岸水下扇、三角洲、湖泊等相类型。沉积了一套稳定的"泥岩+砂岩"地层，在电测曲线上，泥岩对应"低起伏电阻率、较为平直自然电位"特征，砂岩对应"高幅指状、钟形、漏斗形电阻率，高幅自然电位"特征。灰色泥岩夹粉砂岩或细砂岩的岩性组合共同构成了沙四段上亚段的一套有效油源岩，一方面泥岩中丰富的有机质可以为生油提供充分的物质基础，另一方面与泥岩互层叠置的粉—细砂岩可以为有机质生烃转化提供有利的生油空间和初次运移的空间。

沙三段沉积时期是渤海湾裂谷盆地演化活动最强烈的断陷期，湖盆深陷，水体加深，主要发育有水下扇、扇三角洲和滑塌浊积扇等。沙三段沉积时期既是湖盆向外扩张的主要时期，也是湖盆油源岩发育的主要时期，在盆地各大区均有分布，以济阳坳陷、冀中坳陷和东濮凹陷最发育，黄骅坳陷、渤中坳陷及辽河坳陷厚度相对较薄。沙三段下亚段岩性为深灰色泥岩、油泥岩与灰褐色油页岩不等厚互层，夹少量石灰岩及白云岩，厚度一般为 100～300m。沙三段中亚段岩性以深灰色泥岩、油页岩夹多组浊积砂岩或薄层碳酸盐岩为主，其厚度一般为 200～500m，凹陷深处达 700m，向边缘减薄。沙三段上亚段岩性为灰色及深灰色泥岩与粉砂岩互层，夹钙质砂岩、含砾砂岩、油页岩及薄层碳酸盐岩，厚度一般为 0～500m。总体上，沙三段湖相泥页岩与三角洲前缘砂体或深水浊积岩在垂向上互层叠置，在横向上叠合连片分布，形成了渤海湾盆地重要的一套油源岩。

沙二段处于湖盆收敛期，受到多个次级断陷的影响，主要发育有冲积扇、三角洲和近岸水下扇沉积体系。沙二段下亚段岩性为灰绿色、灰色泥岩与砂岩、含砾砂岩互层，夹碳质泥岩，是一套自生自储的有效油源岩，其上部见少量紫红色泥岩，厚度为 0～200m。沙二段上亚段为灰绿色、紫红色泥岩与灰色砂岩互层，夹钙质砂岩及含砾砂岩，与其下亚段呈不整合接触，分布范围较小，厚度为 0～100m，油源岩不发育。

沙一段沉积的早、中期，盆地再次进入稳定扩张发展阶段，以短源、内源沉积为主，盆地在又一次新的水进背景下接受了一套深灰色、灰色泥岩和泥灰岩，夹粒屑白云岩和粉砂岩沉积，厚度为 150～400m。这些孔渗条件良好的粒屑白云岩和粉砂岩与其上下接触的深灰色泥岩或泥灰岩共同构成了沙一段的一套有效油源岩。

9.2.3 沙河街组油源岩主要特征

沙河街组作为渤海湾盆地古近系的主力油源岩，分布范围广泛，几乎遍布渤海湾盆地的所有凹陷。济阳坳陷是渤海湾盆地勘探程度较高的地区之一，主要包括了东营凹陷、惠民凹陷、车镇凹陷、沾化凹陷等，济阳坳陷沙河街组油源岩自下而上依次为：沙四段上亚段、沙三段下亚段、沙三段中亚段、沙三段上亚段、沙二段下亚段和沙一段。其中，沙三段下亚段和沙三段中亚段是区域性的好油源岩层，沙四段上亚段是东营、沾化凹陷的好油源岩，沙一段底部是沾化和车镇凹陷的好油源岩层。

渤海湾盆地沙河街组油源岩有机质丰度高、类型好，具有较高的生油潜力。济阳坳陷沙四段有机碳含量大部分在2%以上，有机质类型主要以Ⅰ型或Ⅱ$_1$型有机质为主。沙三段暗色泥岩的有机碳含量平面分布的格局与沙四段相似，除东营凹陷外，其余地区的有机碳含量比沙四段高。特别是济阳坳陷的大部分地区，其TOC含量在2.0%~5.0%之间。沙三段油源岩有机显微组分构成以腐泥无定形体和壳质组为主，含量普遍大于80%，来源于高等植物的镜质组和惰质组含量普遍较低，一般小于10%。有机质类型主要为Ⅱ$_1$型，其次为Ⅱ$_2$型。这是由于沙三段沉积时期，藻类十分丰富，其有机质来源主要为水生低等生物，而陆源有机质输入则较有限。相对于沙三段济阳坳陷整体的有机碳含量较高而言，沙一段有机碳含量高值区往北迁移到沾化凹陷，有机质类型以Ⅰ型为主。

此外，根据全岩矿物X—衍射的分析结果，沙河街组油源岩中所含的矿物种类较多，主要有黏土矿物、碳酸盐矿物、黄铁矿和碎屑矿物等几大类。在不同油源岩中，各类矿物的相对含量差别较大，以济阳坳陷为例，其沙河街组油源岩中黏土矿物含量为9%~56%，碳酸盐矿物含量为5%~85%，黄铁矿含量为0~28%，石英等碎屑岩矿物含量为0~51%。由此可见，黏土矿物和碳酸盐矿物是其中最重要的两类矿物。大量研究表明，这两类矿物在油源岩的埋藏成岩过程中，与有机质之间存在复杂的相互作用，并对油源岩的生、排油过程有着重要影响。

第三篇　陆相油源岩生油模拟实验

第 10 章　陆相油源岩生油有利条件

在地下地质条件下，油源岩的形成发育及成油成藏过程受多方面地质条件的综合控制，诸如盆地的构造演化过程、沉积环境、水体介质、生油母质、生油空间和转化条件等。本章采用有机地球化学的思维方法，从油源岩生油的地下地质条件出发，总结了陆相油源岩的生油有利条件。

10.1　油源岩生油的有利构造条件

10.1.1　盆地持续沉降阶段是陆相油源岩形成和发育的重要阶段

通过对准噶尔盆地、鄂尔多斯盆地、四川盆地、松辽盆地、渤海湾盆地的石油地质演化史进行分析发现，这些含油盆地的演化主要经历了三个发展阶段，即持续沉降阶段、整体上升阶段和全面萎缩阶段(表 10.1)。

表 10.1　陆相含油盆地构造演化阶段划分

盆地演化阶段	物理场性质	石油地质特点	准噶尔盆地	鄂尔多斯盆地	四川盆地	松辽盆地	渤海湾盆地
萎缩调整阶段	短暂沉降、上升，调整平衡	老油藏继续充注、完善定型，形成新的油藏	第四纪古近纪—新近纪白垩纪	第四纪古近纪—新近纪	第四纪古近纪—新近纪白垩纪晚侏罗世	第四纪古近纪—新近纪明水组沉积期四方台组沉积期	第四纪明化镇组沉积期馆陶组沉积期
上升剥蚀阶段	卸载减压	成藏过程		晚侏罗世—早白垩世	中侏罗世末至晚侏罗世前	嫩江期末至四方台期前	东营期末至馆陶期前
持续沉降阶段	加载增压	成油过程	侏罗纪三叠纪二叠纪	延安组沉积期富县组沉积期延长组沉积期	中侏罗世自流井组沉积期	嫩江组沉积期姚家组沉积期青山口组沉积期	东营组沉积期沙河街组沉积期

盆地持续沉降阶段是盆地内部各种沉积物质的积累过程，对陆相含油盆地而言，盆地持续沉降沉积的主要物质成分是泥质沉积物和砂质沉积物，整个沉降沉积过程是这两种物质不断充填、不断积累的持续过程。砂质沉积物表现为弹性物质特点，加载压实后产生弹性形变，只要加载量不超过弹性形变极限，卸载后能产生向原始状态复原的回弹力。泥质沉积物具有塑性物质特点，加载压实后产生塑性形变，卸载后不能向原始状态复原。在沉积物加载的同时，这些沉积物质在物理和化学作用下也发生了能量的转化和积累，其物理及化学作用的特点表现为物质持续加载增压，地层温度随着埋深的增加逐渐增大，油源岩中的有机质在温压条件及催化条件下逐渐成熟转化，并热解生成石油，泥质沉积物发育区在生烃增压的作用下形成异常高压，驱使生成的石油向上下接触的砂岩中充注。至盆地持续沉降的末期，盆地内绝大多数主要油源岩已进入成熟生油阶段，实现了大规模成油过程，但由于盆地整体处于缺少卸载减压条件的封闭体系内，此时生成的石油主要储集在源内的砂岩层中，尚未开始大规模向源外运移。

以松辽盆地为例，晚侏罗世至白垩纪嫩江组沉积期是盆地持续沉降的发展阶段。其中，晚侏罗世至泉头组沉积期是松辽盆地早期断陷沉降时期，以断陷充填式堆积为主要特点；青山口组沉积期至嫩江组沉积期是松辽盆地持续坳陷沉降时期，以快速沉降快速沉积为主要特点。尽管断陷与坳陷的沉降特点不一样，但从松辽盆地石油地质演化特征分析，这一发展阶段是松辽盆地具有石油地质意义的物质积累过程，包括富有机质泥质沉积物的积累及与暗色泥岩互层的砂质沉积物的积累，这些沉积物质在物理和化学作用下也发生了能量的转化和积累，表现为持续加载增压的物理场特征。伴随着加载增压过程，富含有机质的青山口组暗色泥岩，经压实作用和热演化过程，已成为成熟的油源岩，进入大量生成石油的高峰期。因此松辽盆地在嫩江组沉积末期，青山口组油源岩已实现了成油过程，也就是完成了有机生物能量的积累并向化学烃类能量的转化。随着石油的大量生成，泥岩中的原生孔隙不断地被石油充填，这不仅制约了泥岩的进一步压实，而且在上覆岩层的压实作用下，泥岩内部逐步处于异常高压状态。与此同时，萨尔图、葡萄花、高台子等主要储集砂岩，在嫩江组沉积末期，由于上覆岩层的压实作用，砂岩内部密度不断增加，其刚性物体的特点逐步显现，在上覆岩层的压力还没达到砂粒破碎压力的情况下，砂岩整体内部表现为弹性能量的逐步增加。因此，松辽盆地在持续沉降阶段，不仅完成了生、储、盖层及上覆岩层等主要物质的积累，而且经过一系列的物理和化学作用后，青山口组油源岩实现了成油过程及内部具异常高压状态石油集中的过程，萨尔图、葡萄花、高台子等主要储集砂岩内部也实现了大量弹性能的积累。

综上所述，陆相含油盆地持续沉降阶段是油源岩形成和发育的重要阶段，为油源岩的物质和能量的积累创造了有利条件。

10.1.2　盆地上升剥蚀阶段是陆相油源岩运移成藏的关键时期

盆地进入上升剥蚀阶段以后，盆地物理场性质由加载增压过程转变为卸载减压过程，油源岩上覆地层遭受剥蚀，厚度减薄，有效应力减小，地层内部能量释放。由于砂岩层具有弹性物质特点，只要加载量不超过弹性形变极限，外力卸载后就会产生向原始状态复原的回弹现象，进而造成砂岩孔隙内产生负压(图 10.1)。砂岩回弹产生的负压与砂岩回弹量呈正相关关系，砂岩回弹量又与剥蚀厚度呈正相关关系。通常盆地构造抬升造成盆地边缘斜坡的剥蚀厚度最大，向湖盆中心方向剥蚀厚度逐渐减小，由此造成盆地边缘斜坡的砂岩回弹量较大，而油源岩发育区的砂岩实际回弹量较小，进而导致盆地边缘斜坡砂岩层的压降大于油源岩发育区砂岩层的压降。在压差作用下，油源岩中生成的石油在连通砂体内向压力减小方向二次运移。随着油源岩孔

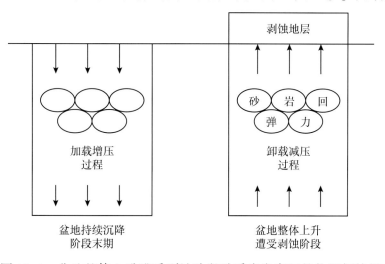

图 10.1　盆地整体上升遭受剥蚀阶段砂质岩发育区的物理场特征

155

隙中的石油不断排出，油源岩在上覆岩层的作用下进一步压实排烃，促使油源岩内部在生烃增压作用下再次形成异常高压。油源岩发育区的超压与储集岩发育区的低压之间形成的压力差，成为石油成藏的主要动力。因此，盆地上升剥蚀阶段是陆相油源岩运移成藏的关键时期，为油源岩大规模排油提供了动力条件。

10.1.3 差异压实构造与石油的生排运聚过程密切相关

在地层沉积过程中，同一沉积时期不同地区砂泥比存在明显差异，经压实作用后，砂泥比高的地区原始厚度变化小，砂泥比低的地区原始厚度变化大，造成同一沉积层在不同地区厚度的明显差别，在砂泥比高的地区呈现的背斜构造即称为差异压实构造(图10.2)。差异压实构造属于沉积构造，主要受沉积环境、古地貌等因素影响，是直接受沉积物分布状态和物性差异控制的。大型的延伸到湖盆中心的古斜坡或位于河湖过渡地带的古隆起(潜山)等地区最易形成大型差异压实构造。顺湖盆长轴方向，易于发育大型河流与大型高建设三角洲，其所形成的砂体往往是入湖的最大砂体。大砂体与其两侧湖相泥质沉积物存在较大的砂泥比差，在整体差异压实作用下，形成一系列以小幅度背斜、鼻状隆起为主的压实构造，同生断层及其相伴生的背斜并不发育。构成差异压实构造的砂质沉积物，大多是由石英和长石颗粒组成，分选性和磨圆度均较好，胶结物较少并以接触式胶结为主。这些砂质沉积物经过成岩演化阶段的发育之后，显然都将成为储集性能最好的储集岩。

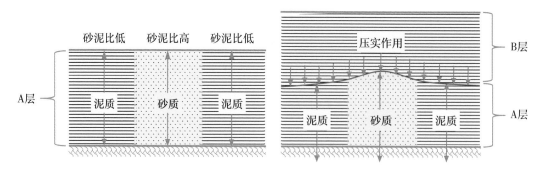

图 10.2 差异压实与"沉积构造"示意图

差异压实构造虽然不是直接受构造应力作用形成的，但它的形成与发展却与盆地整体上升或下降运动是相辅相成的。处于稳定下降阶段的大型湖盆沉积体系地区，最易发育大型差异压实构造。当盆地进入缓慢上升阶段时，沉积物负载重荷逐渐减少，压实作用明显削弱，由于泥岩层属于塑性形变，卸载后不能"复原"。但由于砂岩是弹性体，所以其上覆载荷减少时，砂岩层发生回弹，导致差异压实构造的幅度和面积扩大，同时在差异压实构造发育区与油源岩发育区之间形成有效压差，使差异压实构造发育区成为最理想的石油聚集圈闭。总而言之，差异压实构造是将石油生成、运移、聚集统一起来的最完善的石油地质综合体，含油非常丰富，往往能形成大油田。

松辽盆地中央坳陷区的大庆长垣雏形构造是目前中国内陆湖盆中发现的最完整的差异压实构造。在青山口组至嫩江组早期沉积时期，大庆长垣位于大型河流—三角洲相与湖相过渡带，砂质沉积物较发育，两侧凹陷属湖相沉积，泥质沉积物较发育，区域上大庆长垣与两侧凹陷岩性差异明显（图10.3）。大庆长垣本身北部以三角洲平原相和三角洲前缘相为主，砂质沉积物最发育，南部以前三角洲相与三角洲前缘相为主，砂质沉积物不如北部发育。河流—三角洲相的砂泥岩沉积物在差异压实作用下形成了典型的差异压实构造，塑造了大庆长垣的雏形（图10.4），对松辽盆地中部含油组合的成油成藏过程产生了重要的控制作用。

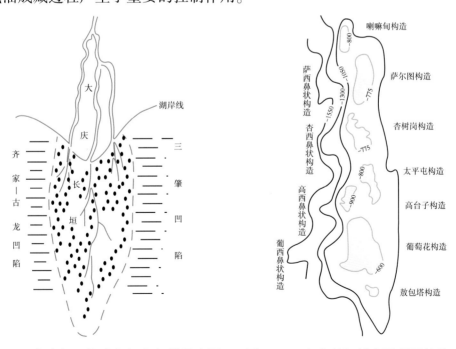

图10.3　大庆长垣构造与沉积相带叠合图　　图10.4　大庆长垣姚家组顶面构造略图

10.2 油源岩生油的有利沉积环境

10.2.1 河流—三角洲沉积体系是陆相油源岩成油成藏的有利目标主体

中国陆相沉积盆地大多是全封闭强还原环境的咸水或半咸水的内陆湖盆。通常湖盆由若干个凹陷和凸起构成。在盆地整体持续沉降阶段，油源岩发育在生油凹陷（或洼陷）内。由于凹陷的陡坡和缓坡的地貌条件差异较大，因此两种地貌环境形成的油源岩也明显不同。陡坡带地形坡度较陡，往往发育突发性的、快速堆积的冲积或洪积物，颗粒大小不一，分选、磨圆均较差，向湖盆中心方向迅速消失，这些堆积物构成的油源岩生油条件较差。缓坡带地形平坦，多形成河流—三角洲沉积。其中，单河道河流分为顺直河和曲流河，多河道分为辫状河和网状河。由于河流沉积大多是沿湖盆的长轴方向发育，因此碎屑颗粒经相对较长距离的搬运后分选、磨圆相对较好。河流注入湖盆形成河流—三角洲沉积体系，三角洲可划分为三个沉积带：（1）三角洲平原带，是河流与湖岸之间的岸上部分，以分流河道的砂、粉砂、泥质沉积为主；（2）三角洲前缘带，是河流入湖附近的滨—浅湖地区，以席状砂和滨—浅湖泥岩沉积为主；（3）前三角洲泥带，是进入半深湖沉积并逐渐向深湖过渡，以暗色泥岩为主夹薄层粉砂岩为特征。受湖盆升降运动和不同地质时期气候的影响，三角洲沉积体系或向前推进或向河岸方向退缩，这种进退式的沉积变化，在纵向沉积剖面上呈现出泥岩与砂层按不同比例互层的组合模式。靠近湖心的区域多以前三角洲（或湖相）泥岩夹砂岩为主，是油源岩的有利发育区，靠近湖盆边缘的斜坡带以储集性能较好的进积型三角洲前缘砂体夹薄层泥岩为主，是储集岩的有利发育区。若斜坡带发育的前缘砂体一直向湖心方向延伸，连通到靠近湖心的油源岩发育区，或者通过有效的输导体系连接到油源岩发育区，油源岩中已经生成并有效排出的石油就可以在二次运移驱动力的作用下，进入到三角洲前缘砂体的有利圈闭中成藏。

渤海湾盆地古近系沙四段至沙三段油源岩、松辽盆地白垩系青山口组至嫩江组油源岩、鄂尔多斯盆地延长组油源岩以及准噶尔盆地风城组油源岩都是在河流—三角洲沉积体系中形成和发育的，其岩性剖面均具有泥岩层与砂岩层按近似 7:3 的比例互层组合的特点，泥岩层中含有丰富的有机质；可以为生油提供充足的物质基础，砂岩夹层可以为油源岩生成的石油提供充足的储集空间，同时也可以促进其上下相邻的泥岩或页岩的热解生油反应持续进行。因此，河流—三角洲沉积体系是陆相油源岩形成和发育的有利区带，同时也是陆相油源岩成油成藏的有利目标主体。

10.2.2　湖相碳酸盐岩沉积环境也有利于油源岩的形成和发育

在没有外来物源体系的纯湖相沉积环境中，沉积物主要是化学和生物成因的碳酸盐岩（介壳灰岩、礁灰岩、鲕粒灰岩、白云岩等）和泥岩。碳酸盐岩常与泥岩呈薄互层出现，也有的碳酸盐岩呈无沉积构造的小丘、透镜体、豆荚体等形态分布在黑色泥质岩或黑色页岩中。这种纯湖相沉积环境中发育的泥岩与孔渗条件良好的碳酸盐岩互层的组合体即构成一套具备生油、排油和成藏条件的有效油源岩，泥岩中生成的石油在压差作用下经短距离的运移即可在溶蚀孔洞和裂缝发育的碳酸盐岩储层中聚集成藏。四川盆地侏罗系自流井组大安寨段油源岩就是典型例子，孔洞缝发育的介壳灰岩与暗色泥岩互层组合，构成一套有效的油源岩，同时也是一个自生自储的页岩油藏。因此，除了有外来物源的河流—三角洲沉积体系以外，这种无外部物源的纯湖相沉积环境也是油源岩形成和发育的有利环境。

10.3　油源岩生油的有利物质条件

中国陆相含油盆地发育的主力油源岩，都是在半咸水—咸水沉积环境下形成的（表 10.2）。咸化水体不仅有利于沉积物中有机质的保存和富集，也

表 10.2　陆相含油盆地主力油源岩发育的水体环境

盆地	油源岩	Sr/Ba 值	古盐度
渤海湾盆地	古近纪—新近系	0.62~11.31	半咸水—咸水
松辽盆地	白垩系	0.98~4.01	半咸水—咸水
四川盆地	侏罗系	0.37~4.9	半咸水—咸水
鄂尔多斯盆地	三叠系	0.33~1.22	半咸水
准噶尔盆地	石炭—二叠系	0.70~21.27	半咸水—咸水

可造成水体的密度分层和促进氧化—还原界面向上迁移，从而为油源岩的发育提供偏碱性的弱还原条件和更大的堆积空间。

在半咸水—咸水环境发育的浮游藻类是陆相油源岩主要的生油母质，浮游藻类中硅藻、甲藻、颗石藻类是油源岩中有机物质的主要贡献者，均以类脂和蛋白质含量高为特征，类脂中包含了脂肪物质、蜡和似类脂组分，对石油的生成具有重要的作用。

中—新生代陆相咸化湖盆的浮游藻类主要是沟鞭藻和葡萄藻类（表10.3、图10.5），沟鞭藻类属于甲藻的一个纲，出现于晚侏罗世，在白垩纪和古近纪—新近纪咸化湖盆中广泛发育；葡萄藻类是侏罗纪陆相咸化湖盆的主要生油母质，含有30%～70%的烃类（占植物干重），故有"油藻"之称，是藻煤、褐煤、油页岩的重要组成分子。

表 10.3　中—新生代陆相咸化湖盆的浮游藻类

盆地	地层	浮游藻类
渤海湾盆地	古近系沙河街组	富含半咸水的沟鞭藻组合，是盆地主力油源岩有机物质的主要供给者
泌阳凹陷	古近系核桃园组	
江汉盆地	古近系潜江组	
百色盆地	古近系那读组	
北部湾盆地	古近系流沙港组	
松辽盆地	白垩系青山口组、嫩江组	
吐哈盆地	侏罗系三工河组、八道湾组	发育有相当丰富的葡萄藻类

渤海湾盆地沙河街组主力油源岩富含浮游藻类，并且具有较高的沟鞭藻含量，是盆地主力油源岩有机物质的主要供给者，对油源岩生油能力具有决定性的影响。如东濮凹陷沙四段上部至沙三段沉积时期，盆地被近东西向隆起分割成南北两部分，北部为典型咸水环境，发育有异常繁盛的沟鞭藻组合，生油母质以腐泥型和腐殖—腐泥型为主，Ⅰ型和Ⅱ型干酪根比例占84.7%，Ⅲ型干酪根比例仅15.3%。南部则为淡水环境，生油母质以腐殖质为主，Ⅲ型干酪根比例高达56%，不含Ⅰ型干酪根。这就是为什么东濮凹陷已发现石油储量的90%以上都集中在北部，南部尚不足10%的主要原因。事实上，中国东部的古近系油源岩，凡是富含沟鞭藻类的油源岩都是生油能力极强的主力油源岩，江汉盆地的潜江组、泌阳凹陷的核桃园组、百色盆地的

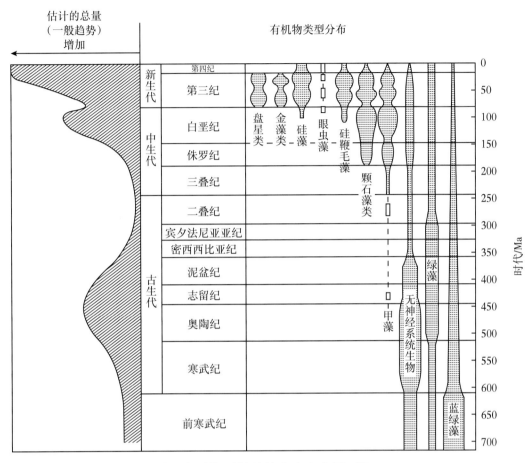

图 10.5　不同地质历史时期浮游植物丰度变化图（据 B. P. Tissot，1978）

那读组等主力油源岩，都毫无例外地富含沟鞭藻类化石（表 10.3）。

　　因此，半咸水—咸水环境下发育的浮游藻类是陆相油源岩主要的生油母质，为油源岩生油过程提供了有利的物质条件。

10.4　油源岩生油的有利空间条件

　　在有机质生油过程中，泥岩中能够为有机质热解生油反应提供的反应空间是有限的，如果生成的石油不能及时地排出泥岩，有机质的生油反应就会受到抑制。如果泥岩之间存在孔渗条件良好的砂岩（或碳酸盐岩）夹层，这种状态就能发生明显的改变。一方面砂岩夹层良好的粒间孔隙和裂缝可以为油源岩生成的石油提供充足的储集空间，有利于实现石油的初次运移；另一

161

方面砂岩夹层良好的物性有利于热能的传导，可以促进其上下相邻的泥岩或页岩的热解生油反应持续进行。

根据初次运移模型的理论计算结果，在地质条件下，油源岩中 3:7 的砂泥比例最有利于石油的初次运移，并且砂岩孔隙度越大，在泥岩中的分布位置越均衡，油源岩的排油效率就越高。

中国陆相含油盆地的勘探实践也已经证实，陆相含油盆地的主力油源岩都不是一套仅有暗色泥岩的地层，而是由若干层泥质岩（或页岩）与渗透性地层互层叠置组合而成的地层。例如，渤海湾盆地古近系沙河街组沙三段和沙四段油源岩、松辽盆地白垩系青山口组一段油源岩、四川盆地侏罗系自流井组大安寨段油源岩、鄂尔多斯盆地三叠系延长组油源岩、准噶尔盆地二叠系风城组油源岩等，这些含油盆地的主力油源岩都是由泥质岩（或页岩）和砂质岩（或与砂质岩物性特点相当的碳酸盐岩）共同构成，并且砂质岩与泥质岩之比大多为 3:7。

按照有限空间生油理论的思维方法，中国石油化工集团公司石油勘探开发研究院无锡实验地质研究所，2009 年研制了地层孔隙热压生排烃模拟实验仪，并开展了相应的模拟实验。实验结果表明，盆地持续沉降过程中油源岩生油过程具有 3 阶段性，在成熟度小于 0.7% 之前，油源岩处于缓慢生油阶段，0.7%~0.9% 则处于快速生油阶段，至 0.9% 时已基本达到生油最高峰，大于 0.9% 之后，受油源岩内部流体压力的作用，极大地抑制了油源岩中干酪根向烃的转化，对于高有机质丰度和有机质类型好的油源岩，异常压力使油源岩油产率出现一个平台。在盆地持续沉降阶段，油源岩破裂作用排出油可大量滞留在油源岩表面及与之有连通的微裂缝中，部分排出油可进入与泥岩层互层的薄砂岩层内，并可能形成页岩油藏。即使盆地（或凹陷）的油源岩进入了生油高峰阶段，但如果盆地（或凹陷）演化不存在明显的构造抬升作用，没有造成生油区与主要储层之间存在压差，那么油源岩生成的油几乎难以远距离运聚到储层中进行有效成藏；只有当盆地整体上升阶段油源岩区与储集岩区压力系统差达到一个临界压力差值（约 4~5MPa）时，才可以使油源岩生成的油较有效地发生远距离排运至储层中进行有效成藏。

因此，对于一套有效的油源岩而言，不仅要有富有机质泥岩，更重要的是要具备孔渗条件良好的砂岩层（或碳酸盐岩），砂岩层和泥岩层按近似 3:7

的比例互层叠置，可以为油源岩生油和排油过程提供有利的空间条件。

10.5 油源岩生油的有利催化条件

在盆地构造演化过程中，沿着主要断裂带有规模不等的火成岩喷发，不同规模的火山活动在宏观上控制了盆地内各坳陷地温场的差异，地温场的差异导致深大断裂周邻各坳陷的油源岩成熟门限表现出明显差异。与此同时，在深大断裂从地层深部引发的异常热流体中含有丰富的矿物质、金属及非金属元素，一方面可以促进水生生物的繁盛生长，为油源岩中有机质的积累提供有利条件，另一方面可以为油源岩热解生油过程起到积极的催化作用，促进有机质的热解生油过程。

中国陆相油源岩及陆相原油中均含有较多的金属、稀有金属及稀有放射性金属元素，例如：松辽、渤海湾、准噶尔等含油盆地的原油中，Fe、Mn、Zn、Cu 等金属元素的含量，均高于中国沉积层平均含量 1~2 个数量级。这些金属、稀有金属元素可能来源地幔深处，沿盆地附近深大断裂进入生油凹陷(或洼陷)内，对有机质热解生油起到了有利的催化作用。例如东濮凹陷在沙河街组主力油源岩发育时期，湖盆被近东西向隆起分割为南北两部分，南部主要以火山活动为主，北部则以地下深层热卤水上涌为主。北部湖区在地下深层卤水上涌的同时带来一些生物生长所必需的氮、磷、钾等元素，适宜的气候加上充足的营养物质，促进了藻类等嗜盐微生物的勃发生长，这些生物死后沉入底部，高盐度水体保护其不受破坏，沉积形成厚层油源岩。盐岩与富含有机质的油源岩互层发育，又对有机质的热解生油起到积极的催化作用(提高 15%)，加快了沙河街组沙三段和沙一段油源岩的热演化，使油源岩的生油过程提前进入"生油窗"。

第 11 章　陆相油源岩生油模拟实验仪

石油有机成因说确立之后，石油的化学组成与有机物质的成因关联，就成为石油地质家研究油源岩的主要内容。涉及有机物质的沉积环境、有机物质的形成及聚集、油源岩中有机物质的分析鉴定、有机物质向石油的转化及有机化学指标、有机物质类型及与油源岩生油（气）潜力评价，等等。研究方法主要是分析化学和有机化学的室内实验，研究成果主要是对油源岩的定性评价。

11.1　概述

1978 年，B. P. 蒂索和 D. H. 威尔特来中国讲学，在推广干酪根热降解生油学说的同时，将用于对油页岩评价的岩石评价热解仪，介绍给中国用于对油源岩的生油（气）潜力进行评价研究，评价的参数全盘照搬油页岩样品热解评价的主要参数（如下表所示）。因此从 20 世纪 80 年代开始，石油地质家就把岩石评价热解仪，作为油源岩生油模拟实验仪，用高温热解方法模拟有机质高温热解生油的实验（表 11.1）。

表 11.1　中国油页岩岩样热解分析基础数据表（据赵隆业等，1990）

采样地点	岩样总有机碳 TOC/ %	P_2 峰顶温度 T_{max}/ ℃	岩石中的可溶烃 S_1/ (mg/g)	热解烃量 S_2/ (mg/g)	有机二氧化碳量 S_3/ (mg/g)	产油潜力 S_1+S_2/ (mg/g)	产油指数	类型指数	HI mg/g (TOC)	OI mg/g (TOC)	有效碳 CP/ %	降解潜率 CP/ TOC/ %
抚顺（贫矿）	8.8	433	1.7	51.92	1.98	53.7	0.03	26.22	589	22	4.46	50.65
桦甸（第八层）	21.1	432	1.98	76.72	6.72	70.7	0.03	11.42	363	11.42	6.53	30.96
汪清	12.85	431	6.8	79.2	5.6	86.98	0.08	14.16	616	14.16	7.14	55.6
小峡	30.45	429	14.46	185.12	4.16	159.98	0.07	44.58	481	44.58	16.57	43.03
吴城	10.33	419	10.12	75.68	3.28	85.72	0.12	23.05	731	23.05	7.11	68.07

164

续表

采样地点	岩样总有机碳 TOC/%	P_2峰顶温度 T_{max}/℃	岩石中的可溶烃 S_1/(mg/g)	热解烃量 S_2/(mg/g)	有机二氧化碳量 S_3/(mg/g)	产油潜力 S_1+S_2/(mg/g)	产油指数	类型指数	HI mg/g(TOC)	OI mg/g(TOC)	有效碳 CP/%	降解潜率 CP/TOC/%
铜川	15.48	433	1.56	39.92	8.12	41.48	0.04	4.92	259	4.92	3.44	22.36
乌鲁木齐	13.1	440	1.1	71.92	1.66	73.02	0.02	43.33	549	43.33	6.07	46.3
依兰	4.29	437	0.66	17.13	1.3	17.04	0.04	9.54	400	9.54	1.48	34.52
丰宁	23.9	433	2.85	130.6	3.05	133.45	0.03	42.82	548	42.82	11.88	46.54
茂名	4	434	0.25	2.7	0.7	2.95	0.03	3.86	96	3.86	8.24	5.1
华亭	39	426	4.35	152	3.4	156.35	0.03	44.71	389	44.71	12.9	33.27
海石湾	9.48	434	0.55	13.48	1.7	13.95	0.04	7.83	142	7.83	1.16	12.32
铜川	11.9	427	0.3	27.95	2.7	28.75	0.03	10.35	234	10.35	2.39	20.05
茂名（金矿）	20.15		1.35	158.9	2.11	160.25	0.01	75.31		75.31		66
茂名（羊角）	22.29		2.14	135.24	5.49	137.38	0.02	24.63		24.63		51
抚顺（富矿）	18.92		1.98	204.71	0.71	286.69	0.01	288.32		288.32		91
抚顺（贫矿）	9.28		0.82	87.67	5.39	83.49	0.01	224.8		224.8		
抚顺（1）	8.83	446	1.61	46.32	0.58	47.93	0.03	79.67	524.5	79.67		
抚顺（2）	16.52	445	1.7	103.72	0.57	105.48	0.02	181.96	627.8	181.93		
抚顺（3）	12.53	442	2.15	74.94	1.16	77.89	0.05	78.9	579.6	78.9		
茂名（1）	14.96	431	1.53	64.39	1.39	65.42	0.02	46.31	521	46.31		
茂名（2）	7.14	419	3.09	75.19	4.59	76.2	0.04	16.37	584.6	16.37		

　　模拟实验是在实验室中模拟地质条件下的各种物理、化学作用下的有机质生油过程。按照这种思路，中国石化石油勘探开发研究院无锡石油地质研究所2009年自主研制了地层孔隙热压生排油模拟实验仪，主要模拟油源岩充满生油凹陷（或洼陷）空间时的温度和压力条件下，有机质热解生油过程和特点。有关这方面的资料，笔者在《烃源岩有限空间生烃理论及应用》一书（石油工业出版社，2014）已详细介绍，本书不再赘述。需要指出的是这台生油模拟实验仪，是国内外第一台真正意义的模拟实验仪，也是标志着模拟生油实验研究的开始。通过近十年的模拟实验，初步实现了中温条件即模拟温度在360℃时的有机质热解生油过程。整个模拟温度在250~360℃区间，获取了S_1的生油量。同时，按照有机地球化学实验（室）规范的要求，又重新对样品进行了高温热解求取S_2值，为的是计算S_1+S_2的生油潜力总量。

从 2018 年开始，笔者及研究团队开展了全方位的模拟生油实验。所谓全方位是指首先对油源岩进行全岩组分分析，根据分析数据备制样品，按地下地质条件的真实温度和压力进行模拟实验，主要目的是探索油源岩低温催化（条件）生油过程。为此，在原地层孔隙热压生排油模拟实验仪基础上，重新研发了适应模拟实验目的和要求的油源岩生油模拟实验仪。该仪器采用三套油气生成模拟装置和一套产物收集系统。三套油气生成模拟装置分别控制，数据统一采集记录，同时可对多个样品开展生油模拟单因素的研究实验，解决了以往的实验工作量大、耗时长的问题。

在模拟实验方法方面，分别做了油源岩生油样品的全岩全组分的分析、金属和非金属元素的催化作用、低温催化生油模拟实验、S_1 生油量资源主要参数的获取等方面的基础研究工作。尽管许多研究工作还未能取得系统完整的成果，但已经为深入开展这方面的工作奠定了基础。本书将简要地介绍油源岩低温催化生油模拟实验的一些初步成果和认识。

11.2　油源岩生油模拟实验仪的主要组成

该仪器主要包括：油气生成模拟装置（三套）、流体注入系统、产物收集分离系统、自动控制与数据采集系统、外围辅助设备等（图 11.1、图 11.2、图 11.3）。

图 11.1　油源岩生油模拟实验仪

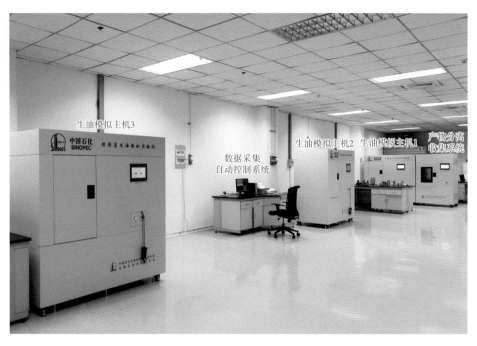

图 11.2　油源岩生油模拟实验整体实物图

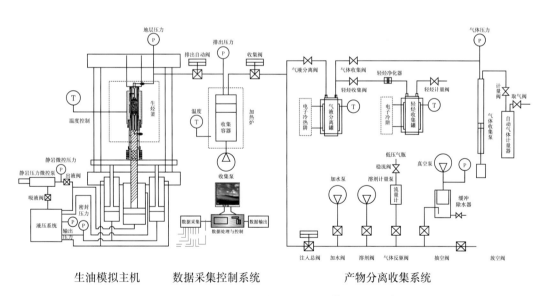

图 11.3　油源岩生油模拟实验主体框架示意图

11.2.1　油气生成模拟装置

该装置主要由生油反应釜、电热炉和液压控制系统组成。

（1）生油反应釜是整台仪器的重要部件（图11.4、图11.5）用于放置油源岩样品进行模拟实验；生油反应釜内置底座、底螺栓、下静岩压杆、石墨垫圈、紫铜垫圈、注液通道、内压环、烧结垫片、样品套、釜体、导液通道、上静岩压杆、顶施压套、小紫铜压环。其中，底座、底螺栓、石墨垫圈1、紫铜垫圈1、内压环1、样品套、内压环2、紫铜垫圈2、石墨垫圈2、顶施压套用于对岩样进行密封；上静岩压杆、烧结垫片、下静岩压杆用于对岩样施加静岩压力；导液通道用于导出生油反应釜中的油气水；注液通道用于对生油反应釜中的岩样注入各种流体。釜体选用的材料是高温高强度合金钢，其屈服强度和抗拉强度值远大于普通不锈钢，从而确保模拟实验过程中的安全性。

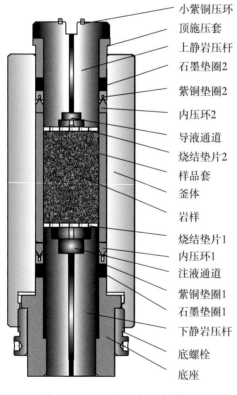

图11.4　生油反应釜结构图

小紫铜压环
顶施压套
上静岩压杆
石墨垫圈2
紫铜垫圈2
内压环2
导液通道
烧结垫片2
样品套
釜体
岩样
烧结垫片1
内压环1
注液通道
紫铜垫圈1
石墨垫圈1
下静岩压杆
底螺栓
底座

图11.5　生油反应釜实物图

主要功能特点：釜体顶部设置流体管线快速接头，样品装卸方便，样品室内径35mm，装样量不少于150g，满足了实验后岩矿分析测试项目的需求（图11.6）。

图 11.6　生油反应釜部件

（2）高温电热炉（图 11.7）采用强制性热风循环工作方式，主要由不锈钢内衬、可更换铁铬金属电阻丝、特种高密度陶瓷纤维材料保温层、夹层加热循环系统、强制送风高温马达、高温热风循环通道等组成。

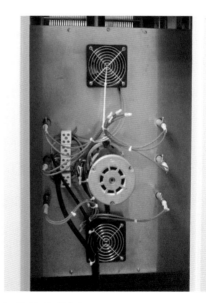

图 11.7　高温箱式电热炉实物图

主要功能特点：

①保持生油反应釜上下温度恒定，且升温速度快，升温速度可调节。

②可编程逻辑控制器(PLC)实现十六段长时间连续控温和恒温(图11.8)，自动升温和恒温，具有进程控制(PID)参数自整定、手动/自动无干扰切换和超温报警功能。

③控温精度高，温度均匀性为±3℃，精度为±2℃，温度上限为350℃。

图11.8　高温箱式电热炉加热控制界面图

(3)液压控制系统：主要由液压系统、油缸、微流量输出控制泵组成，系统采用同向三缸技术(图11.9)，自动程序控制压力的升降，提供最大150MPa的压力，相当于模拟地下5000m深处岩石所承受的上覆静岩压力。

①液压系统用于控制生油反应釜液压传动装置的液压传导，对三个油缸进行加压和减压控制；主油缸用于对生油反应釜内岩石样品施加静岩压力，另两个油缸用于对反应釜进行密封。

②微流量输出控制泵用于更加精确控制生油反应釜内的压力。

③液压装置集中于反应釜下部，方便装卸样品，降低了仪器高度，有助于仪器的外观优化。

主要功能特点：

①可以实现连续多段自动程序压力控制，模拟地层的上升与沉降过程。

②保证长时间、稳定地将上覆静岩压力直接施加到反应釜中的岩心上。

③顶板装置由顶板、油缸组成；油缸推动顶板向上移动，对生油反应釜进行密封。采用的顶板装置，能够加大散热面积，降低油缸温度，有效减缓

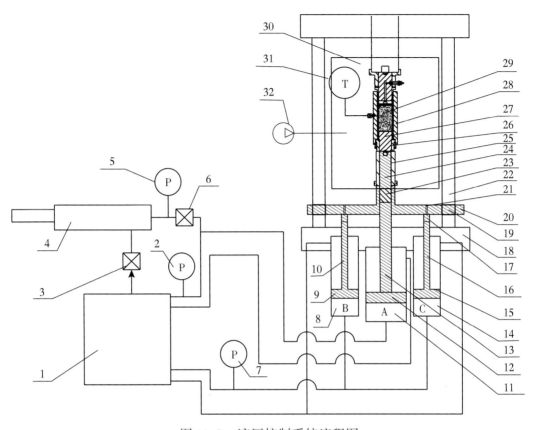

图 11.9　液压控制系统流程图

1—液压系统；2—输出压力控制器 A；3—吸液阀；4—压力微控泵；5—微控压力控制器；
6—出液阀；7—输出压力控制器 B；8—油缸 B；9—活塞 B；10—油缸顶柱 B；11—油缸 A；
12—活塞 A；13—油缸顶柱 A；14—油缸 C；15—活塞 C；16—油缸顶柱 C；17—隔热块；
18—龙门架底板；19—滑动套；20—顶板；21—螺栓；22—固定支架；23—隔热陶瓷块；
24—顶杆；25—外压套；26—密封压环；27—中心顶柱；28—生油反应釜；29—岩石样品；
30—加热炉；31—温度控制器；32—空气冷却泵

在模拟实验过程中因长时间加热至使油缸内油的过热膨胀导致压力的波动和
油缸内密封件的老化，保护油缸的使用寿命。

　　④整个液压传动系统具有自动、手动和遥控三种功能（图 11.10），可编
程逻辑控制器（PLC）编程控制液压传动系统，通过参数设置可自动控制油缸
的升降（图 11.11），装置操作简单。由于三个油缸均安装在生油模拟装置的
下部，对环境的要求小得多，能适用于高度较低的实验室。

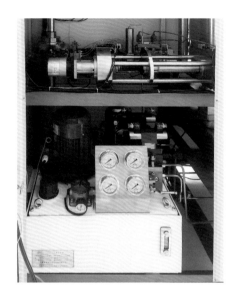
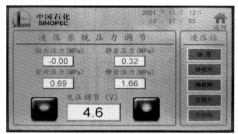
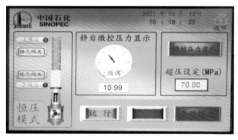

图 11.10　液压控制系统实物图

图 11.11　静岩微控压力设定

11.2.2　流体注入系统

该系统主要由高压恒定计量泵、储水罐、溶剂罐、气体流量计、高压活塞容器、有机溶剂清洗装置、真空装置及各类气动阀等组成(图 11.12)，用于设备的试漏、抽真空，对生油反应釜注入高压流体、维持反应釜流体压力以及在线清洗生成的油气产物。

主要功能特点：

①通过高压恒定计量泵和气动阀控制不同介质流体的注入，注入高压流体压力最大 60MPa；

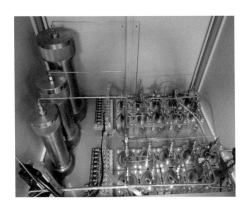

图 11.12　流体注入系统实物图

②流体注入系统控制具有实时显示系统的温度、压力，超压报警、记录及设置参数等功能，全程控制操作过程的可视化（图 11.13）；

③在模拟实验过程中可以注入通过人工配比含有金属、稀有金属元素的高压流体，研究 T、P、金属元素、地层水矿化度、油源岩组合等单因素对油源岩生油过程的影响作用。

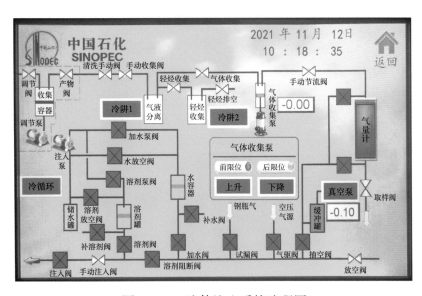

图 11.13　流体注入系统流程图

11.2.3　产物收集分离系统

主要包括高压气动阀、高压收集容器、平衡高压泵、气液分离装置、冷阱、冷热阱、气体自动收集装置及连通管道等（图 11.13，图 11.14）。

173

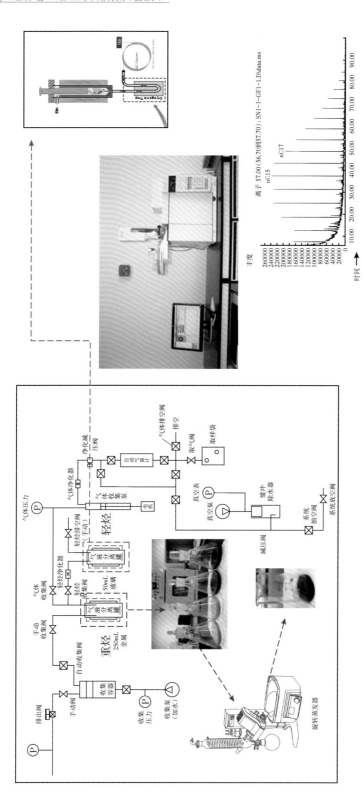

图 11.14 产物分离收集系统流程图

(1)高压气动阀用于控制生油反应釜内的油气排出，最大可控压力可以达到150MPa，有效工作压力为常压至120MPa之间任意可调，具有手动与自动双重功能。高压气动阀可以在生油气过程中按设定的流体压力排出生成的油气，进入高压收集容器，通过平衡高压泵平衡生油反应釜内的压力，也可以只在某个流体压力范围内进行生油气模拟试验。同时该阀门也是安全阀门，其控制信号与报警器相连，反应体系的压力超过了仪器能承受的最大压力时就会发出报警信号，同时打开阀门排出流体降压。

(2)气液分离装置用于气体、重烃和轻烃的分离，主要包括重烃分离器、轻烃分离器。重烃分离器以接收分离来自收集容器的流体，通过冷热阱调节重烃分离器内部空间的温度，将流体中的重质油和液烃保留在重烃分离器中，升高温度将轻烃和气分离出去。轻烃分离器通过冷阱将轻烃保留在分离器中，将气体分离出去。

(3)气体自动收集器通过设置储气阀和气体收集电磁阀用于对气体进行自动定量收集(图11.15)。产物收集分离系统与排出气动阀配合可以实现排出流体收集的自动化。产物(气体、液体)计量装置要求具有高精度，确保气态、液态(尤其是轻烃)产物能够精确计量。

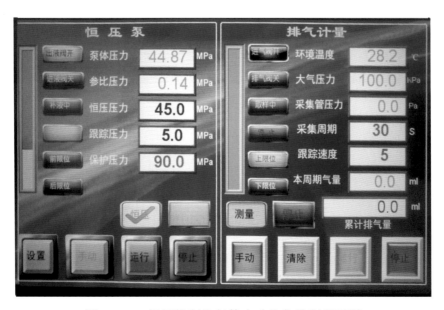

图11.15　恒压控制和气体自动收集控制界面图

11.2.4 自动控制与数据采集系统

该系统主要由 PLC 控制器、触摸屏、数字量输入模块、温度变送器、高温压力传感器、气动阀、电磁阀、进出报警装置、电气部件和计算机组成。

(1) 自动控制系统采用了与伺服技术、气动技术和电气可编程控制技术(图 11.16)。比例伺服控制替代了传统的气动开关控制,提高了控制精度。利用触摸屏和 PLC 控制器的强大的控制功能,发挥了触摸屏友好的人机交互,系统控制方式更加灵活,自动化水平更高,提高了系统的可靠性。减少了操作面板上的开关数量,省去了复杂的电气接线,使操作人性化。操作人员可以直接通过触摸屏的按钮来控制系统的运行,简化了操作难度,且通过运行曲线可以更直观地掌握系统的运行状态。系统具有实时显示被控系统的参数值、显示曲线、控制、报警、记录及设置参数等功能,实现了控制系统的安全性及操作过程的可视化。

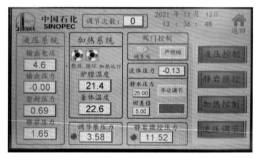
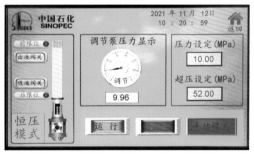
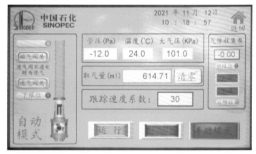

图 11.16 PLC 控制器和触摸屏控制显示界面图

(2) 可编程逻辑控制器(PLC)依据仪器的功能特点要求,采用模块化结构,将系统功能划分为几个功能相对独立的模块,每个模块又划分为几个小的部分。为防止因误操作导致系统程序执行错误,在程序里加入执行条件判断，实现程序互锁，防止子程序相互干扰。

可编程逻辑控制器（PLC）接收输入各部件的检测结果信号、油缸与按钮的开关量信号、温度压力模拟量信号。通过模拟量信号，能够对各温度和压力的具体数值进行观察；按钮开关量信号则能够将操作者的各种动作指令反映出来，磁性开关量能够将缸杆的具体位置反映出来。系统输出信息包含报警蜂鸣器信号、运行指示灯、阀信号，其中阀信号能够为气动阀、电磁阀、油缸等动作提供驱动，将系统当前的运行状况通过运转指示灯显示出来，在系统存在操作错误的情况下，即温度、压力与系统要求不符合时，蜂鸣器会发出警报，使系统的运行能够维持安全状态。

（3）触摸屏配置 Windows CE 操作系统，结合组态软件，选择相对应的通信驱动程序，定义组态变量，实现逻辑连接，然后建立过程画面，指定系统属性。将复杂机械控制自动化、可视化，通过图形进行画面显示，实现人机互动。触摸屏通过 RJ-45 接口、USB、RS-422、RS-232 接口与 PLC、计算机进行数据交换。

（4）温度控制是通过温度变送器实现的。生油模拟实验与加热样品温度的准确性和控温的精确性密切相关，也就是与温度变送器的测温精度和温控器控制温度的能力相关。温度变送器的核心部件是热敏元件，精度等级为±(0.15+0.2%)，属于国家 A 级标准，误差范围±2℃。

（5）静岩压力和地层流体压力控制由特制的高温压力传感器实现。系统的压力充分考虑了静岩压力、地层流体压力以及实验过程更接近实际地质条件。压力控制范围在 0~150MPa，精度在±0.2MPa 之内。

（6）数据采集系统主要触摸屏、计算机、打印机及其辅助设备组成。触摸屏通过组态软件与计算机之间建立动态数据交换与通信联系，由计算机进行控制和数据采集。采集的数据包括：静岩压力、流体压力、模拟时间、模拟温度、样品编号等（图 11.17）。

11.2.5　外围辅助设备

外围辅助设备主要包括龙门架、高精度真空泵、高压缓冲容器、各类高压自动控制阀、各类高压连接管线等。

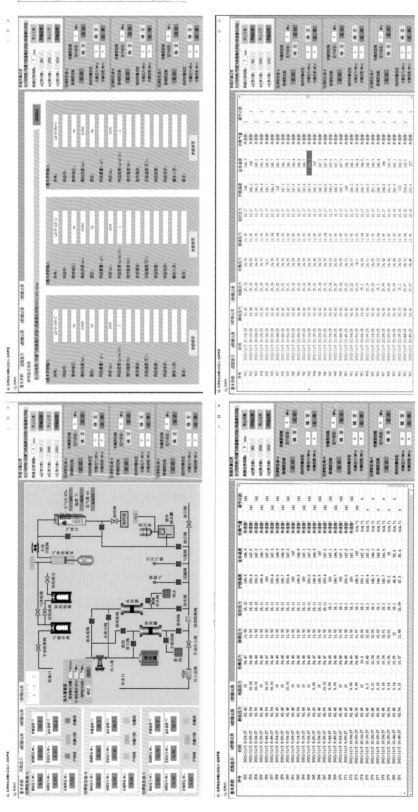

图 11.17　数据采集系统界面图

11.3 油源岩生油模拟实验仪的功能及技术指标

11.3.1 主要功能

（1）有效性：能开展与地质条件相同的温度、压力、样品、稀有金属元素组成等条件下的油源岩生油模拟实验。

（2）自动化：实验过程的压力、温度与速率能实现自动控制和调节，并实时记录。两个关键的部件：①所有的阀门自动控制；②控制系统对生油、流体产物收集过程的自动控制。

（3）安全性：实验过程是在高温、高压条件下进行的，确保实验过程安全、平稳。

（4）生油反应釜及管道的耐高温、高压与抗腐蚀技术：生油反应是在高温和高压条件下进行的，生成的油气产物具有较强的腐蚀性，因此反应釜及其连接管道必须耐高温、高压与防腐性能，确保反应釜在高温、高压条件下不发生变形与密封性及不发生与生油反应无关的其他化学反应。

（5）生油反应釜均一性温度控制技术：在模拟实验体系中，温度是影响整个实验最主要的因素。要求能够准确检测反应釜的实际反应温度，确保反应釜温度误差在±2℃。

（6）高压密闭技术：通过特殊设计，使用特殊材料，确保在实验过程中，整个高压系统的稳定性；其关键是各种密封件、阀门、连接系统在高温、高压条件下的密封能力。

（7）液压三缸控制技术：主油缸确保对生油反应釜内岩石样品施加静岩压力，其余两个油缸确保对反应釜进行密封，自动程序控制压力的升降。

（8）PLC编程控制技术：整个控制系统具有实时显示被控系统的数值、显示曲线、控制、报警、记录及设置参数等功能，控制系统的安全性以及操作过程的可视化。

（9）触摸屏组态控制技术：选择相对应的通讯驱动程序，定义组态变量，实现逻辑连接，将复杂机械控制自动化、可视化，通过图形进行画面显示，实现人机互动。

（10）自动控制技术，包括对实验温度、压力的控制。温度控制通过自动加热程序，保证实验温度程序升降温，并且温度不能过冲。利用压力泵自动排放液体来控制压力。

11.3.2 主要技术指标

（1）模拟温度：上限350℃，正常使用一般在60~250℃，可以多段长时间持续升温、恒温与降温，温控精度±2℃，实际温度漂移不超过±3℃。

（2）压力：流体压力最高45~120MPa，静岩压力最高100~150MPa（最高模拟埋深4500~5000m）。可以连续多段自动压力程序控制，模拟地层上升与沉降过程。

（3）样品量：满足氯仿沥青"A"抽提、扫描电镜（块样20g）、X衍射全岩（块样20g）、X衍射黏土矿物（大于50g）、全岩反射率、金属元素等分析的要求量，总量不少于150g，样品室内径35mm。

（4）油气生成模拟装置：三套反应釜体和龙门架机构；三套液压工作站，液压传动系统具有自动、手动和遥控三重功能；同时可进行多个样品生油模拟实验。

（5）样品室：内壁加厚，内径35mm，装样量不少于150g。

（6）内置小样品室：采用面密封，外径为35mm，内挖15~20mm中空。

（7）注入系统一套，分别控制三套油气生成模拟装置流体注入。

（8）数据采集与控制系统：油气生成模拟装置的控制和数据记录，气体流量自动计算，气体与液体产物冷凝（可控电子冷凝，最低温度-20℃），液态产物定量称量，气体产物色谱定量。

11.4 油源岩生油模拟实验仪和地层热压生烃模拟仪对比

中国石化石油勘探开发研究院无锡石油地质研究所长期致力于油源岩生油模拟实验的研究，从2005年开始，立足于石油地球化学的学科特点和研究方法，以成盆成烃成藏理论思维为指导，自主研发了符合油源岩地下石油地质条件和环境特点的DK-Ⅰ型、DK-Ⅱ型和DK-Ⅲ型地层孔隙热压生排烃模拟实验仪，主要模拟油源岩充满生油凹陷（或洼陷）空间时的温度和压力条件下有机质热解生油过程和特点。与前几代地层孔隙热压生排油模拟实验仪相比，重新研发的油源岩生油模拟实验仪在油气生成模拟装置、模拟方式、施压方式等多个方面进行了全面升级，解决了以往的实验工作量大、耗时长的问题，具体的仪器性能对比和功能对比见表11.2。

表11.2 油源岩生油模拟实验仪和地层热压生烃模拟仪性能及功能对比表

模拟实验参数	DK-Ⅰ型地层孔隙热压生烃模拟仪	DK-Ⅱ型地层孔隙热压生烃模拟仪	DK-Ⅲ型地层孔隙热压生烃模拟仪	油源岩生油模拟实验仪
实验样品	有机质类型、丰度TOC、演化程度R_o	有机质类型、丰度TOC、演化程度R_o	有机质类型、丰度TOC、演化程度R_o	有机质类型、丰度TOC、演化程度R_o、矿物组成、黏土矿物、沉积水体盐度及矿化度
油气生成模拟装置	1个样品的生油模拟	1个样品的生油模拟	1个样品的生油模拟	同时可进行3个样品的生油模拟(单因素)实验
最高模拟温度/℃	550	550	550	350(16段PLC长时间连续控温和恒温)
使用温度范围/℃	250~550	250~550	250~550	60~250
模拟方式	恒温热解	恒温热解	恒温热解	恒温热解、动力学方式(变速升温)
最高静岩压力/MPa	100	150	200	150
最高流体压力/MPa	60	90	120	60
施压方式	静态	静态	静态	上覆静岩压力动态程序施压
反应空间	接近地层孔隙	接近地层孔隙	接近地层孔隙	接近地层孔隙
液压控制	双缸双向	双缸双向	双缸双向	三缸同向
地层流体	蒸馏水	蒸馏水	蒸馏水地层水	地层水、含不同金属元素流体
油气收集	轻烃损失	轻烃损失	轻烃损失	全组分收集(气体、轻烃、重烃)
自动控制程度	手动、单机	半自动、单机	按钮式自控、单机	触摸屏PLC自控

11.5　仪器主要用途

油源岩生油模拟实验仪能再现不同含油气盆地生油过程和特点的模拟实验，根据油源岩在地下所处的实际石油地质条件（反应的物质组成）和环境（反应的物理化学条件）模拟油源岩的生油过程，可以进行：

（1）黏土矿物成岩转化对有机质生油影响的模拟实验；

（2）过渡族、放射性金属元素等对有机质生油影响的模拟实验；

（3）生烃动力学模拟实验。

11.6　实验操作及其注意事项

油源岩生油模拟实验仪由3台油气生成模拟装置（主机）和1台产物收集系统组成，产物收集系统设有快速插头，每台油气生成模拟装置（主机）进行实验时，依次连接。在实验过程中，必须注意以下操作要领。

11.6.1　装样

（1）检查生油反应釜组件是否齐全：釜体、底座、底螺栓、下静岩压杆、上静岩压杆、顶施压套、两个内压环、两个紫铜垫圈、两个烧结垫片、两个石墨垫圈、一个上静岩压杆小紫铜压环。

（2）称取一定量样品备用，80~150g为宜。

（3）底座、底螺栓、下静岩压杆依次装好，下静岩压杆上依次套上石墨垫圈1、紫铜垫圈1、内压环1，将釜体套于其上。

（4）在样品套一端放入烧结垫片1，然后将样品套放入釜体，将样品分批次装入样品套，样品全部装入后，上方再放置烧结垫片2。

（5）放入内压环2、紫铜垫圈2、石墨垫圈2，将上静岩压杆插入样品套上方，放置顶施压套。

（6）将装好的反应釜放置于加热炉内，注意反应釜侧面开孔处，要与加热炉内温度传感器对应。

11. 6. 2　施压

（1）开启液压机遥控器，右旋红色按钮，点绿色"start"按钮即为启动，再点一下红色按钮为关闭，注意每台主机的遥控器是对应的，不能混用。

（2）点击仪器主机屏幕的"开始实验"—"液压控制"—"电压调节"，调节电压设置为6~7V为宜。

（3）按"主控升"，施加密封压力，控制到20MPa。

（4）点"电压调节"，设置为3~5V，按"静岩升"实际静岩压力，初始阶段可以比需要的实验设定的静岩压力值小，但注意观察反应釜底部，施加静岩压杆的施压杆不要悬空。

（5）点击仪器主机屏幕的"开始实验"—"静岩微控"—"微控压力设定"，可分段设置静岩压力值，以保证静岩压力值维持在设定值，设定完毕，点"运行"。

（6）按液压机遥控器红色按钮，关闭施压系统。

11. 6. 3　试漏、抽真空、加水

（1）点击仪器主机屏幕的"流压调节"—"压力设定"，设置为2MPa，先将调节泵活塞打至顶部，然后停止其运行。

（2）抽真空：开启主机屏幕上"产物阀"—"手动调节"，开启收集系统屏幕上的"注入阀"—"手动注入阀"—"溶剂阻断阀"—"抽空阀"，点击"真空泵"，对高压釜系统抽真空，一般抽真空3~5min，然后关闭"真空泵"和"抽空阀"。

（3）注气试漏：点开"试漏阀"，开启高压气瓶及旁边的"高压气阀"，待气体进入高压釜系统后，关闭"试漏阀"，观察仪器主机屏幕上"流体压力"是否下降，不下降说明密封良好，手动打开"放空阀"，排出氮气，然后关闭"放空阀"，重复上述抽真空步骤，之后再注气，此过程重复2~3次，最后一次将系统抽成真空状态。

（4）注水试漏：开启主机屏幕上"产物阀"—"手动调节"，开启收集系统屏幕上的"注入阀"—"手动注入阀"—"溶剂阻断阀"—"加水阀"—"加水泵阀"，同时开启注入泵，设定"恒压模式"，试漏30~

50MPa，大小不超过前述所设的静岩压力值，点击"运行"，待主机屏幕上"流体压力"显示达到所注入值时，关闭注入泵、主机屏幕上"产物阀"—"手动调节"，观察"流体压力"是否下降，试漏时间一般30min以上。

（5）待确定系统不漏后，开启主机屏幕的"产物阀"—"手动调节"，收集系统屏幕上的"注入阀"—"手动注入阀"—"溶剂阻断阀"和"放空阀"，将"流体压力"调节至2~3MPa，然后关闭上述开启的阀门。

11.6.4 升温

（1）点击仪器主机屏幕的"加热控制"，设置实验所需的温度和加热时间。

（2）关闭加热炉的炉门，关闭前，检查温度传感器是否插入高压釜侧面的开孔处。

（3）点击主机屏幕的"加热控制"—"炉膛电源"—"加热"，开始加热。

11.6.5 压力设置

（1）在仪器主机屏幕依次输入实验所需的"静水压力"—"回压差"。

（2）点击主机屏幕"流压调节"—"压力设定"，设定值略小于"静水压力"，其差值小于0.5MPa即可。

（3）按"主控升"，施加密封压力，一般20MPa即可。

仪器进入加热生油过程，直至实验结束。

11.6.6 气体收集

（1）安装连接气液分离罐，提前开启收集系统屏幕上的"冷循环"—"冷阱1"，制冷10min。

（2）将"取气待"插入取样口，点"气体收集泵"下方的"下降"，使其退至"后限位"。

（3）开启"真空泵"及"气量计"左侧上下两个按钮—"手动节流阀"—"气体收集阀"—"手动收集阀"和"清洗手动阀"，对收集系统抽真空3~5min，之后，关闭"真空泵"及上方两个开关和"手动节流阀"。

(4)点开"气量计"，将取气量"清零"，点"运行"。

(5)关闭"手动节流阀"和"清洗手动阀"，点开"产物阀"，缓慢打开"清洗手动阀"，将高压釜内的油气水进入缓慢释放，气体收集泵内的压力以0.2~0.3MPa为宜，如偏大，则及时关闭"清洗手动阀"。

(6)缓慢打开"手动节流阀"，开始计量气体，计量时，当气体计量泵降至"下限位"，听到"进气阀"开的声音，红色箭头开始向上时，关闭"手动节流阀"，气体通过取样阀进入"气袋"，当达到"上限位"，听到"排气阀"开的声音，红色箭头开始向下时，开启"手动节流阀"，计量气体。

(7)重复以上过程，直至气体计量完毕，最终要将气体收集泵打至"前限位"。

(8)如若遇到气体较少时，点"手动模式"—"排气阀"—"上升"，取气。

11.6.7　卸样

(1)开启液压机遥控器，右旋红色按钮，点绿色 start 按钮。

(2)点击仪器主机屏幕的"开始实验"—"静岩微控"—"微控压力设定"，关闭其"运行"。

(3)点击仪器主机屏幕的"液压控制"—"电压调节"，电压设置值，以可达到的密封压力大于实验施加的压力值为宜。

(4)按"主控降"和"静岩降"，高压釜结束施压状态，取出高压釜。

(5)在卸样台上，依次将各部件卸出，样品用锡箔纸收集。

11.6.8　管道、样品室清洗

(1)卸载之后的反应釜部件，用氯仿仔细清洗。

(2)卸下"气液分离罐"，用氯仿仔细清洗。

(3)打开"溶剂阀"—"溶剂泵阀"—"手动注入阀"—"注入阀"—"产物阀"—"手动调节"，关闭"清洗手动阀"，将锥形瓶放置于加热炉顶部管线的正下方，启动"注入泵"（设定压力1~2MPa），清洗管线，直至流出的流体呈现无色。

（4）第（3）步中，也可关闭"手动调节"，开启"清洗手动阀"，将冲洗的流体从"气液分离罐"流出。

（5）上述步骤冲洗物集中至一个锥形瓶中。

11.6.9　补充溶剂

（1）打开"气驱阀"—"溶剂阻断阀"—"溶剂阀"—"溶剂放空阀"，将"溶剂罐"下腔中的水排出，直至无水流出。

（2）以上开关全部关闭，打开"补溶剂阀"，排出气体。

（3）关闭"补溶剂阀"，打开"溶剂阀"—"溶剂阻断阀"—"抽空阀"和"真空泵"，抽真空 5~10min。

（4）关闭第3步各阀，在后方补充剂的管线插入氯仿溶剂中，点开"补溶剂阀"，补充溶剂。

11.6.10　补充地层水

（1）打开"气驱阀"—"加水阀"—"水放空阀"，将"水容器"下腔中的水排出，直至无水流出。

（2）以上开关全部关闭，打开"补水阀"，排出气体。

（3）关闭"补水阀"，打开"加水阀"—"抽空阀"和"真空泵"，抽真空 5~10min。

（4）关闭第（3）步各阀，在后方补水的管线插入所需加入的地层水中，点开"补水阀"，补充地层水。

11.6.11　数据记录

（1）打开记录界面，输入保存路径。

（2）选择生油模拟主机对应的界面设置基本参数，点击"保存参数"。

（3）点击"流程显示"，设置，记录时间间隔，选择生油模拟主机，在对应的界面点"开始记录"。

（4）"流程显示"屏幕上绿色按钮代表正在运行状态。

（5）在实验过程中，注意不能关闭其中任何一台生油模拟主机的电源，会造成记录失效。

第 12 章　陆相油源岩生油模拟实验方法

12.1　陆相油源岩生油模拟实验技术发展历程

油源岩生油模拟实验技术研究是陆相油源岩生油理论研究的重要组成部分，回顾我国近 50 年生油模拟实验的发展历程可以发现，陆相油源岩生油模拟实验技术的发展大致经历了三个阶段：第一阶段从 20 世纪 70 年代至 2005 年，高温条件下干酪根热降解生油实验技术的发展阶段；第二阶段从 2005 年至 2018 年，有限空间条件下地层孔隙热压生排油模拟实验技术发展阶段；第三阶段从 2018 年至今，地质条件下低温催化生油模拟实验技术发展阶段。

12.1.1　高温条件下干酪根热降解生油实验技术

"干酪根"一词来自希腊文 kerogen，最早是用于对苏格兰油页岩中所含有机物的称呼。17 世纪欧洲工业革命初期，欧洲科学家已经用蒸馏的方法从油页岩中获取了石油，称之为"人造石油"。通过油页岩加工生产页岩油的过程，科学家逐步了解了油页岩中所含的有机物主要是干酪根和沥青。前者不溶于有机溶剂，需加热至 550℃才能生成"人造石油"；后者则是可溶的，在较低温度下就可以生成"人造石油"。

第二次世界大战后，天然石油很快取代了"人造石油"。随着石油地质学科的建立，油源岩生油问题成为油气勘探首选的研究课题。欧洲科学家凭借多年在干酪根研究方面取得的领先优势，很快发现油源岩中的干酪根与油页岩中的干酪根没有显著不同，只要是干酪根都能热降解生油。1978 年，法国人 B. P. 蒂索和德国人 D. H. 威尔特合著出版了《石油形成和分布——油气勘探新途径》一书，正式提出了干酪根热降解生油学说。我国相关学者全盘接受了该学说，并在科研、生产和教学中广泛推广应用。此后，中国陆相生油实验技术的发展，便进入了以该学说为理论指导的高温条件下干酪根热降解生油实验技术的发展阶段。

12.1.1.1 理论基础及研究方法

高温条件下干酪根热降解生油实验技术的理论思维源于干酪根热降解生油学说,其核心在于将油源岩的生油机理等同于油页岩在高温条件下产生"人造石油"的机理。《石油形成和分布——油气勘探新途径》一书认为:"油页岩中所含的有机物质,主要是一种被称之为干酪根的固态不溶物。岩石中没有天然存在的石油,可萃取的沥青也很少。油页岩在热解过程中(包括加热到500℃左右)产生'人造石油'。油页岩中的干酪根与生油岩中的干酪根没有显著不同。在某种程度上,从干酪根生成'人造石油'的热解过程与埋藏很深的烃源岩由于高温而产生石油的过程很相似"。

1978年,埃斯皮塔利埃(Espitalié)等效仿油页岩干馏炉原理,研制了岩石评价热解仪(Rock-Eval)(图12.1)。其实验方法是用特定的温度程序,在

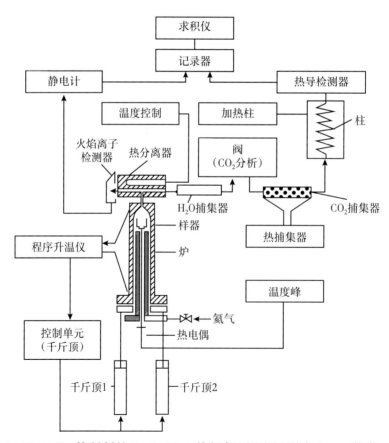

图 12.1 Espitalié 等研制的 Rock-Eval 热解仪原理图(引自 B. P. 蒂索,1982)

惰性气体介质中，将约 100mg 的样品逐步加热到 550℃。在加热实验过程中，氯仿沥青在中等温度下首先挥发，通过火焰离子检测器测出这些烃类（S_1），随着热解温度的提高，干酪根热解生成烃类（S_2），以及二氧化碳和水等含氧挥发物（S_3），另外还有一个参数是热解时对应于烃类最大生成量的 T_{max}（峰温，相当于油页岩热解的终温）。每个热解的油源岩样品最终都能得到 S_1、S_2、S_3 和 T_{max} 的记录，利用这 4 个主要参数的资料，就可以对油源岩进行评价。

图 12.2 是利用岩石评价热解仪得到的分析周期和 4 个参数的记录实例。其中，S_1 的量代表已有效转化为烃类的原始生油气潜力的部分，即氯仿沥

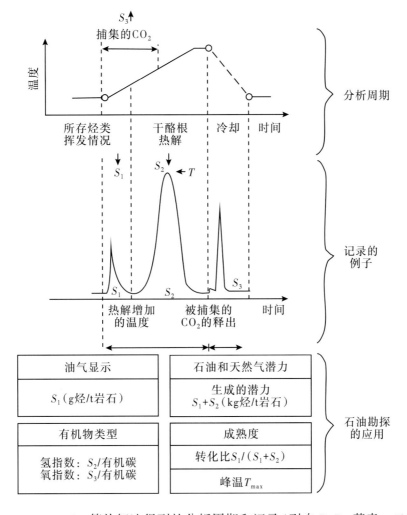

图 12.2　Espitalié 等热解法得到的分析周期和记录（引自 B. P. 蒂索，1982）

青；S_2 的量为干酪根的生油气潜力，即尚未生成烃类的潜力。因此，S_1+S_2 为烃源岩的最终生油气潜力，用"kg 烃/t 岩石"来表示。S_3 代表烃源岩中含有的含氧挥发物二氧化碳和水等；T_{max} 为生成烃类最大值时的温度，主要用于对烃源岩热成熟阶段的评价。此外，S_2/有机碳称为氢指数，S_3/有机碳称为氧指数，用这两个指数可以判断干酪根类型。通过对上述参数的分析，就可以对烃源岩的生油气潜力进行评价。

12.1.1.2 技术优势

一直以来，油源岩生油潜力的定量评价都是油源岩研究的重要内容。高温条件下干酪根热降解生油实验技术所采用的岩石评价热解仪，可以快速测量油源岩样品有机质含量、类型以及成熟度，并且计算出油源岩生油量，为地质家开展油源岩生油潜力研究提供了一种定量评价的分析方法。这一优势促使该项实验技术在我国科研、生产和教学领域得到迅速推广和应用，并且在之后 30 多年的石油勘探过程中，都以该项实验技术作为油源岩生油实验的核心技术，以高温条件下的干酪根热解反应原理直接作为油源岩中有机质在地质条件下的生油机理。

12.1.1.3 存在的问题和改进方向

尽管高温条件下干酪根热降解生油实验技术可以快速地对油源岩的生油潜力进行定量评价，但其最终获得的生油量（加热至 500～550℃ 时获取的 S_1+S_2 的值）并不能真实地反映油源岩在地质条件下的生油潜力。因为该项技术从本质上来讲是干酪根在温度作用下生成石油的有机化学实验方法，它在实验过程中忽视了复杂的地下石油地质条件和环境，仅给干酪根施加了地质条件下根本不可能存在的高温条件，并且将反应过程进行到干酪根全部热解生成石油为止。这样的反应过程在地质条件下是根本不可能发生的，具体的依据有以下几点：

（1）目前已发现的所有油源岩均含有残留有机碳，说明油源岩在地下石油地质条件和环境下，只有一部分干酪根热解生油，并不是全部干酪根都能热解生油。

（2）中国中—新生代的陆相油源岩现今的成熟度（R_o）大部分在 0.8%～1.0%，塔里木盆地中、上奥陶统海相油源岩已经历了 5 亿年左右，但现今

的 R_o 大多在 $1.0\% \sim 1.3\%$，说明油源岩中的干酪根即使经历了几亿年的热演化过程，也无法全部热解生油。

（3）油源岩现今埋深和恢复的古埋深所处的温度通常不超过 $200 \sim 250℃$，与油源岩样品在实验室内加热至 $500 \sim 550℃$ 相比差距太大，这种低温条件下，干酪根（S_2）不可能热解生油，这就意味着油源岩中的干酪根在地质条件下全部热解生成石油的可能性根本不存在。

通过以上分析可知，高温条件下干酪根热降解生油实验技术以干酪根热降解生油学说为指导，利用岩石评价热解仪开展生油热解实验的研究方法，虽然可以对油源岩生油量进行快速评价，但其脱离了复杂的地下石油地质条件和环境，从本质上来讲就是一个高温条件下的有机化学实验，并不是真实地模拟油源岩在地质条件下的生油过程。因此，要解决该项实验技术中存在的问题，首要任务就是剖析油源岩在生油阶段的石油地质条件和环境，并且重新研制能够模拟地下石油地质环境和条件的实验装置，通过石油地质综合分析和模拟实验数据，研究油源岩中的有机物在地下石油地质条件和环境下的生油过程，重建中国陆相油源岩生油模拟实验技术。

12.1.2 有限空间条件下地层孔隙热压生排油模拟实验技术

油源岩生油模拟实验技术应当按照有机地球化学的思维方法来研究，也就是应当把油源岩沉积成岩演化的石油地质条件和热演化的化学条件综合起来进行分析。根据沉积学原理，在盆地整体持续沉降阶段末期，泥质沉积物及其所包含的有机物质已经填满了凹陷（或洼陷）的整个沉积空间。在整个沉积凹陷（或洼陷）内，伴随油源岩的沉积成岩过程，提供给油源岩中有机物热演化的反应空间（也是容纳生成石油的空间），只有该成岩演化阶段油源岩内部发育的孔隙空间。随着埋深的增加，油源岩在上覆岩层的压实作用下孔隙度逐渐减小，同时有机质成熟度逐渐增加，生成的石油也逐渐增多。当生油量"充满"全部孔隙空间，即含油饱和度达到饱和时，两者达到平衡，油源岩的孔隙度不再减小，有机质的热解也受到抑制，未参与热解的有机物质残留在油源岩内。因此，在油源岩沉积成岩演化过程中，提供给油源岩中有机质热演化反应的孔隙空间是有限的，模拟油源岩中有机物在地下石油地质环境和条件下的生油过程，首先要研究油源岩在有限孔隙空间内的演化特点及其与有机物热演化的关联。为此，笔者和研究团队从 2005 年开始，就立足于有机地球化学的学科特点和研究方法，以成盆成烃成藏理论思维为指导，应用胜利、中原、河南等油田的实际资料，开展了油源岩有限空间生排油理论研究，并自主研发了符合油源岩地下所处的石油地质条件和环境特点的 DK-Ⅰ型、DK-Ⅱ型和 DK-Ⅲ型地层孔隙热压生排油模拟实验仪。值得指出的是，有限空间生排油理论的提出和地层孔隙热压生排油模拟实验仪的研发，不仅极大地丰富了我国陆相油源岩生油理论的研究成果，同时也在国内开启了真正意义的油源岩生油模拟实验研究。

12.1.2.1 理论基础及研究方法

根据成盆成烃成藏理论思维，油源岩的沉积成岩演化、有机物热演化直至实现生油、初次运移的全过程，都是在盆地整体持续沉降阶段完成的。从油源岩生油模拟实验的角度分析，持续沉降阶段形成的生油凹陷（或洼陷）就如同一个生油模拟实验仪，油源岩就是其中的实验样品。因此，要再现油源岩在生油凹陷（或洼陷）内的生油过程，必须按照生油凹陷（或洼陷）的石油地质特点来设计生油模拟实验仪并开展模拟实验，实验样品也要符合油源岩在生油凹陷（或洼陷）内的沉积成岩演化特征。

在盆地持续沉降阶段，生油凹陷（或洼陷）的物理场整体表现出沉积物质不断加载，温度和压力不断增加的特点，油源岩在上覆岩层的压实作用下逐步成岩，孔隙度也随之降低，同时其含有的有机物质则因温度增高而逐渐趋于成熟。当油源岩的成熟度（R_o）达到 0.5% 时，其孔隙度已降至 10% ~ 20%，也就是说，油源岩从成熟度 R_o 为 0.5% 开始一直到大量生油的全过程，都是在这 10% ~ 20% 的油源岩有限孔隙空间内实现的。当生成的油气"充满"了整个孔隙空间时，在孔隙空间和上覆岩层压力制约下，油气水三相流体在整个孔隙空间内达到相对平衡，使有机质热降解过程受到抑制，未参与热降解的有机物残留在油源岩内。因此，如果把持续沉降阶段的生油凹陷（或洼陷）比作一个封闭的高温高压舱，油源岩就如同矗立在生油凹陷（或洼陷）内的一个蒸馏热解塔，当油源岩内的有机质进入成熟门限时，即开始逐步热解生成烷烃、环烷烃、芳香烃等各种碳氢化合物，即石油。

按照这种思路，中国石化石油勘探开发研究院无锡石油地质研究所，2009 年自主研制了地层孔隙热压生排油模拟实验仪，主要模拟油源岩在盆地持续沉降末期的温压和有限空间条件下，有机质的热解生油过程和特点。

该仪器由高温高压生烃反应系统、双向液压控制系统、排烃（初次运移）系统、自动控制与数据采集系统、产物分离收集系统和外围辅助设备六部分组成。高温高压生烃反应系统是生油模拟的主体，由高温高压反应釜、各种密封件、电热高温炉和连接阀门及管道等组成。高温高压反应釜是整台仪器的核心装置（图12.3），是放置样品进行热压模拟实验和各种产物共存的场所。双向液压控制系统可自动控制压力的升降，保证长时间稳定地将模拟上覆静岩压力直接施加到反应釜中的样品上。排烃（初次运移）系统可以在生烃过程中按设定的流体压力排出生成的油气，实现可控生、排烃模拟。自动控制与数据采集系统由压力控制系统和流体进出报警控制组成，使热压模拟实验的温度、压力按自动程序工作，并通过数据采集卡与计算机实时采集地层压力、流体压力、模拟温度、模拟时间等主要实验数据。产物分离收集系统主要由自动产物（气态和液态烃类）收集和计量装置等组成，确保收集和计量的产物准确无误。外围辅助设备主要指与热压模拟实验相关的配套设备和工具。

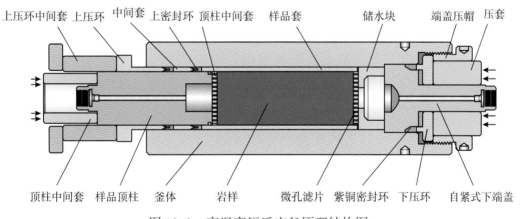

图 12.3　高温高压反应釜原理结构图

具体的实验方法包括以下几步：

（1）模拟实验样品的选取。

选取低成熟度、不同有机质丰度和不同岩性的油源岩样品。

（2）模拟样品的制备与装样方式。

根据油源岩非均质性特点，将样品粉碎到40~60目，并充分混匀，缩分成若干份，每个模拟温度点取其中一小份压缩成圆柱形小岩心，确保样品的均一性和代表性。具体装样方式要参照油源岩的岩性特点和纵向上的岩性组合方式，有纯泥岩式、下泥上砂式、上泥下砂式、上砂中泥下砂式、泥夹砂式等几种(图12.4)。

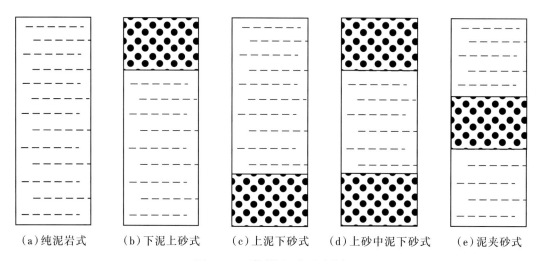

(a)纯泥岩式　　(b)下泥上砂式　　(c)上泥下砂式　　(d)上砂中泥下砂式　　(e)泥夹砂式

图12.4　装样方式示意图

(3)模拟实验温压条件设置。

主要根据取样区的实际埋藏演化史(R_o与埋深的对应关系)和模拟实验不同温度的R_o值，来选取不同模拟温度、不同演化阶段相对应的埋深、静岩压力和流体压力值。

(4)加温加压模拟实验步骤。

①试漏：将装有岩心样的样品室安装在反应釜中，施压密封后，充入5~10MPa的惰性气体进行试漏。反复3~5次，最后抽成真空。

②注水：用高压泵充入60~80MPa的高压水(纯水、盐水或地层水)，让压制的岩心样孔隙空间中被水完全充满。

③施压压实(静岩压力)与升温模拟：启动液压机对岩心样施加静岩压力至设定值，对样品进行压实；启动温度控制器和恒温炉，按1℃/min的升温速度升至设定的温度，达到设定温度后恒温48~96h。

④气体和排出油定量收集(见图2.2)。

12.1.2.2　技术优势

有限空间条件下的地层孔隙热压生排油模拟实验技术按照石油地球化学的思维方法，通过模拟油源岩在盆地持续沉降末期的有限空间条件下的生油过程，获取了与现今生油凹陷油源岩的生油特征基本一致的模拟实验数据和生油曲线。该项实验结果表明，在有限空间地质条件下，油源岩生油的主要阶段在 R_o 为 0.6% ~ 0.9%、温度为 250 ~ 360℃ 的区间内，当模拟温度达到 360℃，即 R_o 为 0.9% 之后，样品的生油量和生油产率均不再增加，而且模拟温度从 360℃ 增加到 385℃，R_o 从 0.9% 增加到接近 1.4% 时，这样的生油状态一直保持不变，不存在传统实验方法显示的"大肚子"曲线（见图 2.3）。与传统的有机化学热解生油实验方法所得出的生油主要阶段在 200 ~ 550℃ 的结论相比，该项实验技术将生油模拟实验的温度降低了近 200℃，迈出了按照地下地质条件模拟油源岩生油过程的第一步。

此外，我国自主研发的"地层孔隙热压生排油模拟实验仪"在模拟实验的反应过程中，充分考虑了油源岩的沉积成岩演化特征，不仅能够保存油源岩原始矿物组成结构和有机物赋存状态，还能在生油空间中充满高压液态水（与地层水同等矿化度），并且在与地下地质条件相近的静岩压力、地层流体压力条件下，实现了有机物在中温、短时间内的热解生油反应。其具体的技术优势包括以下几点：

（1）在施加上覆静岩压力与围压（最高 200MPa）的同时，能进行较高地层流体压力（150MPa）的油源岩生排烃模拟实验。

（2）采用原始岩心或人工压制岩心样品，尽量保留了样品的原始孔隙与结构组成，确保生烃反应过程是在地层孔隙空间与保留有机质的原始赋存状态时进行。

（3）既可以进行一定流体压力下的密闭生排烃模拟，也可以进行"幕式排烃"条件下的生、排烃模拟，即源储压差可控。

（4）水是以液态存在于岩样孔隙之中的，是真正意义上的加水生排烃模拟。

（5）可以模拟不同类型油源岩在不同温度、压力，不同流体介质和无机矿物等条件下的生烃能力与排烃效率研究。

（6）可以选择性设定、自动调节以下实验条件：实验时间、实验温度、取样量、施加到岩心上的静岩压力、地层流体压力和流体性质、排烃方式及排烃压力等。

12.1.2.3 存在的问题和改进方向

有限空间条件下的地层孔隙热压生排油模拟实验技术结合油源岩演化过程中的石油地质特征，初步实现了中温条件（即模拟温度在 200~360℃）时的有机质热解生油过程，并取得了创新性的成果和认识。但是，该项技术在理论思维、模拟条件、生产应用等方面，还是存在一些需要深入研究和继续完善的问题。例如，虽然该项实验技术设计的模拟温度已经比传统的干酪根热降解生油模拟实验降低了近 200℃，但相比陆相含油盆地油源岩在地质条件下的生油温度（50~200℃）而言还是偏高，有可能改变了油源岩中有机质热演化生油的机制，掩盖了压力、黏土矿物（蒙皂石、伊利石）、地层水、金属元素等其他地质因素在油气生成过程中的作用。若要揭示油源岩在地质条件下的生油机理，就应当采用地质历史时期的生油温度作为模拟温度，并且应当更加深入地、全面地分析影响油源岩在地质条件下生油的各项因素及其作用效果，包括物质基础、转化条件、催化机制以及生油空间等。另外，从模拟实验获取的生油量结果来看，有限空间条件下的地层孔隙热压生排油模拟实验技术在中温条件下（200~360℃）获取了 S_1 的生油量，但遗憾的是受有机地球化学实验（室）规范的要求，又重新对样品进行了高温热解求取 S_2 值，最终目的还是使用以干酪根热降解生油学说为基础的盆地模拟技术计算 S_1+S_2 的生油潜力总量，并以此作为生油凹陷（或洼陷）的地质资源量，而实际上 S_2 的值根本不具有地质意义。

由此可见，陆相油源岩生油模拟实验技术经过近半个世纪的发展，虽然在理论研究和实验装置研发方面取得了诸多创新性的成果，但在思维方式和实验方法上依然习惯用传统思路和方法来解决问题。因此，油源岩生油模拟实验技术和方法，还需在实践中不断创新、不断完善、不断发展。

12.1.3 地质条件下低温催化生油模拟实验技术

从 2018 年开始，陆相油源岩生油模拟实验技术的发展进入了第三个阶段，即地质条件下的低温催化生油模拟实验技术的发展阶段。在此期间，针对油源岩生油模拟实验技术存在的问题，笔者和研究团队通过进一步的深入研究，逐步认识到各含油气盆地原油中普遍含有金属、非金属、稀有元素和放射性元素，这些元素和黏土矿物都是高效性能的催化剂。另外，根据 J. M. 亨特对全球沉积盆地的统计结果，油源岩之所以能在地下 60~150℃ 的温度条件下热解生油，主要原因是这一温度段是催化裂化过程发生的主要阶段；同时，炼油化工的生产实践也证明了催化剂是加速原油加工的重要手段。在上述现象的启发下，笔者和研究团队通过技术攻关和理论创新，综合分析了油源岩地质条件下的生油物质、生油空间和催化转化条件，探讨了油源岩低温催化裂化生油过程的主要特点及模拟实验的技术方法，并研发了 DK-Ⅳ型油源岩生油模拟实验仪。

12.1.3.1　理论基础和研究方法

油源岩地下生油过程的实质是油源岩内的有机物向石油转化的有机地球化学反应。众所周知，任何化学反应都要具备三个条件，即参与化学反应的物质、施加给化学反应的条件、容纳反应参与物质和反应生成物质的容器。因此，在研究油源岩生油模拟实验方法时，也应当按照有机地球化学的思维方式，从生油所需的反应物质、反应条件和反应空间三个方面入手，对影响油源岩生油过程的各项因素进行全面分析，揭示油源岩在地质条件下的低温催化生油特点。

12.1.3.1.1　油源岩物质成分分析

在生油凹陷(或洼陷)内发育的油源岩，其所有物质成分均参与了生油过程，因此，实验过程中首先应进行全岩分析。通过全岩分析可以全面了解油源岩的岩石矿物组成，例如黏土矿物、岩屑成分、金属和非金属元素、稀有放射性元素等；油源岩含有的有机质类型、丰度、R_o 值、可溶和非可溶有机物含量等；油源岩的孔隙度、渗透率及其沉积成岩演化特征等。

12.1.3.1.2　有机物热解生油过程的物理化学条件分析

这里指的物理和化学条件主要包括油源岩埋深达到60℃以上时的温度场和压力场，以及油源岩内的黏土矿物、金属和非金属元素、稀有放射性元素等物质在有机物热解过程中起到的催化裂化作用等。由于中国陆相湖盆的差异性强，因此要在对中国不同地质时代油源岩开展全岩分析的基础上，根据油源岩的物质成分和油源岩地质演化阶段的温度及压力条件开展相关的热模拟实验，深入了解油源岩中各种物质成分对有机物热解生油过程的影响，分析每种物质在油源岩生油过程中起促进作用还是抑制作用,以及哪种或哪几种物质起关键作用。在此基础上就可以从不同地质时代的沉积岩中筛选出油源岩,并进行油源岩评价及生油潜力预测。

12.1.3.1.3 提供有机地球化学反应及容纳反应生成物的空间

根据沉积学原理,某油源岩沉积阶段末期,油源岩体已经充满了沉积凹陷[生油凹陷(或洼陷)]的整个空间。当生油凹陷(或洼陷)内某一埋深的油源岩进入生油阶段时,提供有机地球化学反应及容纳反应生成物(即石油和天然气)的空间只有此埋深油源岩内部有限的孔隙空间。对于由砂泥岩互层组合构成的油源岩而言,有限孔隙空间既包括泥岩中的孔隙空间,也包括砂岩(或碳酸盐岩)夹层中的孔隙(或溶洞、裂缝)空间,在实验过程中应根据油源岩的沉积成岩特点,采用能够反映油源岩物质和空间条件的砂泥比例及互层组合模式开展模拟实验。

按照上述思路,2019 年中国石化石油勘探开发研究院无锡石油地质研究所自主研制了 DK-Ⅳ型油源岩生油模拟实验仪,主要模拟油源岩在地质条件下的低温催化热解生油过程和特点。关于该实验仪器的介绍已在第 12 章做过详细论述,此处不再赘述。

12.1.3.2 技术优势

地质条件下的低温催化生油模拟实验技术按照有机地球化学的思维方法,通过全岩分析与低温催化模拟实验,探讨了油源岩在地质条件下的低温催化热解生油机理。与以往的油源岩生油模拟实验技术相比,该技术的优势在于其设定的模拟实验条件已经极大程度上接近了油源岩生油阶段的地下地质条件,可以客观反映油源岩的生油潜力,对于油源岩品质评价和资源潜力评价具有重大意义。具体体现在以下几个方面:第一,该项实验方法是在剖析油源岩全岩成分的基础上,按照油源岩的实际物质组成进行样品配制的,充分再现了油源岩的沉积成岩特征;第二,该项实验方法将生油模拟实验的温度从上一阶段的 200~360℃ 降低到了 50~200℃ 的低温范围内,实现了按照生油阶段的真实地层温度来模拟油源岩生油过程;第三,通过对油源岩中多种特殊微量元素的富集特征进行研究,证实了部分过渡族金属元素、放射性金属元素在生油过程中的促进作用。由于该项实验方法是按照地下地质条件开展的生油模拟实验,因此获取的油源岩生油量 S_1 能够客观反映油源岩的生油潜力，可以为石油资源评价及勘探部署提供重要的技术支撑。

12.1.3.3 存在的问题和改进方向

地质条件下的低温催化生油模拟实验技术，强调接近地下地质条件开展生油模拟实验，而且全面地考虑了影响油源岩生油过程的各项因素，目前在生油模拟实验仪的研制以及低温催化生油机理研究方面已经取得了明显的成果，但同时也面临着采集的样品中原始有机质多数已挥发、短时间内催化生油效果不明显、催化物质的用量难确定等问题仍待解决。

12.2 油源岩"地质分子筛"生油催化作用机理

12.2.1 地质分子筛概念

分子筛是一种具有选择性吸附功能的水合硅铝酸盐材料，作为固体酸催化剂，具有强烈的酸催化作用，已成为最重要的原油裂解催化剂。黏土矿物是一种含水的层状铝硅酸盐，作为油源岩的主要组成部分，在有机质向石油转化的过程中起到重要的作用，可称为地质体中的分子筛(图12.5)。

炼油催化剂主要分催化裂化催化剂和加氢催化剂。催化裂化催化剂基本由 Si、Al、O 三种元素构成，即"硅酸铝"催化剂。催化的活性与内表面积息息相关，如人工合成的硅酸铝催化剂的内孔表面高出天然白土催化剂 10 倍以上，具有更高的裂化活性，如全合成硅酸铝催化剂的比表面积可高达 $600m^2/g$，平均孔径约 5nm，有助于馏分油分子进入催化剂孔隙中裂化为较小的分子。催化裂化催化剂具有理想的孔分布，以使重油分子有可接近的活性中心。这种孔分布应是大、中、微孔各占适宜比例，以实现重油大分子的秩序裂化过程。大孔主要来源于黏结颗粒之间的孔洞，微孔由分子筛组分提供，中孔来源大致有分子筛二次孔、大孔分子筛和载体。这与陆相油源岩中不同赋存状态的"有机质—黏土矿物聚集体"十分类似，黏土片层间组合类似于介孔分子筛，单种黏土矿物晶间类似于微孔分子筛。同时，石油炼制和石油化工使用的加氢催化剂，基本上是负载型催化剂。根据活性组分引入的方式不同，加氢催化剂生产的方法分为浸渍法、共沉淀法和混捏法。常用的浸渍法是通过含活性组分的溶液(浸渍液)与已制备好的载体充分接触的方

类别	基本结构单元	晶体结构与孔道大小	催化机理
分子筛 催化剂	人工合成的结晶型硅铝酸盐 O^{2-} Si^{4+}或Al^{3+} 硅氧四面体（SiO_4） 铝氧四面体（AlO_4）	微孔分子筛 孔道< 2 nm XY型分子筛（八面沸石） 介孔分子筛 孔道2~30 nm MCM-41, SBA-15	分子筛内表面相接触 进行催化反应，正构 烷烃催化裂解形成为 小分子气体 处理重质油大分子的 转化
黏土矿物	自然界的结晶型硅铝酸盐 Al● O Si● 硅氧四面体（SiO_4） 铝氧八面体（AlO_8）	蒙脱石 晶间距1.5~1.5nm 伊利石 晶间距1nm 蒙脱石　伊利石	黏土矿物 黏土矿物 水分子 交换离子

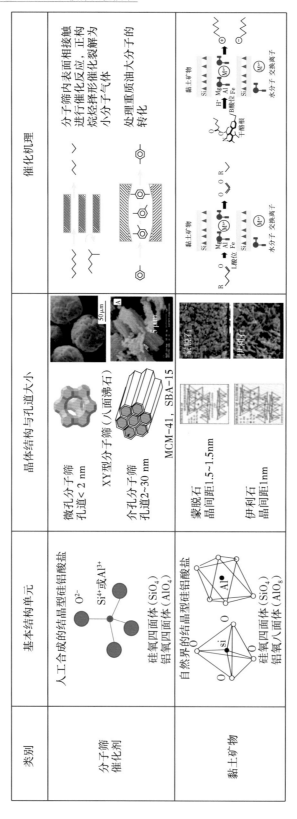

图 12.5　分子筛催化剂与黏土矿物结构对比

式，将活性组分负载到载体上。这与油源岩沉积成岩和生物繁殖过程中，生物有机体会通过器官吸收、表面吸附及形成络合物等形式富集大量金属元素，与黏土矿物一起形成各种各样的负载不同金属、非金属元素的"有机质—黏土矿物—特殊微量元素"结合体具有某种类似性。

唯一不同的是石油炼化领域催化剂具有特定的理想结构，而油源岩中因不同沉积环境、岩性而形成非严格意义的催化剂，因此，提出"地质分子筛"的概念。

12.2.2 地质分子筛催化生烃作用机理

12.2.2.1 过渡金属催化机理

在地质过程中参与催化作用的金属元素中，催化效率最高的为过渡金属元素，常见的有铬、锰、铁、钴、镍、铜、锌、钯、银、铂、金、汞等。过渡金属元素的催化效率之所以高的原因在于矿物组成中原子的核电荷、电价和电子层结构直接影响矿物的催化效果。一般来说，在气—固多相催化反应中，气体粒子要在固体催化剂表面上发生催化反应，至少其中一种参与反应的气体粒子必须被固体催化剂表面化学吸附。由于这一原因，气体分子被活化，如气体分子键变长等。量子化学计算表明，化学吸附相当于把气体分子提升到它的第一激发态，导致反应性增大，金属催化剂的催化性能跟其对反应物气体分子的吸附和活化能力有相当关系。在过渡金属原子的电子结构中，最外电子层有一个或多个未配对的电子，可与被吸附的气体分子形成配位键，进而发生较强的化学吸附。非过渡金属原子（如 Al、K、Na 等）的电子结构中，最外电子层只有 S 或 P 电子，化学吸附能较弱，所以 Al_2O_3、NaCl 活性低，催化效果差。

在成岩还原条件下，富含干酪根矿物基质上的过渡金属可成为轻烃和天然气成因的活性催化剂。催化作用是通过三种不同碳数环化作用（图 12.6）和碳—碳及碳—金属键的断裂作用来实现的［如方程（12.1）、（12.2）所示，其中 R 代表烷基或环烷基团，该基团与金属 M 连接］。

从有机地球化学角度考察，矿物基质类型、有机质类型、有机质含量或者矿物基质（尤其是催化剂）与有机质的比率是决定油气生成的基本物质条件。另一方面，催化剂被认为在烃类形成的几个重要转化（如脱基团、裂解、

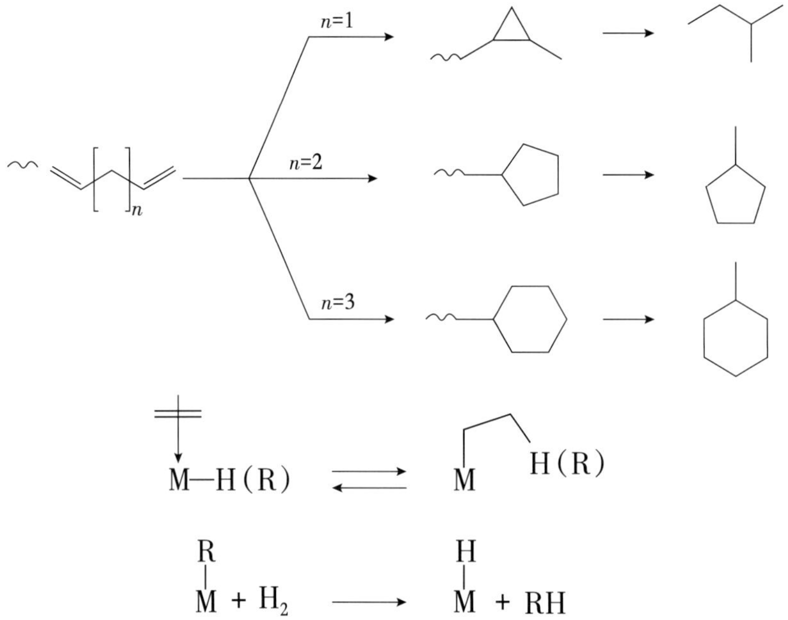

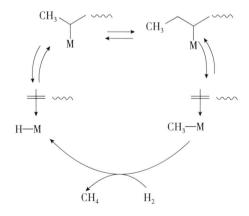

$$M—H(R) \rightleftharpoons M \quad H(R) \qquad (12.1)$$

$$\underset{M}{\overset{R}{|}} + H_2 \longrightarrow \underset{M}{\overset{H}{|}} + RH \qquad (12.2)$$

图 12.6　三种催化环化作用示意图

聚合、异构化和氢歧化)反应中起着重要作用。在通常的齐格勒—纳塔(简称 Z—N)催化过程中,烯烃与催化剂的摩尔浓度的比率相差数万个数量级,因此可通过连续的方程(12.1)和(12.2)进行加氢催化烯烃的聚合。

然而,自然界中干酪根热解生成的烯烃是极其微量的,烯烃与催化剂的摩尔浓度比约为1:1,催化中心基本上固定在烯烃基质上,因此可通过方程(12.1)中可逆的步骤建立一些可互换的中间体。图 12.7 中 4 个互换的中间体被看成一个总体系,比较方程(12.2)中加氢不可逆的变化,可由氢气和

图 12.7　长链正构烷加氢形成甲烷的催化过程

202

正烷烃催化循环形成甲烷。金属与碳之间的 δ 键可通过氢化物加成、消去步骤在碳链上移动，因此 β 位上与金属和碳之间 δ 键连接的烷基可是一个或多个碳数，主要取决于碳链上 δ 键的位置。当图 12.6 中甲基被更高碳数的烷基取代，催化循环则表示天然气和较高烷烃的形成途径。假定金属—甲基键的稳定性高于烷基—金属键，那么甲基相（CH_3—M）的稳态浓度占优势。因此上述反应过程可作为天然气中富集甲烷的动力学途径。

也有观点认为，过渡金属元素能够比较好地起到催化作用，可能由于过渡金属元素的最外层电子层容易失去电子，从而为有机反应的电子转移提供载体，也是良好的电子源，再加上形成的络合物的不稳定性，从而释放反应过程中产生的带电基团，起到催化效应（王行信等，2006）。

针对陆相含油盆地油源岩的矿物组成和特殊微量元素赋存差异，设计了四组分别为碳酸盐矿物（LX-TSY）、黏土矿物（LX-NT）、黏土矿物+过渡族金属元素组合（LX-TM）、黏土矿物+放射性元素组合（LX-U）的动力学实验，以分析探讨不同黏土矿物、过渡族金属元素和放射性元素对油源岩生油地质进程的影响，分析中温实验能否实现再现催化物质的影响作用。LX-TM系列实验负载金属元素含量与松辽盆地原油金属元素含量相近，LX-U 系列实验负载的放射性金属元素 U 和 Th 含量与鄂尔多斯盆地油源岩相近。

不同系列实验非烃类产物中，负载过渡族金属元素的 LX-TM 系列实验中 CO_2 产率较其他系列实验具有更高的特征（图 12.8），与 L 酸密切相关的有机质的脱羧基反应或者脱杂原子反应可以产生大量 CO_2，暗示结合过渡族金属元素的"地质分子筛"可通过促进脱除杂原子反应或增加黏土矿物 L 酸活性从而催化生烃。未负载金属元素的 LX-NT 系列实验 H_2 产率较其他系列实验明显更高，表明负载金属元素实验对 H_2 有一定消耗量，暗示"地质分子筛"中过渡族金属元素直接参与了催化加氢生烃作用。

12.2.2.2　放射性元素铀催化机理

铀的原子序数是 92，相对原子质量为 238，包括有 ^{238}U、^{235}U 和 ^{234}U 三种同位素。铀的化学性质极为活泼，几乎可以与稀有气体元素以外的所有元素发生化学反应。铀具有很强的还原能力，金属铀和低价态的铀都是强还原剂。由于铀的这种活泼性，因此在自然界中，铀是以强络合物形式存在的。铀在自然界中被普遍认为是以四价铀和六价铀的形式存在，并以六价铀为

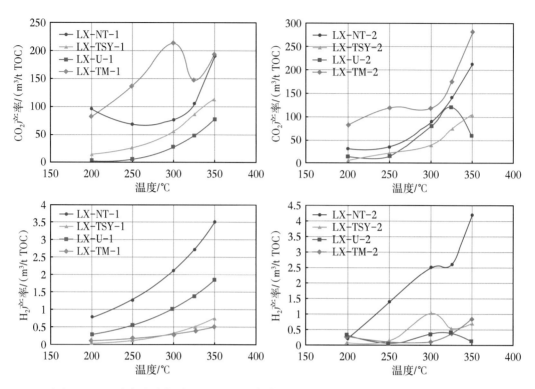

图 12.8　不同系列实验 CO_2 和 H_2 产率变化特征（H_2 产率为拟合后数据）

主，在结构上以铀酰—阴离子组合为基本构造单元。铀具有独特良好的配位性能，它能与许多配位体形成配位化合物，因此具有良好的络合催化及氧化还原催化特性（刘池洋等，2013）。

石油的形成是一个有机质加 H 去 O、N 等杂元素的过程（Taylor，2003），因此，氢含量被认为是有机质成烃潜力的关键。传统观点是部分有机质缩合，从而提供烃类生成所需的氢（Hunt，1979）。有必要指出，油源岩之外的外源氢在有机质生烃中具有重要作用。在有外源氢源存在的情况下，传统的生烃模式就会发生较大的改变，只要有碳存在，氧化产物（有机酸和 CO_2）和甲烷就可源源不断地形成。

实际上，U 的存在可以通过辐射作用和接触反应两种方式促进水分解成 H_2，为石油的形成提供氢源。一方面 U、Th、K 等元素可以释放出 α、β、γ 射线，这些射线中的微粒子可以分解水为氢气和氧气。这些离子在衰变过程中不断地释放出能量值介于 4.15～4.50MeV 之间的离子（王德义，1986），这些离子可以直接使水分子电离成 e^-、H^+ 以及 H·和 OH·的自由基，然后

在微秒的时间内形成 H_2 :

$$H_2O+(\alpha 、\gamma)\rightarrow H\cdot+OH\cdot \qquad (12.3)$$

$$2OH\cdot\rightarrow HOOH \qquad (12.4)$$

$$2HOOH\rightarrow 2H_2O+O_2\uparrow \qquad (12.5)$$

$$2H\cdot\rightarrow H_2\uparrow \qquad (12.6)$$

其中 H_2 的浓度与 U，Th，K 的浓度有很大的关系，当增加 U，Th，K 的浓度时， H_2 的含量有比较明显的增加。

另一方面，当金属铀与水在真空中接触时，水可以与铀发生反应，生成 UO_2 并放出氢气(冯江华等，1982)。其反应机理如下：

$$2H_2O+U\rightarrow UO_2+2H_2\uparrow \qquad (12.7)$$

当氢气饱和后，会与铀进行反应形成 UH_3 ，随后 UH_3 在高温加热条件下又会再次生成铀和氢气：

$$3H_2+2U \xrightarrow{80℃} 2UH_3 \qquad (12.8)$$

$$2UH_3 \xrightarrow{700℃} 2U+3H_2\uparrow \qquad (12.9)$$

在 U 的作用下水一方面分解成 H^+ 和 OH^- ，活性较高，易于和碳结合形成烃类(刘池洋等，2013)。同时生成的外来氢的存在可以补偿有机质热降解所需要的氢，从而大幅提高甲烷产率和总烃产率(毛光周等，2014)。

在为期一个月的低温催化实验和动力学实验中，负载了放射性 U 元素及其组合的实验(DYS-150-10U、LX-U)均有着较高的 H_2 产率，这进一步证实了 U 的存在可以通过辐射作用和接触反应两种方式促进水分解成 H_2 ，为石油的形成提供氢源。

12.2.2.3　地质分子筛催化生烃机制

有机质生油过程和炼油工业，最重要的化学反应是酸、碱催化剂的催化反应。在有机质生烃的催化反应中，通常都采用 Brbnsted 和 Lewis 的酸碱催化理论。在表面酸性研究中，一般采用表面有质子的是 B 酸位，表面无质子的是 L 酸位，两者之间可相互转换。"地质分子筛"因金属元素种类、含量、赋存状态的差异直接影响着 L 酸位、B 酸位中心的转化，影响成岩成烃的反应进程和油气产物的性质。

有机质与黏土呈层间结合是黏土矿物催化生烃的必要条件。通过大量扫描电镜观察，可将有机质和黏土的赋存关系分为三类：（1）有机质、黏土矿物、刚性颗粒分散分布；（2）有机质、黏土呈层状分布；（3）有机质赋存于黏土矿物层间（图12.9）。

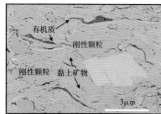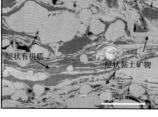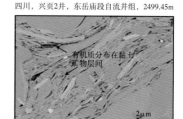

a. 有机质、黏土分散分布　　b. 有机质、黏土层状分布　　c. 有机质赋存于黏土矿物层间

图 12.9　有机质、黏土赋存方式

并不是所有赋存方式的黏土矿物对有机质生烃转化都具有催化作用，只有有机质赋存于黏土矿物层间时，黏土矿物对有机质的催化效果才比较明显（图12.10），在低熟—成熟阶段，与黏土形成层间赋存形式的有机质具有生烃现象，在黏土矿物表面形成光滑圆润油膜，而成层的有机质生烃转化程度较低。

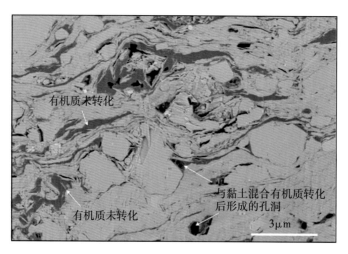

图 12.10　有机质—黏土复合体差异生烃现象

胜利油田，何 130 井，沙河街组，3269.45m

　　由于成岩作用和深成作用阶段会形成大量的有机酸，有机酸的存在会富集大量的金属离子，并在生油岩中以配合物的形式存在，即有机质—黏土—金属元素矿物组合形成了类似的"地质分子筛"。对应于蒙皂石向伊利石转化的三个地质阶段：蒙皂石—蒙/伊无序间层段、伊/蒙有序间层段和伊利石段（图12.11），地质分子筛的催化生烃机制可分为三个阶段：

　　（1）非共价键破坏：沉积有机质的水热分解（非共价键—氢键、范德华力等的破坏），只需较低的能量；

　　（2）脱除杂原子反应："可溶中间产物（沥青质+胶质）"脱除杂原子（C—S/C—O/C—N 的断裂）形成油（以形成大分子的烃为主），同时生成如 CO_2、H_2S 等无机物；

　　（3）干酪根缩聚（合）反应：依据支链烃键能强弱通过缩聚（合）反应形成烃（以 C_1—C_{15} 短链烷烃形成为主）。

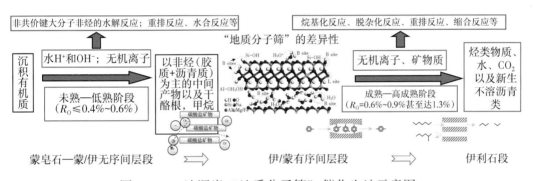

图 12.11　油源岩"地质分子筛"催化生油示意图

12.2.3　陆相油源岩中特殊微量元素组成与富集特征

　　大量的统计分析表明，不同盆地产出的原油含有十分丰富的各类金属、非金属元素，同样在这些原油的母源油源岩中也存在这种现象（图12.12），往往原油中含量比油源岩中的高，表明在生油过程中实现了迁移与富集。

　　在沉积盆地形成演化过程中，火山活动和岩浆侵入是最常见的外部物质介入现象，在裂陷盆地中更为普遍（表12.1）。其中，各类火山物质，特别是火山灰对沉积环境、水体性质和生物繁衍影响明显，进而对盆地内油源岩发育和石油生成具有重要的促进作用。火山灰等火山喷溢物质含有多种生物繁殖所需的元素，进入湖盆或海盆会促使水生生物繁盛生长。在火山喷发地

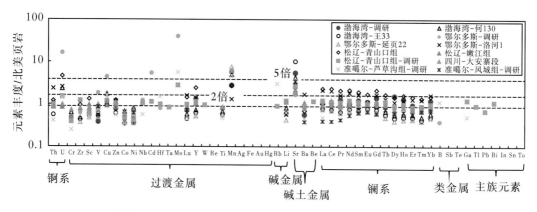

图 12.12　主要陆相油源岩中特殊微量元素富集特征

区，落入水体中的火山灰具有"施肥"或"加营养"般的效应，可使水体中的生物在短期内勃发疯长。火山灰的加入，同时也增高了水体的盐度，导致水体分层和底部还原环境的形成。这同时又兼具了优质油源岩形成所需的有利埋存环境和条件。对陆相和海相含油气盆地的研究揭示，优质油源岩与火山灰或凝灰岩的时空分布联系密切，有机碳（TOC）含量与之同步增高。

表 12.1　主要陆相盆地火山活动与油源岩层分布

盆地	火山活动时代	接触方式	火山岩类型
渤海湾盆地	沙四段、沙三段沉积时期	局部不均匀分布，断裂上涌	基性喷出玄武岩为主，少量凝灰岩
松辽盆地	白垩纪四期火山事件，青二段发育	夹层	橄榄安山岩，局部玄武岩，物源是中酸性喷出岩
鄂尔多斯盆地	长7多期次，底部最强	长7底部标志层，夹层凝灰质	凝灰岩对比层入流纹英安岩—英安岩区，说明其来源以中酸性岩为主
准噶尔盆地	风城组沉积时期	夹层	石炭系火山熔岩、基性玄武岩、中性安山岩

生物在生长过程中，生物有机体会通过器官吸收、表面吸附及形成络合物等形式富集大量金属元素。从原始生物体到干酪根的地质演化过程中，虽然有机体会因为氧化分解作用释放有机体内的金属元素，但有机体分解产生

的大量氨基酸、富里酸和腐殖酸等各种有机酸对金属元素具有很强的络合或螯合作用，可将各种金属元素富集起来(图 12.13)。如松辽盆地青山口组和嫩江组油源岩有机质丰度随金属元素富集而升高，金属元素丰度随黏土矿物含量增加而升高(图 12.14、图 12.15)。

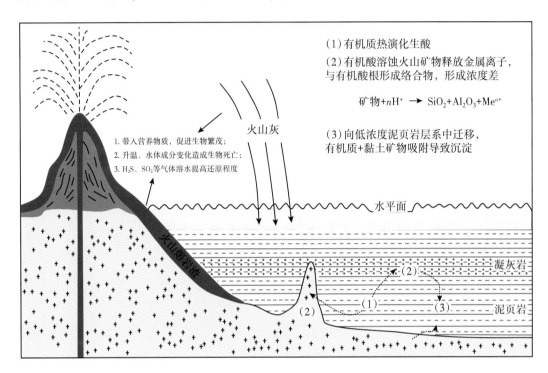

图 12.13　火山活动对油源岩发育生烃的影响模式

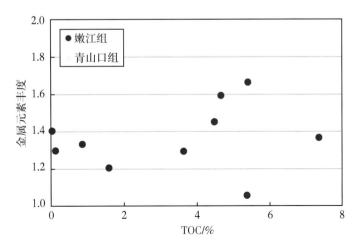

图 12.14　松辽盆地主力油源岩 TOC 与金属元素的关系

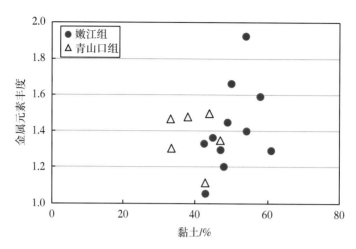

图 12.15　松辽盆地主力油源岩黏土矿物含量与金属元素的关系

　　对主要陆相盆地主力油源岩所含特殊微量元素统计分析（图 12.16），可以划分为过渡族金属元素、放射性锕系金属元素、镧系金属、碱金属和碱土金属、部分主族元素。每个盆地均有一定的差异，但总体上含量较高的主要有过渡族的 Zn、V、Mn、Mo，放射性锕系族的 U 和 Th，碱金属和碱土金属的 Sr、Ba、Li，可以达地壳背景值的 2~5 倍。

　　综上，油源岩有机质丰度随金属元素、黏土矿物富集而升高，金属元素丰度随黏土矿物含量、有机质丰度增加而升高，可见三者之间存在的协同演化过程，这些丰富的特殊微量元素也是赋存于"有机质—黏土矿物聚集体"之中。大量的石油化工经验表明，黏土矿物较高的比表面积与酸性中心，具有较强的催化裂化反应能力，一些过渡族金属元素是原油深加工的重要催化剂，利于大分子烃向小分子烃转化，主要起加氢作用。通过对陆相油源岩的精细剖析也表明，其有机质主要是与黏土矿物和这些特殊微量元素赋存在一起的，类似于形成了天然的"地质催化剂"，对油源岩的生油过程必然会产生重要影响。因此，在地质条件下的催化生油模拟实验过程中，通过全面分析油源岩岩石矿物组成（如黏土矿物、岩屑成分、金属和非金属元素、稀有放射性元素等），并根据油源岩的物质成分和油源岩地质演化阶段的温度及压力条件开展相关的生油模拟实验，即可了解油源岩中各种物质成分对有机物热解生油过程的影响，明确油源岩在地质条件下的催化生油机理。

盆地	烃源岩层	过渡族金属 1~2倍	过渡族金属 2~5倍	过渡族金属 >5倍	锕系金属 1~2倍	锕系金属 2~5倍	锕系金属 >5倍	镧系金属 1~2倍	镧系金属 2~5倍	镧系金属 >5倍	碱金属、碱土金属 1~2倍	碱金属、碱土金属 2~5倍	碱金属、碱土金属 >5倍	主族元素 1~2倍	主族元素 2~5倍	主族元素 >5倍
渤海湾	古近系沙河街组	Y、Ni、Cu、Cr	Zn、Mn、V、Cd		Th	U		Ce、Pr、Sm、Eu、Gd、Yb、Er	Dy		Li	Sr、Ba				
松辽	白垩系青山口组、嫩江组	Ni、Ta、Cu、Cr、Nb、Ti、Zr、Sc、Hf、Lu、W、V、Y	Zn、Mn、Cd.	Mo	Th		U	Ho、Tb、Eu、Sm、La	Er、Ce、Pr、Nd、Gd、Dy、Yb、Tm		Sr	Li、Ba		Ga、Ti、Pb	Bi	
四川	侏罗系自流井组	Cu、Lu、Y、Ni	Zn、V、Mn		Th、U			Er、Ce、Tb、Eu、Gd、Tm、Dy、Yb、Er				Li、Ba				
鄂尔多斯	三叠系延长组	Zr、Ta、Ti、Cr、Y、Ni、Mn、Hf、Nb、Lu	Cu、Zn、V	Cd、Mo		Th	U	Sm、Dy、Nd、Gd、La、Tm、Ce、Yb、Er			Sr	Ba				
准噶尔	二叠系芦草沟组、风城组	Lu、Zn、Ni、Cu、V	Mn、Hf		U			Tm、Tb、Er			Li、Sr、Ba	Rb				

图12.16 主要陆相盆地油源岩特色微量元素分布特征

211

12.3 油源岩中温催化生油模拟实验研究

12.3.1 中温催化生油模拟实验条件与方法

生烃动力学是热分析动力学的一个分支，其基于这样一个基本原理：在程序控制温度下，仿照地下条件以一定的升温速率开展生烃模拟实验，监测研究体系在反应过程中的物理量(如质量、样品与参比物之间的温度差等)随时间或温度的变化。假定这些监测的物理量正比于反应进度或反应速率，就可以利用这些数据求算指前因子 A、活化能 E 和探讨反应机理函数 $f(a)$。以一定升温速率加热至设定温度，实验即结束，避免了以往在某一较高温度持续恒温造成的高温效应影响。

LX-TSY、LX-INT、LX-TM、LX-U 四组实验采用加热方式保持一致，加热温度范围在 200~350℃之间，升温速率均分为 1℃/h 和 2℃/h 两个系列，以此获得不同系列模拟实验生烃动力学参数。LX-TSY 和 LX-NT 系列实验互为对照(表 12.2、表 12.3)，前者实验样品以碳酸盐矿物为主(45%)，后者以黏土矿物为主(50%)，旨在明确黏土矿物对油气生成的影响。LX-NT、LX-U 和 LX-TM 实验互为对照，LX-U 系列实验样品负载了以 U 和 Th 元素为代表的放射性元素组合，LX-TM 实验样品负载了以 Mn、Mo 和 Zn 等为代表的过渡金属元素组合，旨在明确不同金属元素组合催化生烃作用机制。

表 12.2 LX-TSY 系列动力学实验条件

序号	温度/℃	静岩压力/MPa	流体压力/MPa	升温速率/℃/h	加热时间/d	石英/%	长石/%	碳酸盐/%	黏土矿物/%
1	200	62.5	25	1	8.33	25	10	45	20
2	250	62.5	25	1	10.42	25	10	45	20
3	300	62.5	25	1	12.50	25	10	45	20
4	325	62.5	25	1	13.54	25	10	45	20
5	350	62.5	25	1	14.58	25	10	45	20
6	200	62.5	25	2	4.17	25	10	45	20
7	250	62.5	25	2	5.21	25	10	45	20
8	300	62.5	25	2	6.25	25	10	45	20
9	325	62.5	25	2	6.77	25	10	45	20
10	350	62.5	25	2	7.29	25	10	45	20

表 12.3 黏土矿物负载催化剂系列动力学实验条件

序号	温度/℃	静岩压力/MPa	流体压力/MPa	升温速率/℃/h	加热时间/d	石英/%	长石/%	碳酸盐/%	黏土矿物/%（LX-NT）	过渡族金属（LX-TM）/（μg/g）	放射性金属（LX-U）/（μg/g）
1	200	62.5	25	1	8.33	25	10	15	50	Mn、Zn（2105.26）Mo（31.58）Cd（94.74）Ni（968.42）	U（31.58）Th（10.53）
2	250	62.5	25	1	10.42	25	10	15	50		
3	300	62.5	25	1	12.50	25	10	15	50		
4	325	62.5	25	1	13.54	25	10	15	50		
5	350	62.5	25	1	14.58	25	10	15	50		
6	200	62.5	25	1	4.17	25	10	15	50		
7	250	62.5	25	1	5.21	25	10	15	50		
8	300	62.5	25	1	6.25	25	10	15	50		
9	325	62.5	25	1	6.77	25	10	15	50		
10	350	62.5	25	1	7.29	25	10	15	50		

12.3.2 中温催化生油模拟实验结果分析

12.3.2.1 不同系列实验产物变化特征

12.3.2.1.1 LX-NT 系列模拟实验产物变化特征

LX-NT 系列实验使用的泥岩样品矿物组成以黏土矿物为主（50%），碳酸盐矿物含量相对较低（15%），未添加金属元素催化剂。实验产物中烃气体产率随温度的变化可以分为两阶段（表 12.4），第一阶段模拟加热温度在 200～325℃之间，升温速率 1℃/h 实验烃气产率始终高于升温速率 2℃/h 实验，烃气产率较为稳定，受温度影响较弱，模拟温度大于 300℃后烃气产率增加变快（图 12.17）；第二阶段模拟加热温度大于 325℃，升温速率 2℃/h 实验烃气产率高于升温速率 1℃/h 实验，出现反转，且烃气产率随着温度的增加而迅速增加。甲烷和乙烷以及非烃类气体 CO_2 产率变化均与烃类气体表现出一致规律。

表 12.4 不同系列实验产气变化特征表

来样号	温度/℃	岩性	CO_2 产率/$m^3/tTOC$	H_2 产率/$m^3/tTOC$	烃气产率/$m^3/tTOC$	CH_4/$m^3/tTOC$	C_2H_6/$m^3/tTOC$	C_3H_8/$m^3/tTOC$
LX-NT-200-1	200	泥岩	94.37	0.22	1.78	1.34	0.33	0.11
LX-NT-250-1	250	泥岩	68.22	23.10	1.41	0.94	0.31	0.16
LX-NT-300-1	300	泥岩	76.36	0.25	1.72	1.35	0.25	0.12
LX-NT-325-1	325	泥岩	105.75	2.83	3.64	2.96	0.40	0.27
LX-NT-350-1	350	泥岩	190.59	5.29	8.49	5.85	1.11	0.70
LX-NT-200-2	200	泥岩	31.24	0.20	0.80	0.50	0.20	0.10
LX-NT-250-2	250	泥岩	35.30	1.38	0.91	0.68	0.12	0.11
LX-NT-300-2	300	泥岩	89.64	2.51	1.06	0.79	0.13	0.13
LX-NT-325-2	325	泥岩	141.60	2.63	4.03	3.10	0.47	0.19
LX-NT-350-2	350	泥岩	210.85	4.19	9.54	6.81	1.36	0.73
LX-TSY-200-1	200	泥岩	13.45	0.05	0.75	0.55	0.15	0.05
LX-TSY-250-1	250	泥岩	25.54	0.16	0.32	0.21	0.05	0.05
LX-TSY-300-1	300	泥岩	54.54	0.57	0.97	0.75	0.13	0.09
LX-TSY-325-1	325	泥岩	88.50	0.61	2.79	1.91	0.37	0.24
LX-TSY-350-1	350	泥岩	113.86	0.43	7.13	4.40	1.15	0.77
LX-TSY-200-2	200	泥岩	8.60	0.09	0.1	0.05	0.05	0.00
LX-TSY-250-2	250	泥岩	22.82	0.14	0.15	0.10	0.05	0.00
LX-TSY-300-2	300	泥岩	38.92	1.03	0.76	0.63	0.09	0.04
LX-TSY-325-2	325	泥岩	74.55	0.55	2.34	1.66	0.31	0.18
LX-TSY-350-2	350	泥岩	104.86	0.72	4.72	2.95	0.80	0.46
LX-U-200-1	200	泥岩	1.22	0.24	0.00	0.00	0.00	0.00
LX-U-250-1	250	泥岩	5.36	0.89	1.34	1.12	0.11	0.11
LX-U-300-1	300	泥岩	27.04	0.82	2.69	2.34	0.23	0.12
LX-U-325-1	325	泥岩	49.27	1.08	8.75	7.22	0.72	0.45
LX-U-350-1	350	泥岩	76.87	2.28	31.68	16.72	5.49	4.05
LX-U-200-2	200	泥岩	14.10	0.31	0.93	0.85	0.00	0.00
LX-U-250-2	250	泥岩	15.89	0.04	0.13	0.13	0.00	0.00
LX-U-300-2	300	泥岩	79.65	0.36	2.65	2.25	0.14	0.09
LX-U-325-2	325	泥岩	119.93	0.39	4.22	3.36	0.34	0.22
LX-U-350-2	350	泥岩	57.93	0.11	15.23	11.35	2.52	1.36
LX-TM-200-1	200	泥岩	81.95	0.16	0.36	0.24	0.04	0.04

来样号	温度/℃	岩性	CO₂产率/ m³/tTOC	H₂产率/ m³/tTOC	烃气产率/ m³/tTOC	CH₄/ m³/tTOC	C₂H₆/ m³/tTOC	C₃H₈/ m³/tTOC
LX-TM-250-1	250	泥岩	136.18	0.12	0.32	0.32	0.00	0.00
LX-TM-300-1	300	泥岩	214.11	0.23	3.10	2.79	0.12	0.08
LX-TM-325-1	325	泥岩	147.25	0.27	3.75	3.38	0.18	0.09
LX-TM-350-1	350	泥岩	194.24	0.93	8.98	7.02	0.79	0.47
LX-TM-200-2	200	泥岩	82.09	0.29	0.43	0.19	0.10	0.10
LX-TM-250-2	250	泥岩	121.01	0.11	0.22	0.22	0.00	0.00
LX-TM-300-2	300	泥岩	116.10	0.11	1.30	0.92	0.16	0.16
LX-TM-325-2	325	泥岩	174.45	0.40	5.55	5.05	0.20	0.10
LX-TM-350-2	350	泥岩	281.78	0.82	11.05	8.29	1.13	0.66

注：LX-NT-200-1 指 LX-NT 系列在 200℃下按 1℃/h 升温速率实验，后同。

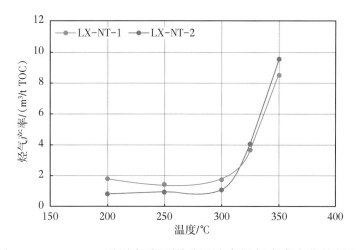

图 12.17　LX-NT 系列实验不同升温速率烃气产率变化特征图

实验生油产率与生气产率表现出不同的变化特征，总体随着温度的升高而增加，实验生油过程分为二个阶段（表 12.5），第一阶段模拟加热温度在 200~250℃之间，升温速率 2℃/h 实验烃气产率始终高于升温速率 1℃/h 实验，生油产率缓慢上升，受温度影响较弱（图 12.18）；第二阶段模拟加热温度大于 250℃，升温速率 1℃/h 实验烃气产率高于升温速率 2℃/h 实验，出现了反转，生油产率随着温度的增加而增加明显，加热温度为 300℃时出现拐点，此后生油产率迅速增加，开始大量生油。

表 12.5 不同实验生油变化特征表

来样号	温度/℃	岩性	烃气产率/kg/tTOC	排出油产率/kg/tTOC	残留油产率/kg/tTOC	总油产率/kg/tTOC	总烃产率/kg/tTOC
LX-NT-200-1	200	泥岩	1.62	8.08	15.46	23.54	25.16
LX-NT-250-1	250	泥岩	1.40	0.57	40.61	41.18	42.58
LX-NT-300-1	300	泥岩	1.54	1.31	94.21	95.52	97.05
LX-NT-325-1	325	泥岩	3.20	3.77	142.07	145.84	149.04
LX-NT-350-1	350	泥岩	9.29	20.69	376.36	397.05	406.34
LX-NT-200-2	200	泥岩	0.82	2.17	26.39	28.56	29.38
LX-NT-250-2	250	泥岩	1.13	1.29	42.74	44.03	45.16
LX-NT-300-2	300	泥岩	1.00	1.45	54.22	55.67	56.67
LX-NT-325-2	325	泥岩	4.01	1.99	106.60	108.59	112.60
LX-NT-350-2	350	泥岩	9.98	23.28	254.49	277.77	287.75
LX-TSY-200-1	200	泥岩	0.70	4.36	27.98	32.34	33.04
LX-TSY-250-1	250	泥岩	0.33	2.13	40.18	42.31	42.64
LX-TSY-300-1	300	泥岩	0.89	2.85	85.54	88.39	89.28
LX-TSY-325-1	325	泥岩	3.11	40.40	179.17	219.57	222.68
LX-TSY-350-1	350	泥岩	8.39	111.02	258.28	369.30	377.69
LX-TSY-200-2	200	泥岩	0.10	1.52	27.93	29.45	29.55
LX-TSY-250-2	250	泥岩	0.13	5.40	22.66	28.06	28.19
LX-TSY-300-2	300	泥岩	0.66	5.58	74.81	80.39	81.05
LX-TSY-325-2	325	泥岩	2.49	9.37	133.20	142.57	145.06
LX-TSY-350-2	350	泥岩	5.46	44.73	198.80	243.53	248.99
LX-U-200-1	200	泥岩	0.00	1.14	41.29	42.43	42.43
LX-U-250-1	250	泥岩	1.17	1.07	31.51	32.58	33.75
LX-U-300-1	300	泥岩	2.22	2.05	58.56	60.61	62.83
LX-U-325-1	325	泥岩	8.02	12.63	108.81	121.44	129.46
LX-U-350-1	350	泥岩	41.69	74.51	228.35	302.86	344.55
LX-U-200-2	200	泥岩	0.76	0.73	36.60	37.33	38.09
LX-U-250-2	250	泥岩	0.09	0.79	42.86	43.65	43.74
LX-U-300-2	300	泥岩	2.38	1.59	64.56	66.15	68.53
LX-U-325-2	325	泥岩	4.04	2.18	108.05	110.23	114.27
LX-U-350-2	350	泥岩	14.12	6.47	168.57	175.04	189.16
LX-TM-200-1	200	泥岩	0.41	0.54	44.97	45.51	45.92

来样号	温度/℃	岩性	烃气产率/kg/tTOC	排出油产率/kg/tTOC	残留油产率/kg/tTOC	总油产率/kg/tTOC	总烃产率/kg/tTOC
LX-TM-250-1	250	泥岩	0.23	0.81	39.46	40.27	40.50
LX-TM-300-1	300	泥岩	2.55	0.56	22.57	23.13	25.68
LX-TM-325-1	325	泥岩	3.08	1.92	70.52	72.44	75.52
LX-TM-350-1	350	泥岩	8.75	9.97	154.28	164.25	173.00
LX-TM-200-2	200	泥岩	0.58	0.54	45.70	46.24	46.82
LX-TM-250-2	250	泥岩	0.15	0.84	39.41	40.25	40.40
LX-TM-300-2	300	泥岩	1.34	1.14	50.95	52.09	53.43
LX-TM-325-2	325	泥岩	4.53	1.11	70.47	71.58	76.11
LX-TM-350-2	350	泥岩	10.56	7.57	121.76	129.33	139.89

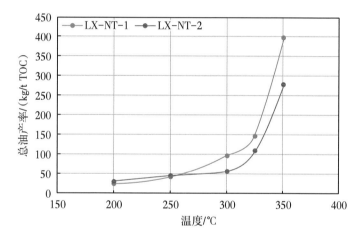

图 12.18　LX-NT 系列实验不同升温速率生油产率变化特征图

12.3.2.1.2　LX-TSY 系列模拟实验产物变化特征

LX-TSY 系列实验使用的泥岩样品矿物组成以碳酸盐矿物为主(45%),黏土矿物含量相对较低(20%),未添加金属元素作为催化剂。实验产物生油特征与生气特征相近,油气产率随温度的变化逐渐升高,升温速率为1℃/h实验油气产率始终较高,温度大于300℃后油气产率随温度的升高显著增加(表12.4、表12.5,图12.19)。且烃类气体中甲烷、乙烷和丙烷产率变化规律均与总烃气产率保持一致,非烃类气体中 CO_2 含量随着模拟温度的增加趋势明显。

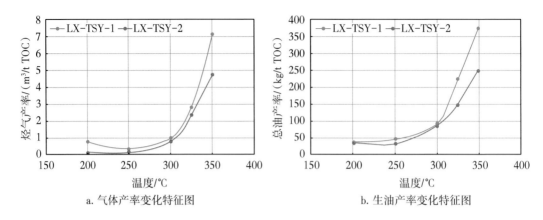

a. 气体产率变化特征图　　　　　b. 生油产率变化特征图

图 12.19　LX-TSY 系列实验不同升温速率油气产率变化特征图

12.3.2.1.3　LX-U 系列模拟实验产物变化特征

LX-U 系列实验使用泥岩样品矿物组成以黏土矿物为主(50%)，碳酸盐矿物含量相对较低(15%)，同时负载了 U（31.58μg/g）和 Th（10.53μg/g）元素，与鄂尔多斯盆地中烃源岩中金属元素含量相近。模拟加热温度在 200~300℃之间时实验产物中烃气产率较为稳定，受温度影响较弱（图12.20a）；模拟加热温度大于300℃后，随着模拟温度的升高烃气产率大幅增加。甲烷、乙烷和丙烷以及非烃类气体 H_2 产率变化规律与烃气规律保持一致（表 12.4）。除温度为 200℃ 的模拟实验外，升温速率为 2℃/h 的实验烃气产率高于升温速率 1℃/h 实验。

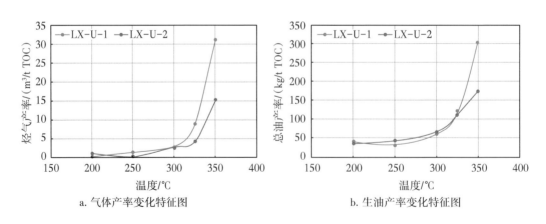

a. 气体产率变化特征图　　　　　b. 生油产率变化特征图

图 12.20　LX-U 系列实验不同升温速率油气产率变化特征图

实验生油产率与生气产率表现出不同的变化特征，总体随着温度的升高而增加，实验生油过程分为两个阶段（表 12.5），第一阶段模拟加热温度在

200~325℃之间，升温速率2℃/h实验产油率总体高于升温速率1℃/h实验，生油产率受温度影响较弱，变化缓慢（图12.20b）；第二阶段模拟加热温度大于325℃，升温速率1℃/h实验烃气产率高于升温速率2℃/h实验，出现反转，生油产率随着温度的增加而增加明显。

12.3.2.1.4　LX-TM系列模拟实验产物变化特征

　　LX-TM系列实验使用的泥岩样品矿物组成以黏土矿物为主（50%），碳酸盐矿物含量相对较低（15%），同时负载了Mo（31.58μg/g）、Zn（2105.26μg/g）、Mn（2105.26μg/g）、Cd（94.74μg/g）、Ni（968.42μg/g）元素，与松辽盆地原油金属元素含量相近。实验油气产率随模拟温度的升高而增加，在模拟温度低于300℃时增速缓慢，大于300℃后油气产率随着温度的增加而迅速增加。烃类气体中以甲烷为主，含量为50%~100%，不同升温速率烃类气体产率有较大影响，实验模拟温度大于325℃后升温速率2℃/h实验烃气产率高于升温速率1℃/h实验（图12.21a）。实验产油率在温度小于325℃的模拟实验中受升温速率影响较小，不同升温速率产油率相近，温度大于325℃后升温速率1℃/h实验产油率更高（图12.21b）。实验非烃类气体CO_2产率较高，介于81.95~293.09m³/tC之间，产率变化趋势均与烃类气体相似。

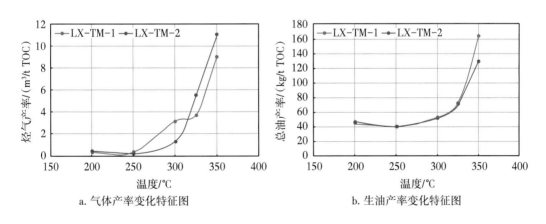

a. 气体产率变化特征图　　　　　　b. 生油产率变化特征图

图12.21　LX-TM系列实验不同升温速率油气产率变化特征图

12.3.2.2　不同系列生烃动力学实验对比及动力学参数变化特征

　　不同系列的实验油气产率变化特征具有一定相似性，温度为300℃时出现拐点，当温度小于300℃时，随着温度的升高，油气产率变化平缓，温度大于300℃时，油气产率随温度变化而迅速增加（图12.22）。此外，油气的生成过程还具有一定的互补性，同一温度生油率高则烃类气体产率便较低。

在升温速率为 1℃/h 系列实验中，模拟温度为 200℃时负载放射性金属元素催化剂的 LX-U 系列生油产率高于其他系列实验，而几乎没有烃气生成（图 12.22c），暗示在更低温度的实验中放射性金属元素更有助于有机质生油。模拟实验温度高于 250℃以后，LX-U 系列实验气体产率开始高于其他系列实验，在 350℃时气体产率为其他系列实验 3 倍，而其生油产率始终低于其他系列实验，表明在较高温度（>300℃）放射性金属元素更有助于烃类气体的生成。无论升温速率是否相同，实验样品黏土矿物含量占比较少的 LX-TSY 系列烃气产率始终低于黏土矿物含量占比更高的 LX-NT 系列（图 12.22a，b），表明黏土矿物含量的增加对烃源岩生气过程具有促进作用。

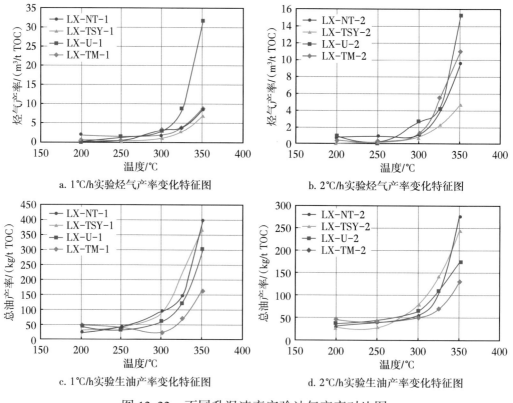

a. 1℃/h实验烃气产率变化特征图 b. 2℃/h实验烃气产率变化特征图

c. 1℃/h实验生油产率变化特征图 d. 2℃/h实验生油产率变化特征图

图 12.22　不同升温速率实验油气产率对比图

同一温度条件下不同系列实验产物对比分析表明，在 200~350℃模拟实验温度范围内，催化生烃特征可以分为三个阶段：促进生油阶段、过渡阶段和促进生气阶段（图 12.23）。

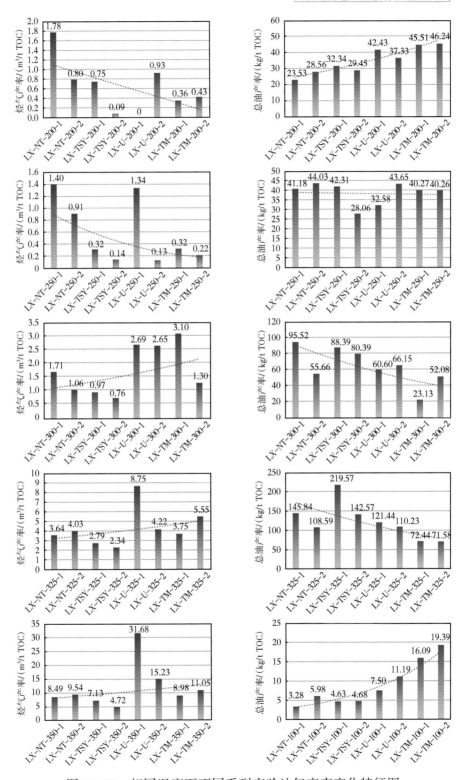

图 12.23 相同温度下不同系列实验油气产率变化特征图

促进生油阶段（$T<250℃$）：该阶段金属元素组合主要表现出促进生油作用，烃气的生成受到抑制。过渡族金属元素组合对生油的促进作用最强，将产油率提高了约 93%。碳酸盐矿物含量的增加也表现出对烃类气体生成的抑制作用，产率降低约 88%。放射性元素组合生油产率高于其他系列实验，而几乎没有烃气生成，表明在更低温度的实验中放射性元素更有助于有机质生油。对实验数据进行整理并通过数据点数学拟合外推至更低温度后促进生油抑制生气作用更为明显（图 12.24）。

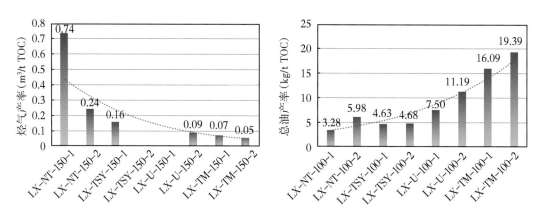

图 12.24　不同系列实验拟合推导低温油气产率变化特征图

过渡阶段（$250℃≤T<300℃$）：金属元素的加入对生油无影响，烃气的生成仍旧受限。随着温度的升高，对烃气的抑制作用逐渐转变为促进作用，并逐渐开始抑制生油。

促进生气阶段（$T≥300℃$）：金属元素组合促进生气作用明显，油的生成受到抑制。300℃时金属元素对烃气的促进作用最强，随着温度的升高，促进生气作用相对减弱，金属元素对生油的抑制作用有变强的趋势，过渡族金属元素组合对生油的抑制作用最强。

以未添加金属元素且样品主要矿物组成为黏土矿物的 LX-NT 系列实验产物产率为参考基准，分别计算不同系列实验油气产物的变化率，油气产物变化率随温度的变化特征如图 12.25 所示。油气产物变化率特征与催化生烃三个阶段特征一致，随着温度的升高，烃气变化率逐渐增高，金属元素对烃类气体生成的抑制作用越来越弱直至表现为促进作用，总油变化率逐渐降低，较低温度促进生油作用更强。LX-TSY 系列烃气产率始终较 LX-NT 系列更低，表明油源岩中黏土矿物对烃类气体生成具有促进作用，总油变化率始终较小，表明黏土矿物对生油影响需负载相关的过渡族金属元素和放射性元素等。

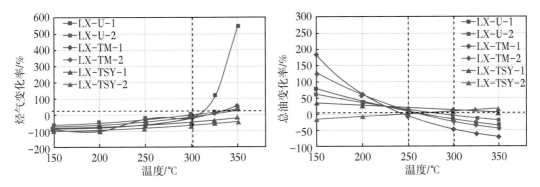

图 12.25　不同系列实验低温拟合油气产率变化特征图（拟合后数据）

12.3.3　中温催化生油模拟实验小结

（1）在 200～350℃ 模拟实验温度范围内，催化生烃特征可以分为三个阶段：促进生油阶段、过渡阶段和促进生气阶段。

（2）在 200～350℃ 模拟实验温度范围内的实验结果表明，中温下特殊微量元素虽然能继续起作用，但更多的是促进烃气的生成，其参与有机质生烃作用的机制已发生改变，而实际地质情况不存在这种反应，因此在开展陆相油源岩生油作用研究时，要尽量在相对低的温度下进行。

12.4　油源岩低温催化生油模拟实验研究

12.4.1　低温催化生油模拟实验条件与方法

12.4.1.1　样品的选择

实验样品的矿物组成依据主要陆相盆地富有机质油源岩（TOC ≥ 2%）基本矿物组成特征配置，为避免多种矿物对生烃影响的不可控性，选取主要矿物进行人工配制实验样品。研究表明，除准噶尔盆地外，各含油盆地主力生油层系岩性组合为泥页岩，少量泥灰岩、细砂岩及硅质岩。总体上，泥页岩主要发育黏土矿物、石英、方解石、长石等矿物，除渤海湾盆地沙三下亚段—沙四上亚段泥页岩以碳酸盐矿物为主，其他盆地泥页岩矿物组成均以黏土矿物为主，平均矿物含量在40%~58.2%之间，石英含量也相对较高，平均矿物含量在26.5%~32.9%之间。本次实验样品选取石英、长石、碳酸盐和黏土矿物四大类矿物进行配制，黏土矿物含量为50%、石英含量为25%、碳酸盐含量为15%、长石矿物含量为10%，有机质为取自青山口组低熟样品制备的干酪根，配制样品折算TOC为5%。实验使用的地层水采自油田水，属于CaCl₂型地层水，矿化度为228g/L，地层水离子组成与主要陆相盆地实际组成类似（图12.26）。

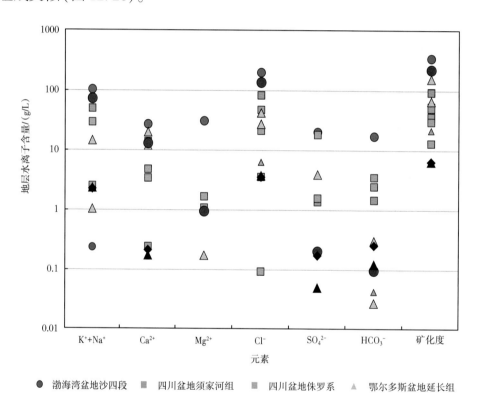

图12.26　实验及各盆地地层水离子含量变化范围图

　　调研和实测数据表明各个盆地主力油源岩中镧系元素和过渡性金属元素富集明显，其丰度超过沉积层元素的2倍甚至5倍。镧系元素主要是Th和U，过渡金属元素主要是V、Zn、Cu、Co、Cd、Mo和Mn，且各大盆地油源岩中金属元素还表现出向原油中富集的特征，原油中的金属元素丰度明显更高。因此实验选取以 U、Th 为代表的放射性元素和以 V、Zn、Mn、Cd、Mo 为代表的过渡金属元素组合开展实验研究，各金属元素含量更接近盆地原油中金属元素含量（表 12.6）。DYS-150 系列实验负载金属元素含量主要介于松辽盆地及鄂尔多斯盆地油源岩和原油金属元素含量之间，负载 Mn 单质的实验元素浓度明显高于各盆地，为 52631.58μg/g。SL-200 实验负载金属元素含量与松辽盆地中原油金属元素含量相近。

表 12.6　实验与各盆地油源岩及原油金属元素富集情况对比表　（单位：μg/g）

实验序列		Mo	Zn	Mn	Cd	Ni	V	U	Th
渤海湾盆地	油源岩		93.70	746.57	0.24	31.30	84.21	4.29	9.02
	原油	96	2700		9.30		1000		
松辽盆地	油源岩	3.42	109.46	504.72	0.18	26.05	101.23	6.24	13.18
	原油	45.00	2500	6800	41.00	1700	330		
四川盆地	油源岩		100	720.05		42.58	129.20	2.70	10.70
鄂尔多斯盆地	油源岩	48.72	102.83	341.10	0.83	31.18	125.47	17.91	17.89
	原油	77	700		1.4	10000			
准噶尔盆地	油源岩	6.90	54.11	543.12		34.86	107.00	3.82	5.26
	原油		1400	1000	1.4	3300	3000	100	
DYS-150		105.26		1368.42/2736.84			5263.16	21.05	
SL-200		210.53	2105.26	2105.26	210.53	2105.26			
LX-TM		31.58	2105.26	2105.26	94.74	968.42			
LX-U								31.58	10.53

注：表中 DYS-150 系列实验 Mn 元素含量 1368.42/2736.84μg/g 意为分别负载了两种浓度的 Mn 元素开展实验。

12.4.1.2　实验方案

实验主要包括 DYS-150 和 SL-200 两个系列实验（表 12.7），两个系列实验矿物组成一致，DYS-150 系列实验温度为 150℃，加热时长为 30 天，实验变量为负载的单金属元素，包含 Mn、V、U 和 Mo 元素，旨在明确各金属元素在低温及不同浓度条件下对油气生成的影响；SL-200 系列实验温度为 200℃，加热时长为 90 天，所负载金属元素为过渡族及放射性金属元素组合，旨在明确多种金属元素共同作用对有机质转化生油气的影响。

表 12.7　低温长时间催化实验条件

序号	温度/℃	时间/d	编号	催化物质	催化物质浓度/（μg/g）	地层压力/MPa	静岩压力/MPa
1	150	30	DYS-150-0	—	—	25.0	62.5
2	150	30	DYS-150-5Mn	Mn 溶液	1368.42	25.0	62.5
3	150	30	DYS-150-10Mn	Mn 溶液	2736.84	25.0	62.5
4	150	30	DYS-150-Mn（单）	Mn 单质	52631.58	25.0	62.5
5	150	30	DYS-150-10V	V 溶液	5263.16	25.0	62.5
6	150	30	DYS-150-10U	U 溶液	21.05	25.0	62.5
7	150	30	DYS-150-5Mo	Mo 溶液	105.26	25.0	62.5
8	200	90	SL-0-200	—	—	25.0	62.5
9	200	90	SL-CH-200	Mn、Mo、Zn、Cd、Ni	Mn、Zn、Ni（2105.26）Mo、Cd（210.53）	25.0	62.5

12.4.1.3　实验流程

12.4.1.3.1　金属元素负载

（1）根据实验方案取设定的有机硝酸盐溶液与蒙皂石矿物粉末充分搅拌均匀；

（2）在真空环境 200℃条件下加热 6h 去除多余水分并活化金属元素；

（3）待降至室温后使用研磨机将蒙皂石矿物研磨至 60 目完成金属元素的负载。

12.4.1.3.2　油源岩样品制备

（1）向研磨器中加入 5g 干酪根，充分研磨 15 分钟；

（2）分三次加入 45g 已负载金属元素黏土矿物（蒙皂石），每次加入后研磨 5 分钟，使有机质与黏土矿物充分接触；

（3）依次加入 9g 长石、13.5g 碳酸盐矿物和 22.5g 石英，每次加入矿物后充分研磨混匀。

12.4.1.3.3　地层水处理

(1)通过三氯甲烷萃取分馏去除溶于有机溶剂中的组分;

(2)在每升地层水中加入 50mL 质量分数为 30% 的 H_2O_2 溶液,将紫外线灯置于地层水中,通过催化氧化有机质去除地层水中有机质组分;

(3)加热地层水溶液至 100℃ 煮沸 5min,去除剩余 H_2O_2。

12.4.1.3.4　加温加压模拟

(1)试漏:将油源岩样品装入样品室,并将样品室安装在生烃反应釜中,启动油泵施加密封压力,对仪器管线、生烃反应釜抽真空,充入 10MPa 的惰性气体,放置试漏 30 分钟。若系统封闭性良好,放出气体,用真空泵抽真空后再充入气体,反复 3~5 次,最后抽成真空;若系统封闭性差,则需查找原因或重新装样。

(2)注水:用高压泵充入 40MPa 的高压地层水,让样品室中的油源岩样品孔隙空间中被水完全充满,压制的岩心样在吸水过程中,会导致流体压力不断下降,当体系流体压力不再下降时表示样品孔隙已经被地层水充满,注水结束后放置 12 小时试漏。升温前通过放空阀放掉多余的地层水,升温之前流体压力为 2~3MPa。

(3)施压升温:启动油泵对岩心样施加静岩压力至设定值,启动温度控制界面,按照实验方案设置升温速率、加热时间,并开启加热及通风功能。与此同时,开启静岩微调,将压力设置为随地层温度的升高而同步升高,模拟沉积盆地不断下沉埋深的过程。

12.4.1.3.5　生烃产物的收集与定量

(1)气体的收集定量:待实验结束后,打开产物阀门收集生成的油气水混合物,通过水循环冷却的气液分离罐分离油水与气体,油水混合物被冷冻在气液分离罐中,气体进入计量管计量其体积后收集,使用气相色谱仪分析其组成。

(2)轻质油的收集定量:生烃釜内壁与样品室之间的空隙和连接管道内空间的油与取气过程中被冷冻在气液分离罐中的油产物之和。

(3)重质油、固体残样的收集定量:模拟后的油源岩残样称重后,用氯仿抽提沥青 "A",主要为重质油。轻质油与重质油之和为总油,总油与烃气之和为总烃。

12.4.2 低温催化生油模拟实验结果分析

12.4.2.1 不同金属元素催化剂对气态产物的影响

低温催化实验产生的气态产物组成主要为 C_1—C_5 气态烃类以及 CO_2 和 H_2 等非烃类产物，金属元素催化剂的加入对不同气态产物产率有较大影响。在为期 30 天的 150℃低温实验中，金属元素催化剂对烃气产率上表现出抑制作用，Mn、Mo 和 U 等金属元素加入后烃气产率均有不同程度的降低（图 12.27）。不同元素对烃类气体的抑制作用区别明显，U、V、Mo 元素对烃类气体的抑制作用相对 Mn 元素更强，V 元素可使烃类气体产率降低 90%。

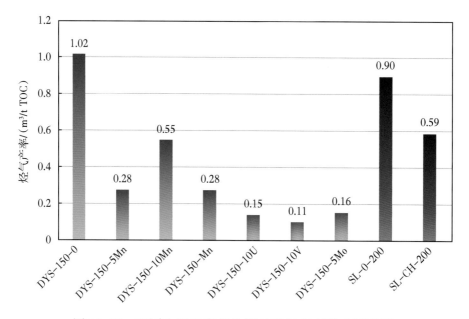

图 12.27 不同金属元素催化剂对烃气产率影响情况图

同种溶液不同浓度对烃类气体产率的影响程度不同，实验 Mn 溶液浓度 DYS-150-10Mn 是 DYS-150-5Mn 的 2 倍，其烃类气体产率更高。

在为期 90 天的 200℃实验中，加入 Mn、Mo、U、Th 等多种过渡金属元素组合的实验烃气产率下降约 34%，表现出一定的抑制作用（表 12.8）。

在负载了金属元素的低温实验中，轻烃气体产率的变化主要由 CH_4 产率变化体现，对 CH_4 生成表现出抑制作用，CH_4 产率降幅在 69%~88% 不等，V 溶液负载实验中甲烷产率降幅最大（图 12.28）。

表 12.8　低温催化模拟实验气态产物产率

来样号	温度/℃	岩性	CO_2 产率/m³/tTOC	H_2 产率/m³/tTOC	烃气产率/m³/tTOC	CH_4/m³/tTOC	C_2H_6/m³/tTOC	C_3H_8/m³/tTOC
DYS-150-0	150	泥岩	3.19	0.13	1.02	0.91	0.11	0.00
DYS-150-5Mn	150	泥岩	1.59	0.09	0.28	0.19	0.09	0.00
DYS-150-10Mn	150	泥岩	5.83	0.00	0.56	0.28	0.14	0.14
DYS-150-Mn	150	泥岩	0.42	304.46	0.28	0.24	0.04	0.00
DYS-150-10U	150	泥岩	8.74	72.13	0.15	0.15	0.00	0.00
DYS-150-10V	150	泥岩	42.70	0.22	0.11	0.11	0.00	0.00
DYS-150-5Mo	150	泥岩	20.83	0.31	0.16	0.16	0.00	0.00
SL-0-200	200	泥岩	69.83	0.11	0.90	0.84	0.04	0.02
SL-CH-200	200	泥岩	28.11	0.05	0.59	0.56	0.03	0.00

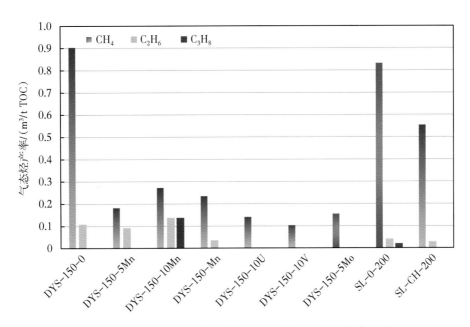

图 12.28　不同金属元素催化剂对不同气态烃产率影响

　　非烃类气体产率受金属元素加入影响明显，加入不同金属元素后非烃类气体产率差异化现象突出。过量的 Mn 单质对 H_2 生成有强促进作用，H_2 产率是未添加金属元素实验的 2342 倍，U 溶液对 H_2 生成也表现出较强的促进作用，其余金属元素及其组合对 H_2 产率影响较小（图 12.29a）。实验过程中产生的大量氢气，假如以地下数以百万年的尺度，是否能对生油提供氢源值得深入思考研究。U 溶液和 V 溶液负载实验对 CO_2 生成促进作用最明显，CO_2 产率分别是未添加金属元素的 13 倍和 7 倍（图 12.29b）。加入了过渡族金属元素组合的实验产物中 H_2 和 CO_2 产率均有不同程度的下降。

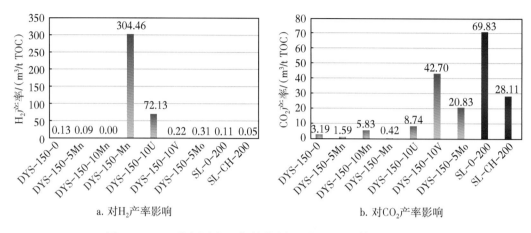

a. 对H_2产率影响　　　　　　　　　b. 对CO_2产率影响

图 12.29　不同金属元素催化剂对非烃类气体产率影响

将本次添加了金属元素作为催化剂的低温实验与国内外文献发表的低温催化生气实验相关数据进行对比发现（图 12.30），负载了金属元素作为催化剂的烃气产率及甲烷产率与前人实验产率相近，均小于未负载金属元素实验，进一步证实了低温下金属元素对烃气生成的抑制作用。对比实验结果还表明，较高的温度和较长的加热时间有助于天然气的生成，但是在温度低于 200℃时，温度对烃气产率影响作用较弱，在温度为 60℃、80℃、100℃、

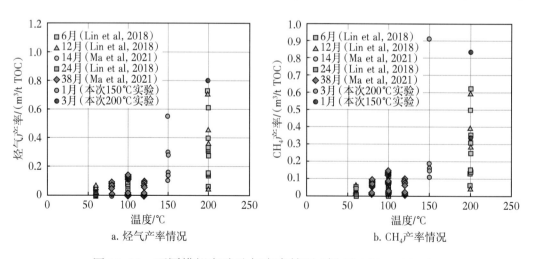

a. 烃气产率情况　　　　　　　　　b. CH_4产率情况

图 12.30　不同模拟实验油气产率情况（据 Wei Lin，2018）

120℃和150℃低温催化实验中，部分烃气产率仍相近。低温条件下烃气的生成是复杂的，不存在简单的线性关系，即使在模拟条件相近的情况下，烃气产率仍在一定范围内波动。通过对比CH_4在不同模拟实验中的产率变化发现，催化作用对烃类气体的影响主要由CH_4产率变化体现，其产率变化规律与烃类气体相近(图12.30b)。

12.4.2.2 不同金属元素对液态烃生成的影响

低温模拟实验生油情况见表12.9，负载金属元素溶液的实验均表现出对生油的促进作用，不同金属元素的影响程度各异。在为期30天温度为150℃的实验中，未负载金属元素的实验生油产率为3.98kg/tTOC，负载金属溶液的实验生油产率均有所提升，Mo元素对生油的促进作用最明显，生油产率达25.15kg/tTOC，提升约5倍。以往低温实验研究表明，较高的温度、较长的加热时间和较低的静水压有助于催化生成油气，即低温和较短的加热时间不利于油气的生成。添加Mo元素的150℃、30天实验生油产率比200℃、90天条件下未添加金属元素实验更高，表明金属元素催化剂在一定程度上弥补了温度和时间两个因素导致的较低产油率。

表12.9 低温催化模拟实验生油情况表

来样号	温度/℃	岩性	烃气产率/kg/tTOC	总油重量/mg	总油产率/kg/tTOC	总烃产率/kg/tTOC
DYS-150-0	150	泥岩	0.75	12.44	3.98	4.73
DYS-150-5Mn	150	泥岩	0.26	56.86	18.19	18.45
DYS-150-10Mn	150	泥岩	0.66	16.89	5.40	6.06
DYS-150-Mn	150	泥岩	0.22	11.17	3.57	3.79
DYS-150-10U	150	泥岩	0.10	19.27	6.17	6.27
DYS-150-10V	150	泥岩	0.08	15.43	4.94	5.02
DYS-150-5Mo	150	泥岩	0.11	78.61	25.15	25.26
SL-0-200	200	泥岩	0.64	113.73	22.71	23.35
SL-CH-200	200	泥岩	0.44	210.77	42.09	42.53

金属元素的催化生油效果受到金属元素状态及浓度等因素的影响。对于同一元素不同浓度的Mn元素，并非浓度越高对生油的促进作用越强，Mn溶液浓度更低的DSY-150-5Mn实验生油产率为18.19kg/tTOC，较DSY-150-10Mn实验生油产率高。添加Mn单质的实验生油产率不增反降，表现出对

生烃的抑制作用。负载了多种金属元素组合的实验也表现出对生油的促进作用，在为期 90 天温度为 200℃ 的实验中，负载金属元素实验生油率也有明显提升（图 12.31）。

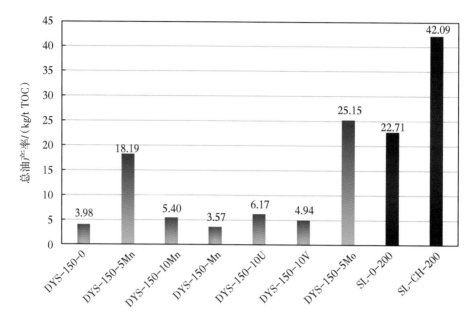

图 12.31　低温催化模拟实验生油产率对比图

饱和烃族组分是原油中的稳定成分，它的组成特点与原油原始有机质的性质密切相关，并随着有机质的成熟演化而呈现规律性的变化。所以，利用气相色谱分析技术对其组成特点进行研究，可以了解有机质的性质、有机质的成熟演化特征。

表 12.10　低温催化模拟实验产物有机地球化学特征表

来样号	温度/℃	岩性	主碳峰	奇偶优势（OEP）	姥鲛烷/正十七烷 Ph/C₁₇	植烷/正十八烷 Ph/C₁₈	姥鲛烷/植烷 Pr/Ph
DYS-150-0	150	泥岩	C_{27}	1.442	0.379	0.585	0.289
DYS-150-5Mn	150	泥岩	C_{27}	1.096	0.276	0.270	0.473
DYS-150-10Mn	150	泥岩	C_{27}	1.695	0.365	0.437	0.465
DYS-150-Mn	150	泥岩	C_{27}	1.600	0.376	0.463	0.511
DYS-150-10U	150	泥岩	C_{27}	1.317	0.327	0.333	0.517
DYS-150-10V	150	泥岩	C_{27}	1.295	0.327	0.312	0.566

在均匀沉积层序和非均匀地层中 Pr/Ph 比随深度增加而增加，表明成熟度对 Pr/Ph 比值有影响。在此基础上提出由于成熟过程中碳氢化合物的生成和释放，成熟度越高 Pr/Ph 比越高，而 Ph/nC$_{18}$ 比率越低。在本次低温催化实验中，负载了金属元素的实验 Pr/Ph 值均有一定程度增加，Ph/C$_{18}$ 值均有所下降，表明金属元素的加入导致油源岩的演化程度有一定增强，即金属元素对生烃有一定促进作用（表 12.10，图 12.32）。然而，在高温模拟实验中（>400℃），由于样品中的液态烃类裂解，会生成更多的低碳数烃类产物，导致 Pr/C$_{17}$ 值、Ph/C$_{18}$ 值升高，与低温实验相反（刘全有等，2006），这也表明温度过高条件下发生的反应途径与低温时有所不同，一定程度偏离了实际的油源岩油气生成过程。

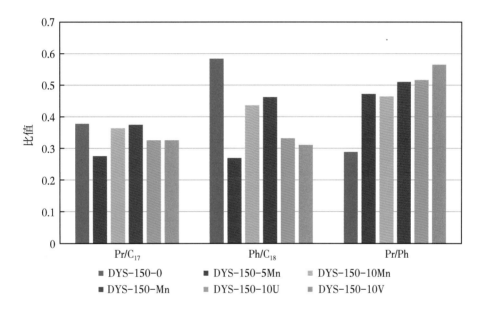

图 12.32　低温催化模拟实验产物有机地球化学变化特征图

12.4.2.3　低温催化生烃作用探讨

高温实验可能放大了温度的作用，进而掩盖、放大或者改变了催化剂作用，而以往低温催化实验条件复杂，对于金属元素的催化生气作用缺乏定量研究。本次低温催化实验将金属元素与黏土矿物结合起来进行定量化研究，进一步证实了金属元素在地质低温条件下具有催化生烃作用。最直接的证据是加入了过渡族金属元素和放射性金属元素作为催化剂的低温催化实验油产率总体上有大幅的提升，且不同金属元素的催化效果存在差异，其中 Mo 溶液的催化作用最为明显。

催化剂的加入虽然显现抑制了烃气的生成，但其生成产物组分特征证实了催化作用的存在，研究表明，甲烷在所有形式的天然气中占主导地位（在 C_1—C_4 中质量分数占 50%~100%；图 12.33），然而，目前有机物的实验室热解并不能产生天然气中的甲烷浓度。在热解实验中，甲烷在干酪根分解中仅占 C_1—C_4 产物的质量分数为 30%~50%，在石油分解中仅占 10%~40%（图 12.34a）。正烯烃、氢和含中高浓度过渡金属的碳质沉积岩在温和条件下（190℃）会发生反应，生成的轻烃产物在分子和碳同位素组成上与天然气难以区分（图 12.34b）。对低温催化实验结果整理后发现，项目以及文献中以往低温催化实验所产天然气中，甲烷占主导地位，与自然界中天然气组成成分一致，与催化剂生烃特征一致（图 12.34c-d）。

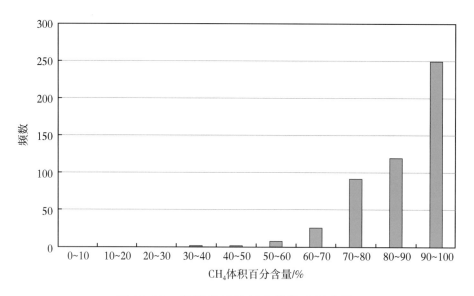

图 12.33 自然界天然气中甲烷含量占比

来自页岩的低温催化气体的实验结果表明，天然气和低温气体中的甲烷、乙烷和丙烷是处于或接近热力学平衡的。有机质热解反应天然气产物主要受动力学控制，其产物脱离热力学平衡，热裂解产生的天然气不能在平衡状态下生成这些碳氢化合物，也不能在地质时间内使它们达到平衡。而催化反应主要受热力学控制，碳氢化合物可以通过烃类相互转化的复分解达到平衡，其产物接近热力学平衡。

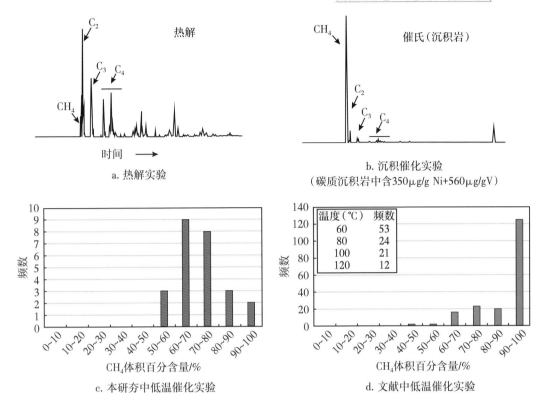

图 12.34　不同实验中天然气产出情况

$$2C_nH_m \rightleftharpoons C_{n-1}H_{m-2} + C_{n+1}H_{m+2} \qquad (12.10)$$

$$2C_2H_6 \rightleftharpoons CH_4 + C_3H_8 \qquad (12.11)$$

平衡方程为　　$K(Q) = [(CH_4) \cdot (C_3H_8)]/(C_2H_6)^2 \qquad (12.12)$

若为催化反应：$(C_2)^2$—$C_1 \cdot C_3$ 应具有稳定相关性，即平衡方程（12.12）最终趋于稳定（图 12.35）。本次低温催化实验所产天然气中 $(C_2)^2$—$C_1 \cdot C_3$

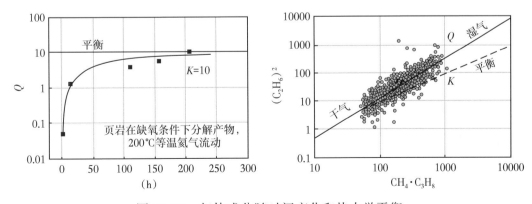

图 12.35　气体成分随时间变化和热力学平衡

235

呈现出明显正相关，且与温度有明显相关性，表明 C_1—C_3 产物的生成非常稳定，主要受热力学控制，与假设的催化反应一致（图 12.36）。

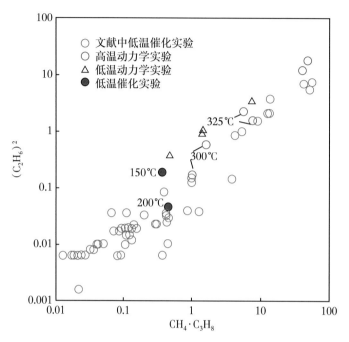

图 12.36　本次实验生成天然气 $(C_2)^2$—$C_1 \cdot C_3$ 关系图

12.4.3　低温催化生油模拟实验小结

（1）"黏土矿物—金属元素地质分子筛"低温下促进生油和成烃演化的进程，负载了金属元素的实验原油饱和烃中代表成熟度的参数 Pr/Ph 值均有一定程度增加，具体因金属元素种类、含量、赋存状态的差异直接影响成岩成烃的反应进程和油气产物的性质。

（2）150℃、30d 以溶液形式负载的单种催化物质加入后均对油源岩生油作用有一定的促进作用，Mo 元素对生油的促进作用最明显，生油量提升约 5 倍。但并非浓度越高对生油的促进作用越强，Mn 溶液浓度更低的 DSY-150-5Mn 实验生油产率为 18.19kg/t TOC，较 DSY-150-10Mn 实验生油产率高。添加 Mn 单质的实验生油产率不增反降，表现出抑制作用。

（3）"黏土矿物—金属元素地质分子筛"低温下抑制了烃气的生成，不同元素对烃类气体的抑制作用区别明显，150℃、30d 加入 U、V、Mo 实验对烃类气体的抑制作用相对 Mn 元素更强，V 元素可使烃类气体产率降低 90%。200℃、90d 实验中，加入 Mn、Mo、U、Th 等多种过渡金属元素组合的实验烃气产率下降约 34%。其中，加入 U 溶液和 Mn 单质实验对 H_2 生成有强促进作用，假如以地下数以百万年的尺度，可能会对生油提供氢源。

（4）催化剂的加入虽然抑制了烃气的生成，但其生成产物组分特征证实了热催化作用的存在，低温催化实验甲烷在所有形式的天然气中占主导地位（在 C_1—C_4 中质量分数占 50%~100%），与实际地质情况接近，而以往高温热模拟实验甲烷在所有形式的天然气中只占 30%~60%。

12.4.4 低温催化生油模拟实验工作建议

地质条件下的低温催化生油模拟实验研究，按照有机地球化学的思维方法，在综合分析油源岩生油过程各项主控因素的基础上，自主研发了接近地下地质条件的生油模拟实验仪并开展了低温（50~200℃）催化生油模拟实验，揭示了油源岩在地质条件下的热解生油过程和特点，初步证实了部分过渡族金属元素、放射性金属元素在生油过程中的促进作用，形成了一套具有实用价值的低温催化生油模拟实验方法和装置。但由于本次研究过程中所采用的样品是参照各油田主力油源岩的现今有机质含量、干酪根类型及全岩组分进行配制的，在低温条件下样品中的 S_2 无法热解出来，而能够热解的大部分可溶有机质已经在地质历史时期转化成了氯仿沥青 "A"，即使是 $R_o < 0.5\%$ 的样品，其中的可溶有机质也已经大量挥发，因此造成在低温催化生油模拟实验过程中，参与生油反应的可溶有机质含量非常少，低温催化生油模拟实验成为少量可溶有机质催化热解及其热解产物进一步催化裂化产生烃气的反应，导致最终无法得到真正具有地质意义的生油量 S_1。

针对目前存在的问题，在今后的研究工作中建议通过在实验室配制富含可溶有机质的样品，或者在现代沉积中采集富含原始有机质的样品，通过在密闭条件下对样品进行烘干、压实、固化等预处理操作，采用本次研究形成的模拟实验技术和仪器，进一步开展地质条件下的生油模拟实验，由此得出的生油量 S_1 才能代表油源岩真正的生油潜力。

附录 陆相含油盆地石油资源量评价方法的理论思维

石油储量和石油资源量是国家经济发展和国防安全的重要资源保证，因此不论是国家层面还是石油公司都十分重视这方面的研究工作，都希望提前摸清这方面的"家底"，为今后的发展规划提供可靠的依据。

A 中国三次全国性油气资源评价

美国是最早开展石油资源量评价研究的国家，早在 1906 年就第一次进行了这方面的预测评价工作，到 1989 年才全面对美国的 13 个含油气区（其中 9 个在陆上、4 个在海上）的石油和天然气的资源量进行了为期两年的系统评价研究工作。中国从 1981 年开始相继开展了三次全国性的石油和天然气资源评价研究工作。为全面了解这方面的研究工作，不妨全面回顾一下我国已开展过的三次研究工作的进展情况。

A.1 第一次全国油气资源评价工作

1981 年，由石油工业部科技司组织了全国各油田和相关院校及科研单位参加了第一次全国石油和天然气资源评价研究工作。这次研究工作主要以石油地质综合研究为主，采用了统计法、类比法、氯仿沥青"A"法等多种方法。本文选取大庆油田的研究成果为例简单介绍如下。

A.1.1 研究思路

从松辽盆地形成演化过程入手，寻找盆地的长期坳陷区即"深坳陷"。分析坳陷区的沉降中心与沉积中心的一致性及沉积环境的还原性，研究陆相烃源岩的形成条件及有机物质的堆积、保存及转化的地球化学条件，最终划分出生、储、盖组合以及探讨生油层与油气藏的关系，预测可能的油气勘探目标。

238

A.1.2　研究内容

松辽盆地的形成发展及其结构构造；坳陷区的形成发展及沉积特征、坳陷区的沉积环境特征（包括古湖盆的含盐度、酸碱度、还原相与氧化相指标、湖盆古气候及湖盆古水体变化等）、烃源岩地质和地球化学特征（包括烃源岩岩性、厚度、有机碳含量及有机质转化的地球化学特征等）、烃源岩评价划分标准（表 A.1）、烃源岩各组段评价及生油量计算、生储盖组合的划分与评价、生油区的发育特点及油气藏分布关系的研究和油气藏预测等。

表 A.1　松辽盆地下白垩统生油层划分标准表（引自松辽盆地内部刊物，1977）

生油层级别	有机物质						沉积环境			转化条件			地质标志			
	有机碳	荧光沥青　分散沥青					还原硫/%	K %	地球化学相	L_1	L_2	L_3	岩性特征	沉积旋回	沉积相	构造性质
		荧光沥青/%	油质/%	胶质和沥青质/%	氯仿沥青"A"/%	氯仿沥青"A"/酒精苯A										
最有利生油层	>0.5	>0.015	>5.0	<85	>0.05	>0.8	>0.4	>0.4	还原—强还原	>7	>20	>30	深灰泥岩、黑色页岩	以稳定相对下沉为主	深湖及较深湖相	长期坳陷带
有利生油层	0.5~0.2	0.015~0.005	5.0~2.0	85~95	0.03~0.05	0.6~0.8	0.15~0.4	0.25~0.4	弱还原亚相	5~7	15~20	20~30	灰色泥岩为主,部分灰绿色泥岩	地壳开始回返阶段	浅湖相	过渡带
不利生油层	<0.2	<0.005	<2.0	>95	<0.03	<0.6	<0.15	<0.25	氧化相	<5	<15	<20	紫红、棕红、灰绿色泥岩	以相对上升为主或振荡较频繁	滨湖相,河流相,部分浅湖相	长期隆起带

注：K 为油质组分转化为石油的系数。L_1 为第一沥青—沥青化程度系数，岩石中氯仿 "A" 中碳元素百分含量与岩石中剩余有机碳百分含量的比值，反映有机物质转化为中性游离沥青的数量和性质。L_2 为第二沥青化程度系数，是岩石中总沥青含量中碳元素的百分含量与岩石中剩余有机碳百分含量的比值，反映有机质转化为沥青的总能力。L_3 为第三沥青化程度系数，岩石中氯仿沥青 "A" 中碳元素百分含量与总沥青碳元素百分含量的比值，表明总沥青物质中中性游离沥青的丰富程度。

A.1.3 松辽盆地各组段烃源岩评价及生油量计算

根据烃源岩有机质的丰富程度、沉积环境的还原程度及有机质的转化条件、烃源岩的沉积条件等的综合分析，最终确定青山口组一段生油条件最好、生油能力最强，是最主要的生油层。青山口组二—三段及嫩江组一段是重要的生油层，而姚家组二—三段则仅在地层中部具有一定的生油能力，属有利生油层。

根据烃源岩中分散沥青物质是有机物质向石油转化的过渡产物，在沥青物质中，又以氯仿沥青"A"中的油质组分与石油更为接近的基本认识，提出了下列的生油量计算公式：

$$Q = V\rho A_1 A_{油质} K \tag{A.1}$$

式中　Q——生油量，kg；

　　　V——烃源岩体积，m^3；

　　　ρ——烃源岩密度，kg/m^3；

　　　A_1——烃源岩中氯仿沥青"A"的含量；

　　　$A_{油质}$——氯仿沥青"A"中油质组分的含量；

　　　K——油质组分转化为石油的系数，松辽盆地陆相烃源岩选择0.4。

各组段生油量计算结果：

青山口组一段：$47.9 \times 10^8 t$；

青山口组二—三段：$16.3 \times 10^8 t$；

嫩江组一段：$8.0 \times 10^8 t$；

姚家组二—三段：$0.3 \times 10^8 t$；

松辽盆地各组段烃源岩总生油量为$72.5 \times 10^8 t$。

这一研究阶段对陆相油源岩的基本认识是：在地质历史发展中形成的内陆盆地，在其长期稳定的下陷中，堆积有巨厚的陆相地层，具有潮湿或半潮湿气候下的沉积，利于油气生成和油气田的形成。潮湿气候造成大量有机物的堆积，地壳长期坳陷有利于石油的生成；淡水湖泊还原环境下的沉积是石油生成的源地。

这次评价研究的结果是全国143个沉积盆地的沉积岩面积为$469.63 \times 10^4 km^2$，石油资源量为$744 \times 10^8 t$，天然气资源量为$33 \times 10^{12} m^3$。

A.2　第二次全国油气资源评价工作

1992 年，中国石油天然气总公司和中国海洋石油总公司共同组织了第二次全国石油天然气资源评价研究工作。这次评价研究工作主要应用的是盆地模拟技术，评价研究结果是全国 150 个沉积盆地的沉积岩面积为 $430.47×10^4 km^2$，石油资源量为 $940×10^8 t$，天然气资源量为 $38×10^{12} m^3$。

A.3　新一轮全国油气资源评价工作

2003 年，原国土资源部、国家发展和改革委员会和财政部联合组织了新一轮全国石油天然气评价研究工作。中国石油、中国石化、中海石油、延长石油等石油公司以及相关高校和科研单位共同承担了评价研究工作。尽管这次研究工作是由国家层面组织完成的，但各承担单位应用的仍然以盆地模拟技术为主。这次评价研究结果：全国 129 个沉积盆地的总矿权区面积为 $330.28×10^4 km^2$（仅陆上 115 个沉积盆地的矿权区面积，不包括海上即南海南部的 14 个盆地），远景石油资源量为 $1287.11×10^8 t$，远景天然气资源量为 $70.21×10^{12} m^3$；石油地质资源量为 $895.10×10^8 t$，天然气地质资源量为 $43.87×10^{12} m^3$。

A.4　中国油气资源评价的特点

我国是效仿美国开展的全国石油和天然气资源评价研究工作，但在研究方法上却与美国完全不同。美国研究人员均主张采用类比法或从已知的勘探、生产数据外推的办法来分析，而不采用地球化学方法直接计算可能的石油生成、运移、聚集和保存的量。这是因为，一是地球化学方法中，由于对石油在地下形成、运移的理论和机理，还有许多问题不清楚，需要进一步研究；有的参数受主观因素影响很大，难于正确选定，如生成石油的运移系数、聚集系数等。二是美国已钻了大量的石油探井和开发井，积累了大量的资料，用统计外推法或类比法时，有比较可靠的基础。但中国的评价研究工作主要采用地球化学的直接计算方法，即盆地模拟技术中的生油量计算方法，主要原因是以下几方面。

（1）自 1978 年 B.P. 蒂索和 D.H. 威尔特来中国讲学，以及其专著《石油形成和分布——油气勘探新途径》1982 年在中国出版发行了中文版以来，干酪根热降解生油学说已经在中国全面被接受，并在教学、科研和石油勘探中全面推广应用，该学说已经处于不容置疑的主导地位，甚至在中国的有机地球化学界，只要是涉及油源岩问题则言必称蒂索。

（2）B. P. 蒂索和 D. H. 威尔特提出的"数学模型：对石油和天然气远景评价的一种定量途径"的理论思维，已经形成了盆地模拟技术的生油量计算软件，从而实现了石油地质家多年来梦寐以求的定量计算油源岩生油量的愿望。特别是计算机专家又把这种软件升级为三维可视化，无疑更便于在石油和天然气资源评价研究工作中推广应用。

（3）各油田和相关教学、科研单位均掌握盆地模拟技术和生油量计算方法，因此统一用该项技术，便于规范管理建立统一方法的数据平台，使不同盆地的评价结果具可比性。

盆地模拟技术的生油量计算软件，其理论基础是干酪根热降解生油学说。该学说源于油页岩加热干馏生产"人造石油"的生产实践，即凡是富含干酪根的岩石，经加热干馏都可以生产出石油产品。因此干酪根热降解生油学说的内涵是有机化学研究的问题。B. P. 蒂索和 D. H. 威尔特仅根据岩石评价热解仪对油源岩进行热解实验，获取了与油页岩一样的热解参数（即 S_1、S_2、S_3、T_{max}），认为"油源岩就是油页岩，两者所含的干酪根没有显著不同，从油页岩生成（人造）石油的热解过程，与埋藏很深的油源岩由于高温而生成石油的过程很相似。因此只要是含有丰富Ⅰ型或Ⅱ$_1$型有机物质的岩石，如果有足够埋藏深度时，它就是一种很好的油源岩，如果埋藏深度较浅时，则为一种油页岩"。两位学者的这种认识是将有机地球化学概念等同于有机化学概念，在人为设置的高温条件下，干酪根热解可以生成（人造）石油，也就是说油页岩或油源岩中的所有有机质（即 S_1+S_2）全部都可以热解生油（均为人造石油）。但是地下地质条件下，油页岩中的 S_1+S_2 均不能热解生油，目前中国不同地质时代的油页岩，其 R_o 值均不超过 0.6% 就是明证。油源岩中的 S_1+S_2，只有 S_1 能热解生油，S_2 则不能热解生油，是以残余有机质存在于油源岩中。B. P. 蒂索和 D. H. 威尔特的热解实验已证实，只有温度超过 350℃以上直至达到 500~550℃时，S_2 才能全部热解生油。由于地下油源岩所处的生油凹陷（或洼陷）不存在 350℃以上的温度，显然 S_2 是不可能热解生油的，也就是说油源岩中只有 S_1 能热解生油。因此用盆地模拟技术生油量软件计算的 S_1+S_2 的生油量，在地下的生油凹陷（或洼陷）内根本不存在。这种计算出的石油生成量，在经运聚系数的换算后，就出现"用地下根本不存在的石油生成量，求出了实实在在的石油资源量"的怪现象。

综上所述，传统思维仅根据油源岩中有机碳含量多少来评价油源岩的方法及用盆地模拟技术计算的 S_1+S_2 生油量的思维是错误的，油源岩的真实生油量只有 S_1 的热解生油量。因此石油资源评价的核心是研究 S_1 的生油量，以及油源岩初次运移条件及二次运移的沉积体系发育特点。

B　油源岩可溶有机质 S_1 生油量研究

中国陆相湖盆的深凹陷（或洼陷）是泥岩或页岩沉积最厚、有机质丰度最高的地区。但距外部物源较远，砂岩夹层较少，多是一些浊积砂岩。因此非常不利于石油的初次运移，已生成的石油以点滴状滞留在泥岩或页岩中。为了解油源岩的原始生油量，可以选取不夹砂岩或距砂岩夹层较远的大段泥岩或页岩中的岩心，把岩心的体积参数确定后，将岩心全部粉碎，用甲醇或苯等有机溶剂进行抽提，从而获取 S_1 的量即油源岩的原始生油量。

中国石化石油勘探开发研究院无锡石油地质研究所，近年来应用自主研发的地层孔隙热压生排油（烃）模拟仪，系统选取了有机质热解程度低（R_o 值为 0.5% 左右）的油源岩，开展的热解实验中已实现了 S_1 数据的获取。但由于选取样品难度较大，获取的数据不完全代表主力油源岩的原始生油量（潜力），故仅能定性评价油源岩。例如：无锡石油地质研究所对华北和东北地区的 9 块油源岩样品做了 S_1 的测定，其 S_1 值占油源岩总有机质的 6% ~ 14%（表 B.1）。

表 B.1　华北和东北地区的 9 块油源岩样品的 S_1 占比统计结果

序号	样品	$S_1/(\text{mg/g})$	$S_2/(\text{mg/g})$	$S_1+S_2/(\text{mg/g})$	$S_1/(S_1+S_2)/\%$
1	桦甸-3	6.47	96.68	103.15	6.27
2	桦甸-8	21.38	292.35	313.73	6.81
3	W161	11	136.96	147.96	7.43
4	新洋1	8.95	110.59	119.54	7.49

序号	样品	S_1/(mg/g)	S_2/(mg/g)	S_1+S_2/(mg/g)	S_1/(S_1+S_2)/%
5	王24	20.13	210.89	231.02	8.71
6	查1	17.2	158.98	176.18	9.76
7	泌215井	9.12	81.03	90.15	10.12
8	卫20	17.51	152.65	170.16	10.29
9	濮1-154	4.3	27.58	31.88	13.49

第四系泥质沉积物中含有丰富的可溶有机质S_1。例如黄河三角洲、长江三角洲、一些内陆湖盆等地区的泥质沉积物，是研究泥岩或页岩等油源岩原始生油量（潜力）最理想的样品，应当有计划地开展这方面的基础研究。通过这种基础研究，了解泥质沉积物（主要是黏土矿物）和可溶有机质的沉积、成岩过程的演化特点，以及黏土矿物对有机质热解过程的影响和催化作用，最终了解可溶有机质热解生油的数量，以此作为石油资源评价的基础参数。

C　油源岩初次运移和二次运移条件研究

油源岩除含有丰富的可溶有机质S_1作为生油的物质基础以外，更重要的是同时具备已生成石油的初次运移和二次运移的物质条件。中国陆相湖盆在整体持续沉降时期，都发育明显的外部物源体系，在湖盆的缓坡大多发育河流三角洲沉积体系，陡坡多发育洪积或冲积扇三角洲。中国陆相含油盆地的诸多油田均与河流三角洲沉积体系密切相关，例如：大庆油田就是发育在大型复合河流三角洲沉积体系；渤海湾盆地的济阳坳陷、辽河坳陷、黄骅坳陷等沉积单元，主要发育中型河流三角洲沉积体系，因此渤海湾盆地各主要沉积坳陷发育的大小油田均与此相关；鄂尔多斯盆地主要发育一些小型河流三角洲沉积，因此盆地内的中小油田主要发育在生油凹陷内，形成若干个页岩油藏群。中国陆相湖盆发育的大大小小的河流三角洲沉积体系，为油源岩的初次运移和二次运移提供了物质条件。众所周知，河流三角洲从岸上发源地至湖盆湖心方向，包括三个组成部分，即三角洲平原带、三角洲前缘带、前三角洲泥带。地形地貌上是从高向低，沉积物的颗粒是从粗变细。如果河流输入的泥沙在河口附近堆积的速度大于该区沉降速度（或湖水上升速度）

时，三角洲体系逐步向湖心推进，在垂向剖面上表现为三层结构叠置，呈现出水退期砂体的沉积特点。反之当湖水面上升时，则呈现水进期砂体的沉积，即砂体沉积在河道中并被湖流改造成席状砂体，最终被湖相泥质覆盖。如果在湖盆整体持续沉降阶段，呈现多次的水进或水退式沉积，垂向上呈现泥岩和砂岩互层的特点，横向上在三角洲平原带砂岩多于泥岩，多为砂岩夹泥岩；三角洲前缘带砂岩颗粒变细，多与泥岩呈薄互层；前三角洲泥带则以暗色泥岩夹砂岩为主，由于这一沉积带已向半深湖区过渡，是主要的生油区。这种沉积特点就为油源岩的形成及石油生成后的初次运移和二次运移，创造了物质基础和成油成藏条件。具体表现在以下几个方面。

（1）河流三角洲沉积体系的前三角洲泥带发育的暗色泥岩及所夹薄层砂岩，形成油源岩并能实现初次运移。

（2）如果这些薄层砂岩与三角洲前缘带和三角洲平原带的砂体是连通的，则进入这些砂岩的石油继续沿着上倾方向运移，及实现二次运移。从而在湖盆内砂岩中的石油形成页岩油藏，在湖盆外岸上部砂岩中的石油则形成常规油藏。

（3）如果这些薄层砂岩是透镜状分布，则只能在湖盆内形成一个个独立的页岩油藏。

（4）中国陆相湖盆的油源岩及成油成藏过程，都是受大小规模不等的河流三角洲沉积体系控制，由于这种沉积体系的砂岩异常发育，因此足以容纳油源岩生成的石油。也就是说油源岩生成的石油全部可以运移出来，因此油源岩的生油量就是石油资源量。

（5）中国只有四川盆地侏罗系大安寨段油源岩是暗色泥岩夹薄层介壳灰岩，因此其成油成藏模式属于一个个独立的岩性页岩油藏，未实现石油的二次运移。

（6）中国陆相沉积盆地都是在特定的构造背景和沉积条件下形成和发育的，不具备对比性，盆地内的不同坳陷（凹陷或洼陷），均具特殊性，因此只有加强基础地质研究，搞清每个勘探区域的石油地质特点，配合相应的模拟实验，才能得出正确的结果。我国陆相沉积盆地的石油资源评价研究工作，应以承担勘探工作的相关油田完成，不宜搞统一规范、统一工作方法的全国性研究。

参 考 文 献

查普曼 R E，1989. 石油地质学 [M]. 李明诚等，译. 北京：石油工业出版社.

长庆油田石油地质志编写组，1992. 中国石油地质志 [M]. 北京：石油工业出版社.

常海亮，准噶尔盆地西北缘乌尔禾地区下二叠统风城组喷流岩成因机理研究 [D]. 成都：成都理工大学，2017.

陈建平，王绪龙，邓春萍，等，2016. 准噶尔盆地烃源岩与原油地球化学特征 [J]. 地质学报，90（1）：31.

蒂索 B P，威尔特 D H，1982. 石油形成和分布：油气勘探新途径 [M]. 郝石生等，译. 北京：石油工业出版社.

冯晓明，等. 2014. 四川盆地阆中—南部地区致密油藏滚动建产目标优选 [R]. 成都：中国石化西南油气分公司勘探开发研究院.

傅诚德. 中国石油科学技术五十年 [M]. 北京：石油工业出版社，2000.

高瑞祺，等，1997. 松辽盆地油气田形成条件与分布规律 [M]. 北京：石油工业出版社.

关德范，2014. 论海相生油与陆相生油 [J]. 中外能源，19（10）：1-12.

关德范，2015. 对美国和中国页岩油气资源的对比分析与思考 [J]. 中外能源（12）：9.

关德范，2016. 对干酪根热降解生油学说的剖析 [J]. 中外能源（11）：8.

关德范，2017. 用逻辑思维重建中国陆相生油理论 [J]. 中外能源（10）：6-14.

关德范，2018. 烃源岩生油模拟实验仪的研制与实验 [J]. 中外能源（5）：29-36.

关德范，2019. 如何重建中国陆相烃源岩生油理论 [J]. 中外能源，24（10）：6.

关德范，2020. "人造石油" 与天然石油 [J]. 中外能源，25（8）：8.

关德范，2009. 试论石油地质基础研究与理论创新 [J]. 中外能源，14（12）：47-53.

关德范，等，2004. 成盆成烃成藏理论思维——从盆地到油气藏 [M]. 北京：石油工业出版社.

关德范，刘倩，2021. 重新定义油源岩及其石油地质意义 [J]. 中外能源，26（1）：8.

关德范，徐旭辉，李志明，2014. 烃源岩有限空间生烃理论与应用 [M]. 北京：石油工业出版社.

关德范，徐旭辉，李志明，等，2008. 成盆成烃成藏理论思维与有限空间生烃模式 [J]. 石油与天然气地质，29（6）：709-715.

关德范，徐旭辉，李志明，等，2011. 烃源岩有限空间生排烃基础研究新进展 [J]. 石油实验地质，33（5）：441-445.

郭春利，2016. 准噶尔盆地西北缘下二叠统风城组喷流岩物质组分及地球化学特征

［D］．成都：成都理工大学.

郭占谦，2001. 成矿热液与石油生成［J］. 新疆石油地质，22（3）：181-184.

郭占谦，2003. 中国含油气盆地的变格［J］. 新疆石油地质，24（1）：8-12.

何登发，等，2021. 鄂尔多斯盆地及其邻区关键构造变革期次及其特征［J］. 石油学报，42（10）：1255-1269.

何登发，张磊，吴松涛，等，2018. 准噶尔盆地构造演化阶段及其特征［J］. 石油与天然气地质，39（5）：845-861.

何文军，王绪龙，邹阳，等，2019. 准噶尔盆地石油地质条件、资源潜力及勘探方向［J］. 海相油气地质，24（2）：75-84.

亨特 J M，1986. 石油地球化学和地质学［M］. 胡伯良，译. 北京：石油工业出版社.

胡见义，黄第藩，1991. 中国陆相石油地质理论基础［M］. 北京：石油工业出版社.

黄云飞，张昌民，朱锐，等，2017. 准噶尔盆地玛湖凹陷晚二叠世至中三叠世古气候、物源及构造背景［J］. 地球科学，42（10）：1736-1749.

姜文亚，宋泽章，周立宏，等，2020. 渤海湾盆地歧口凹陷地层压力结构特征［J］. 吉林大学学报（地球科学版），50（1）：52-69.

焦方正，邹才能，杨智，2020. 陆相源内石油聚集地质理论认识及勘探开发实践［J］. 石油勘探与开发，47（06）：1067-1078.

金秋月，何生，卢梅，2015. 渤海湾盆地车镇凹陷地层超压特征与油气赋存关系［J］. 地质科技情报，34（03）：113-119.

黎彤，1994. 中国陆壳及其沉积层和上陆壳的化学元素丰度［J］. 地球化学，23（2）：141-146.

李国玉，吕鸣岗. 中国含油气盆地图集（第二版）［M］. 北京：石油工业出版社，2002.

李强，杨映涛，颜学梅，等，2020. 川西坳陷中江斜坡大安寨段陆相页岩油气地质特征［J］. 天然气技术与经济，14（5）：13-19.

李士祥，施泽进，刘显阳，等，2013. 鄂尔多斯盆地中生界异常低压成因定量分析［J］. 石油勘探与开发，40（5）：528-533.

李志明，余晓露，徐二社，等，2010. 渤海湾盆地东营凹陷有效烃源岩矿物组成特征及其意义［J］. 石油实验地质，32（3）：270-275.

李志明，郑伦举，马中良，等，2011. 烃源岩有限空间油气生排烃模拟及其意义［J］. 石油实验地质，33（5）：447-451.

刘池洋，毛光周，邱欣卫，等，2013. 有机-无机能源矿产相互作用及其共存成藏（矿）［J］. 自然杂志，35（1）：47-55.

刘池洋，吴柏林，2016. 油气煤铀同盆共存成藏（矿）机理与富集分布规律［M］. 北京：科学出版社.

刘得光，周路，李世宏，等，2020. 玛湖凹陷风城组烃源岩特征与生烃模式［J］. 沉积学报，38（5）：10.

刘惠民，于炳松，谢忠怀，等，2018. 陆相湖盆富有机质页岩微相特征及对页岩油富集的指示意义［J］. 石油学报，39（12）：1328-1343.

刘静静，刘震，朱文奇，等，2015. 陕北斜坡中部泥岩压实特征分析及长7段泥岩古压力恢复［J］. 现代地质，29（3）：633-643.

刘全有，刘文汇，孟仟祥，2006. 热模拟实验中煤岩及壳质组饱和烃萜类系列化合物地球化学特征［J］. 沉积学报，（6）：917-922.

刘涛. 渤海湾盆地东部古近系—新近系沉积与物源特征研究［D］. 中国地质大学（北京），2020.

卢炳雄，郑荣才，梁西文，等. 四川盆地东部地区大安寨段页岩气（油）储层特征［J］. 中国地质，2014，41（4）：1387-1398.

马中良，郑伦举，李志明，2012. 烃源岩有限空间温压共控生排烃模拟实验研究［J］. 沉积学报，30（5）：955-963.

毛光周，刘池洋，张东东，等，2014. 铀在Ⅲ型烃源岩生烃演化中作用的实验研究［J］. 中国科学：地球科学，44（8）：1740-1750.

苗建宇，2001. 新疆北部主要盆地二叠系烃源岩沉积环境与生烃特征［D］. 西安：西北大学.

盘昌林，刘树根，马永生，等. 川东北须家河组储层特征及主控因素［J］. 西南石油大学学报（自然科学版），2011，33（3）：27-34.

谯汉生，1985. 渤海湾地区异常高压与烃的生成及运移［J］. 石油勘探与开发，（3）：1-4.

任战利，于强，崔军平，等. 鄂尔多斯盆地热演化史及其对油气的控制作用［J］. 地学前缘，2017，24（3）：137-148.

石昕，王绪龙，张霞，等，2005. 准噶尔盆地石炭系烃源岩分布及地球化学特征［J］. 中国石油勘探，（1）：34-39+2.

田在艺，张庆春. 中国含油气沉积盆地论［M］. 北京：石油工业出版社，1996.

王秉海，钱凯，1992. 胜利油区地质研究与勘探实践［M］. 东营：石油大学出版社.

王德义，1986. 铀（238）在催化中的应用及防护［J］. 现代化工，（1）：59-45.

王衡鉴，曹文富，松辽湖盆白垩纪沉积相模式［J］. 石油与天然气地质，2（3）.

王居峰，蔡希源，邓宏文，2004. 东营凹陷中央洼陷带沙三段高分辨率层序地层与岩性圈闭特征［J］. 石油大学学报（自然科学版），（4）：7-11.

王谦身，武传真，刘洪臣，等，1982. 亚洲大陆地壳厚度分布轮廓及地壳构造特征的探讨 [J]. 地震地质，4（3）：1-9.

王圣柱，王千军，张关龙，等，2020. 准噶尔盆地石炭系烃源岩发育模式及地球化学特征 [J]. 油气地质与采收率，（4）：13-25.

王涛，1997. 中国东部裂谷盆地油气藏地质 [M]. 北京：石油工业出版社.

王小军，玛湖凹陷风城组碱湖烃源岩基本特征及其高效生烃 [J]. 新疆石油地质，2018，39（1）.

王行信，蔡进功，包于进，2006. 粘土矿物对有机质生烃的催化作用 [J]. 海相油气地质，11（3）：27-38.

王绪龙，支东明，等. 准噶尔盆地烃源岩与原油地球化学 [M]. 北京：石油工业出版社.

王毅，杨伟利，邓军，等，2014. 多种能源矿产同盆共存富集成矿（藏）体系与协同勘探——以鄂尔多斯盆地为例 [J]. 地质学报，88（5）：815-824.

王志欣，2000. 毛细管力是油（气）初次运移的动力吗？ [J]. 石油实验地质，（3）：195-200.

维诺格拉多夫，1979. 地球化学 [M]. 武汉地质学院地球化学教研室，译. 北京：地质出版社.

吴崇筠，1992. 中国含油气盆地沉积学 [M]. 北京：石油工业出版社.

吴海生，郑孟林，何文军，等，2017. 准噶尔盆地腹部地层压力异常特征与控制因素 [J]. 石油与天然气地质，38（6）：1135-1146.

杨瀚，2017. 准噶尔盆地东南缘芦草沟组页岩气地质特征 [D]. 成都：成都理工大学.

杨华，等，2016. 鄂尔多斯盆地晚三叠世延长期古湖盆生物相带划分及地质意义 [J]. 沉积学报，34（4）：688-693.

杨帅. 四川盆地侏罗系沉积演化与相控储层预测 [D]. 成都：成都理工大学，2014.

杨万里，1985. 松辽陆相盆地石油地质 [M]. 北京：石油工业出版社.

杨桦，何中波，2016. 准噶尔盆地中新生代古气候演化特征及对砂岩型铀成矿作用的制约 [J]. 世界核地质科学，33（3）：6.

杨跃明，黄东，杨光，等，2019. 四川盆地侏罗系大安寨段湖相页岩油气形成地质条件及勘探方向 [J]. 天然气勘探与开发，42（2）：1-12.

姚泾利，等，2018. 鄂尔多斯盆地三叠系长 9 段多源成藏模式 [J]. 石油勘探与开发，45（3）：373-384.

姚泾利，段毅，徐丽，等，2014. 鄂尔多斯盆地陇东地区中生界古地层压力演化与油气运聚 [J]. 天然气地球科学，25（5）：649-656.

姚益民，梁鸿德，蔡治国，等，1994. 中国油气区第三系 Ⅳ 渤海湾盆地油气区分册

［M］. 北京：石油工业出版社.

叶德泉，等，1990. 中国北方含油气区白垩系［M］. 北京：石油工业出版社.

张才利，刘新社，杨亚娟，等，2021. 鄂尔多斯盆地长庆油田油气勘探历程与启示［J］.
　　新疆石油地质，42（3）：253-263.

张敦祥，张方吼，骆光华，1990. 梁家楼湖相烃类从泥岩向浊积岩的初次运移［J］. 石
　　油与天然气地质，（3）：334-344.

张厚福，柳广弟，2009. 石油地质学［M］. 北京：石油工业出版社.

张林森，2011. 延长油田中生界石油地质特征与高效勘探［M］. 北京：石油工业出版
　　社.

支东明，唐勇，何文军，等，2021. 准噶尔盆地玛湖凹陷风城组常规—非常规油气有序
　　共生与全油气系统成藏模式［J］. 石油勘探与开发，48（1）：38-51.

钟筱春，赵传本，杨时中，等，2003. 中国北方侏罗系（Ⅱ）古环境与油气［M］. 北
　　京：石油工业出版社.

周德华，孙川翔，刘忠宝，等，2020. 川东北地区大安寨段陆相页岩气藏地质特征［J］.
　　中国石油勘探，25（5）：32-42.

周雪蕾，玛湖凹陷风城组黏土矿物组成特征及其成因［J］. 新疆石油地质，2022，43
　　（1）.

朱世发，准噶尔盆地西北缘北东段下二叠统风城组白云质岩岩石学和岩石地球化学特征
　　［J］. 地质论评，2014，60（5）.

Carr A D，Snape C E，Meredith W，et. al，2009. The effect of water pressure on hydrocar-
　　bon generation reactions：some inferences from laboratory experiments［J］. Petroleum Geo-
　　science，15：17-26.

F. Mango，D. Jarvie，E. Herriman，et al. Natural Gas at Thermodynamic Equilibrium Implica-
　　tions for the Origin of Natural Gas. Geochemical Transactions，2009，10（1），1-12.

F. Mango. Transition metal catalysis in the generation of petroleum：A genetic anomaly in Ordo-
　　vician oils［J］. Geochimica Et Cosmochimica Acta，1992，56（10）：3851-3854.

Frank D. Mango，J. W. Hightower，Alan T. James. Role of transition-metal catalysis in the
　　formation of natural gas［J］. Nature，1994，368（6471）：536-538.

H. L. Ten Haven，J. W. De Leeuw，J. Rullkötter，et al. Restricted utility of the pristane/
　　phytane ratio as a palaeoenvironmental indicator［J］. Nature，1987，330（6149）：641-
　　643.

Habibur M Rahman，Martin Kennedy，Stwfan Löhr，et al，2017. Clay-organic association as a
　　control on hydrocarbon generation in shale［J］. Organic Geochemistry，105：42-55.

Hunt J M, 1979. Petroleum geochemistry and geology [M]. San Francisco: W. H. Freeman and Company.

Jinliang Gao, Caineng Zou, Wei Li, et al, 2020. Transition metal catalysis in natural gas generation: Evidence from nonhydrous pyrolysis experiment [J]. Marine and Petroleum Geology, 115: 104-280.

Lewan M D, 1997. Experiments on the role of water in petroleum formation [J]. Geochimica Acta, 61: 3691-3723.

Lewan M D, Winters J C, Mcdonald J H, 1979. Generation of Oil-Like Pyrolyzates from Organic-Rich Shales [J]. Science, 2: 897-899.

M D Lewan, M J Kotarba, D Wiecław, et al, 2008. Evaluating transition-metal catalysis in gas generation from the Permian Kupferschiefer by hydrous pyrolysis [J]. Geochimica Acta, 72: 4069-4093.

Martin John Kennedy, Stefan Carlos Löhr, Samuel Alex Fraser, et al, 2014. Direct evidence for organic carbon preservation as clay-organic nanocomposites in a Devonian blackshale: from deposition to diagenesis [J]. Earth and Planetary Science Letters 388: 59-70.

P Blanchart, P Faure, M De Craen, et al, 2012. Experimental investigation on the role of kerogen and clay minerals in the formation of bitumen during the oxidation of Boom Clay [J]. Fuel, 97: 344-351.

Philppi G T, 1965. On the depth, time and mechanism of petroleum generation. Geochem Cosmochim Acta, 29: 1021-1049.

Price L C, 2001. A possible deep-basin-high-rank gas machine via water-organic-matter redox reactions [G] //Dyman T S, Kuuskaa V A, eds. US Geological Survery, Gigital Data Series, 67, Chapter H.

Seewald J S, 2003. Organic-inorganic interactions in petroleum producing sedimentary basins. Nature, 426 (20): 327-333.

SR Taylor, J Almond, S Arnott, et al. The Brent Field, Block 211/29, UK North Sea [J]. Geological Society, London, Memoirs, 2003, 20 (1): 233-250.

Taylor S H, Hutchings G J, Palacios M L, et al, 2003. The partial oxidation of propane to formaldehyde using uranium mixed oxide catalysts [J]. Catal Today, 81 (2): 171-178.

Wei Lin, S. Arndt, M. Maria, et al. Catalytic generation of methane at 60-100℃ and 0.1-300 MPa from source rocks containing kerogen Types Ⅰ, Ⅱ, and Ⅲ [J]. Geochimica Et Cosmochimica Acta, 2018, 231: 88-116.

Wei Lin, S. Arndt, M. Maria, et al. Catalytic generation of methane at 60-100℃ and 0.1-

300 MPa from source rocks containing kerogen Types Ⅰ, Ⅱ, and Ⅲ〔J〕. Geochimica Et Cosmochimica Acta, 2018, 231: 88-116.

Xiangxian Ma, Bei Liu, Corey Brazell, et al. Methane generation from low-maturity coals and shale source rocks at low temperatures (80-120℃) over 14-38 months〔J〕. Organic Geochemistry, 2021, 155: 104224.

Xiaojun Zhu, Jingong Cai, Guoli Wang, et al, 2018. Role of organo-clay composites in hydrocarbon generation of shale〔J〕. International Journal of Coal Geology, 192: 83-90.

Y Li, et al, 2015. DRIFT spectroscopic study of diagenetic organic-clay interactions in argillaceous source rocks〔J〕. Spectrochimica Acta Part A: Molecular and Biomolecular Spectroscopy, 148: 138-145.